FORSCHUNGSBERICHTE DES LANDES NORDRHEIN-WESTFALEN

Nr. 3211 / Fachgruppe Geisteswissenschaften

Herausgegeben vom Minister für Wissenschaft und Forschung

Prof. Dr. L. Herbert Hesmer †

Universität Bonn

aus dem Nachlaß herausgegeben von
Prof. Dr. Eberhard F. Bruenig
bearbeitet von Dipl. Holzwirtin Jutta Poker

Universität Hamburg und
Bundesforschungsanstalt für Forst- und Holzwirtschaft
- Institut für Weltforstwirtschaft und Ökologie - Hamburg

Einwirkungen der Menschen auf die Wälder der borealen kühlen Zonen der Alten Welt

Island, Norwegen, Schweden, Finnland, Sowjetunion

Springer Fachmedien Wiesbaden GmbH 1986

CIP-Kurztitelaufnahme der Deutschen Bibliothek

Hesmer, Herbert:
Einwirkungen der Menschen auf die Wälder der borealen kühlen Zonen der alten Welt : Island, Norwegen, Schweden, Finnland, Sowjetunion / L. Herbert Hesmer. Aus d. Nachlass hrsg. von Eberhard F. Brünig. Bearb. von J. Poker. - Opladen : Westdeutscher Verlag, 1986.
(Forschungsberichte des Landes Nordrhein-Westfalen ; Nr. 3211 : Fachgruppe Geisteswissenschaften)
ISBN 978-3-531-03211-5 ISBN 978-3-322-87733-8 (eBook)
DOI 10.1007/978-3-322-87733-8
NE: Poker, Jutta [Bearb.]; Nordrhein-Westfalen: Forschungsberichte des Landes ...
Hesmer, L. Herbert

Ursprünglich erschienen bei Westdeutscher Verlag GmbH, Opladen 1986
Herstellung: Westdeutscher Verlag

ISBN 978-3-531-03211-5

VORWORT

Die vielfältigen, meist zerstörerischen Einwirkungen des Menschen auf die Wälder der Tropen haben in den letzten Jahrzehnten eine Intensität und einen Umfang angenommen, daß die Auswirkungen auf Klima, Weltwirtschaft und Politik zu einer Bedrohung der Lebensgrundlagen der Menschheit zu werden beginnen. Entsprechend ist die Waldvernichtung in den Tropen zu einem aktuellen Thema der öffentlichen Diskussion auch im internationalen politischen Bereich geworden. Demgegenüber erfolgen die Einwirkungen der Menschen auf die Wälder der kaltgemäßigten oder borealen Klimazone fast unbemerkt und unbeachtet von der Weltöffentlichkeit.

In den letzten Jahrzehnten haben aber auch hier die Verluste an Waldfläche und Holzvorrat erheblich zugenommen. In Kanada gehen zur Zeit jährlich etwa 1 Mill. Hektar Nadelwald durch Versagen der Verjüngung nach Holzernte sowie durch Feuer, Schädlinge und Krankheiten verloren. Das Ausmaß dieser Veränderungen läßt auch in diesem Fall nachteilige Auswirkungen befürchten, die über den unmittelbaren Standort hinaus wirken.

Wir haben uns deshalb entschlossen, der posthumen Veröffentlichung von Hesmer's Manuskript "Einwirkungen der Menschen auf die Wälder der Tropen" (Forsch.Ber. des Landes Nordrhein-Westfalen, Nr. 3202, 1985) nun auch das von Hesmer über die Einwirkungen der Menschen auf die borealen Wälder der Alten Welt vorbereitete Manuskript folgen zu lassen, obwohl das Material weit weniger für eine Veröffentlichung aufbereitet vorlag.

Das Interesse Hesmer's an den Problemen der borealen Waldwirtschaft war durch einen Besuch Islands im Jahr 1960 geweckt worden. Daher bildet Island das erste Kapitel dieses Buches, obwohl es klima-geographisch nicht zur eigentlichen borealen Zone zählt.

Die Materialsammlung für Skandinavien, Finnland und die Sowjetunion war bei Hesmer's Tode im Jahr 1982 so weit vollständig, daß es für die Veröffentlichung von J. Poker geordnet und redaktionell überarbeitet, ergänzt und aktualisiert werden konnte. (Eingefügte Textteile wurden zu Kennzeichnung in Sonderzeichen < > eingefaßt.)

Die von Prof. Hesmer vorgesehenen Abbildungen waren zum Großteil nicht mehr auffindbar und wurden am Institut für Weltforstwirtschaft und Ökologie der Bundesforschungsanstalt für Forst- und Holzwirtschaft neu erstellt.

Es wurde jedoch auch bei der Bearbeitung dieses Manuskripts darauf geachtet, daß sein wesentlichen Inhalt unverändert und der persönliche Charakter als posthume Veröffentlichung Hesmer's erhalten blieben.

E.F. Brünig

INHALT

1. ISLAND

11. STANDORTS- UND BEVÖLKERUNGSVERHÄLTNISSE

111. GEOGRAPHIE UND TOPOGRAPHIE

Als sich etwa 500 km ostwestlich und 300 km nordsüdlich erstreckende Insel liegt Island unmittelbar südlich des Polarkreises. Die Entfernung nach Norwegen beträgt 990 km, nach Schottland 798 km.

11,5 % des 102 829 km^2 großen Landes sind mit Gletschern bedeckt (Thoranisson, 1974). Das Landesinnere wird von einem Hochland gebildet, über dessen Plateau sich zahlreiche, auch noch heute tätige Vulkane erheben; die höchste Erhebung beträgt 2119 m. Die zahlreichen, aus dem Hochplateau kommenden Flüsse haben tiefe Täler eingeschnitten, die sich an der Ost-, Nord- und Westküste in langen Fjorden fortsetzen. Flachlandgebiete finden sich nur in den unteren Flußtälern und in der Nähe der Küste, die größten im Süden und Südwesten des Landes.

112. BODEN

Island ist fast ausschließlich aus terziärem und quartiärem Basalt aufgebaut. Während der Eiszeit führte die starke Ausdehnung der Gletscher zu weiten sterilen Schotterflächen mit blockhaltigen Partien. Ausgedehnt sind die Flächen alluvialer Gesteine und Böden vulkanischer, äolischer und fluvitaler Entstehung, von denen der Lößboden für die Landwirtschaft am wichtigsten ist.

In den Gebieten reichen postglazialen Vulkanismusses entstanden ausgedehnte, etwa 1/10 des Landes bedeckende Lavaflächen; ihre Bildung reicht bis in die jüngste Zeit.

Weit über die Lavaflächen hinaus führten die Vulkanausbrüche zu Ascheniederschlägen, die je nach der gerade herrschenden Windrichtung große Teile des Landes bedeckten. Wo Ascheschichten dicht unter der Bodenoberfläche liegen, können sie das Baumwachstum behindern.

Der Gesteinsstaub, aus dem der Löß entstand und entsteht, stammt von den Schluffen der fluviatilen und glazifluvialen Aufschüttungen, ferner von den Tuffen und anderen Gesteinen des vegetationslosen Hochlandes. Der isländische Löß unterscheidet sich in mehrfacher Hinsicht vom kontinentaleuropäischen. Er ist nacheiszeitlicher Entstehung, und die Lößniederschläge dauern bis heute an. Das Ausgangsmaterial des isländischen Lösses ist ist fast ausschließlich Basalt und Tuff; er enthält dementsprechend weder Quarz noch Karbonate und weist einen geringen Lehmgehalt auf. Er ist etwas gröber als der europäische Löß und ist offensichtlich anfälliger gegenüber Winderosion. Die Lößdecke ist meist 1 bis 2 m mächtig, kann aber auch um ein mehrfaches stärker sein, besonders an unteren Hanglagen. Die Lößablagerungen sind häufig von Aschebändern durchzogen.

Fluviatile Ablagerungen erfolgten in den Tälern und an den Mündungen der Flüsse. Eine Besonderheit bilden die ausgedehnten Sander, die die von den Gletschern kommenden Schmelzwasser im Südland noch heute ablagern.

Moore von mittlerem bis höherem Nährstoffgehalt und anmoorige Böden bedecken etwa 8 bis 10 % Islands. Im Torf der Moore finden sich meistens Ascheschichten.

Da echte Verwitterungsböden auf Island kaum entwickelt sind, bildet Löß den Boden schlechthin. Auf Löß beruht die Fruchtbarkeit des Landes; auf Löß stockt auch der Wald. Durch seine nichtsauren jüngeren vulkanischen Gesteine und die daraus hervorgegangenen Lößablagerungen weist Island Böden mit pH-Werten von 5 bis 7 auf (Hesmer, 1961). < Davon sind 24 % landwirtschaftlich nutzbar, der größte Teil als Naturweiden (Brockhaus, 1970). >

113. KLIMA

Das Wärmeklima Islands wird bestimmt durch die nördliche Lage, durch den Inselcharakter und durch den Golfstrom, der mit einem Arm die südliche und die westliche Küste bespült; vor der Nordwesthalbinsel trifft die warme Strömung auf den kalten Ostgrönlandstrom sowie auf kalte Strömungen aus Nordosten und läuft mit diesen vermischt längs der Nord- und Nordostküste.

Die Winter sind in den niederen Lagen trotz der nördlichen Breitengrade (63° 24' bis 66° 32') recht mild.
Der Januar ist in der im Südwesten des Landes gelegenen Hauptstadt Reykjavik kaum kälter als im über 1100 km südlicher gelegenen Hamburg: Januartemperatur in Reykjavik $-0{,}6^{\circ}$ C, in Hamburg $0{,}3^{\circ}$ C.

Die ausgleichenden Einflüsse des Meeres kommen auch in den recht kühlen Sommern zum Ausdruck. Nirgendwo auf Island überschreiten die mittleren Julitemperaturen 12° C. Die Temperaturen in niedrigen Lagen ähneln denen der höchsten Lagen der westdeutschen Mittelgebirge: Julitemperatur Reykjavik $11{,}3^{\circ}$C; Akureyri (Nordisland) $10{,}9^{\circ}$ C; Kahler Asten (848 m) $12{,}9^{\circ}$ C; Feldberg (1494 m) $10{,}5^{\circ}$ C.

So ausgeglichen der mittlere Temperaturverlauf auf Island ist, so wechselhaft kann die stark von den bei Island ostwärts wandernden Zyklonen abhängige Witterung die Wärmeverhältnisse im einzelnen gestalten. Warme Winde können im Vorfrühling zu Wärmeeinbrüchen führen, die sich bei gefrorenem Boden in Trocknisschäden an jungen Nadelbäumen auswirken.

Kaltlufteinbrüche während der Vegetationszeit können zu Frostschäden an Gehölzen führen, wie sie an Sitkafichten in Thingvellir (Südwestisland) am 17. Juni 1959 eintraten und 1960 in ihren Auswirkungen durch Triebbräunung bzw. -tötung noch deutlich zu erkennen waren (Hesmer, 1961).

Die Niederschläge liegen im südlichen und südöstlichen Küstenbereich meist erheblich über 1000 mm; an der Südspitze Islands in Vik erreichen sie 2270 mm. Im Westen des Landes sind die Niederschläge schon niedriger (Reykjavik 796 mm), im binnenländischen Osten noch geringer (Hallormsstad 674 mm) und im Norden am niedrigsten (Akureyri 480 mm).
Besonders ungünstig ist das Auftreten des Niederschlagsminimums gerade in den Monaten Mai und Juni, die für den Forstkultur- und Baumschulbetrieb entscheidend sind. Zumal im Norden, aber auch im binnenländischen Osten sind die Mai- und Juniniederschläge von nur 21 bis 26 mm auch unter Berücksichtigung der niedrigen Temperaturen sehr gering.

114. BESIEDLUNGSGESCHICHTE

Ab 874 ließen sich zahlreiche Norweger mit ihrem Anhang auf Island nieder. Bis dahin war die Insel unbewohnt, sieht man von vorübergehenden Aufenthalten irischer Einsiedlermönche ab. Der Anlaß für die Ansiedlung soll einmal in Landmangel in Norwegen zu suchen sein, zum anderen in der Möglichkeit, sich der Alleinherrschaft des Königs Harald Schönhaar zu entziehen.

60 Jahre nach ihrem Beginn war die Besiedlung Islands, an der schätzungsweise 30 000 bis 40 000 Menschen, darunter auch Nordmänner von den britischen und anderen Inseln teilnahmen, im wesentlichen abgeschlossen. Die Besiedlung erfolgte in Einzelhöfen, die selbständige Wirtschaftseinheiten waren und oft weit voneinander entfernt lagen.

Ab 930 trat alljährlich als Parlament das Althing zusammen, auf dem im Jahre 1000 das Christentum angenommen wurde. Vom 12. bis zum 14. Jahrhundert erlebte die Literatur in Island eine einzigartige Blüte. In den damals niedergeschriebenen Büchern von der früheren Geschichte des Landes und den vielen Erzählungen (Sagas) ist oft von Wäldern und ihrer Rodung und Nutzung für genau festgelegte Örtlichkeiten die Rede.

Ab 1262 gehörte Island zu Norwegen und ab 1380 zu Dänemark. Nach dem Verlust der politischen und wirtschaftlichen Selbständigkeit trat ein Rückgang der Aktivitäten in Wirtschaft und Kultur ein und die Bevölkerungszahl sank bis zum Ende des 18. Jahrhunderts. Auch hatte sich einige Jahrhunderte nach der Landnahme, besonders von der Mitte des 16. bis Ende des 19. Jahrhunderts, das Klima verschlechtert. Hungersnöte, Seuchen und vor allem Vulkanausbrüche richteten große Verheerungen an, zuletzt 1783, als infolge des Ausbruchs des Vulkans Laki 3/4 des Pferde- und mehr als 4/5 des Schafbestandes eingingen und 1/5 der Bevölkerung verhungerte (Thoranisson, 1974).

Eine Wende setzte mit der Lockerung der wirtschaftlichen Fesseln Ende des 18. Jahrhunderts ein. Die zähen isländischen Bestrebungen zur Wiedererlangung der Unabhängigkeit hatten aber erst in unserem Jahrhundert Erfolg: seit 1944 ist Island eine unabhängige Republik.

Die Einwohnerzahl ist nach 1800 ständig gestiegen und betrug 1983 238 000, von denen 2/3 in Städten lebten, davon 128 000 in der Hauptstadt Reykjavik (bfai Marktinformation Island, 1985).

In der Landwirtschaft spielt die Viehzucht und in dieser wiederum die Schafhaltung seit alters her eine große Rolle. Die Schafe, deren Zahl sich 1983 auf 712 000 belief (bfai

Marktinformation Island, 1985) ziehen während des Sommers bis tief in das Hochland hinein frei umher; sie fügen Boden und Vegetation erheblichen Schaden zu und tragen die Hauptschuld an der Waldvernichtung und -verkrüppelung (s. Kap. 13.).

Große Schwierigkeiten bereitete auf Island seit jeher die Beschaffung von Baumaterial. Das im Lande wachsende Birkenholz wurde zwar notgedrungen benutzt, ist aber für die meisten Zwecke nicht stark genug und auch wenig dauerhaft. Die vulkanischen Steine sind als Mauersteine nicht brauchbar. An die Stelle der fehlenden Steine und Ziegel traten Rasen- und Torfplaggen. Bauholz, besonders solches für größere Bauten, wurde aus Norwegen importiert, worüber die Sagas häufig berichten. Eine willkommene Hilfe stellte das meist aus Nadelholz bestehende Treibholz dar, das für Hausbau und Möbelherstellung verwendet wurde.

Vor allem an den nordsüdlich verlaufenden Küstenstreifen Nordislands wird Treibholz angelandet, das der Polarstrom in starken Stämmen - heute zu einem erheblichen Teil in bearbeiteten Blochen - in gutem Zustand von Sibirien herüber bringt. Das darunter befindliche weiche Zirbelkiefernholz wird in Island seit altersher lindifura = Lindenkiefer genannt.

Die Treibholzmengen wechseln je nach der Meeresströmung; eine 1960 vom Flugzeug aus für Nordisland vorgenommene Schätzung ergab 700 m^3 gelandetes Treibholz (Hesmer, 1961). Bei der Landnahme haben die Siedler größere Treibholzansammlungen vorgefunden, worüber in der Egilssaga (ca. 1200-1230) anschaulich berichtet wird (Sammlung Thule, o.J.). Als dann nur noch die laufenden Treibholzanlandungen zur Verfügung standen und zudem ab späterem Mittelalter die Nadelholzeinfuhr aus Norwegen mehr und mehr zum Erliegen kam, weil das norwegische Holz jetzt nach England und in kontinentale Länder ging, trat starker Bauholzmangel ein. Dies zeigte sich in Häusern mit kleineren Abmessungen. Seit einigen Jahrzehnten sind Beton und Wellblech die gewöhnlichen Baustoffe.

12. NATÜRLICHE BEWALDUNG

121. WALDVERBREITUNG

Wer sich über die Bewaldungsverhältnisse Islands ein Bild nach den Karten führender Bücher verschaffen wollte, erhielte recht unterschiedliche Auskünfte. Eine realistische Vorstellung von der natürlichen und der heutigen Verbreitung der Birke geben die beiden aufgrund genauer Erhebungen erstellten Karten der Abbildung 1. Diese zeigen, daß die Birkenwälder um fast ganz Island herum einen Gürtel bilden, von dem aus sie von Südwesten über den Norden bis zum Nordosten durch Täler bis weit in das Innere der Insel vordringen.

Abb. 1: Vegetationsverbreitung auf Island
oben: Zur Zeit der Landnahme (9. Jahrhundert) gab es wenigstens 34 000 km^2 Vegetation, davon ca. 80 % Birken, d.h. 2,7 Mio ha.
unten: Ein Jahrtausend später gibt es nur noch ca. 17 000 km^2 Vegetation, davon ca. 0,1 Mio ha Birken. (Prentsmidjan Oddi, 1960)

1972 und 1973 durchgeführte Inventuren über die Verbreitung und Verfassung der einheimischen Birke ergaben folgendes Ergebnis (Bjarnason, 1974):

Die Birkenfläche beträgt nur 100 000 ha zumeist mit niedrigwüchsigem, stark beweidetem Gebüsch. Nur 12 % der Fläche kann als wüchsig bezeichnet werden, 40 % stagnieren und die restlichen 48 % sind in Gefahr, durch die Beweidung vernichtet zu werden.

121.1 ENTWICKLUNG DER BEWALDUNG

Daß Island zur Zeit der Landnahme (ab 874) und auch noch später in den unteren Lagen bewaldet war, wird durch eine Anzahl früher Dokumentationen, die die sehr berichtfreudigen Isländer hinterlassen haben, belegt.

In dem vor 1133 geschriebenen Isländerbuch (Islendigabók) heißt es in dem einleitenden Abschnitt "Von Islands Besiedlung":

"In jener Zeit war Island zwischen Gebirge und Strand mit Wald bewachsen."

Im wahrscheinlich Anfang des 13. Jahrhunderts verfaßten Besiedlungsbuch (Landnámabók), das die Erstbesiedlung der einzelnen Landesteile behandelt, wird öfter von Wald berichtet. Bei der Schilderung der Landnahme im Borgarfjord (südliche Westküste) heißt es:

"Da war ein weites Moorgebiet und ausgedehnte Wälder zwischen Gebirge und Strand."

Aus dem Botnsdal im Walfjord (südliche Westküste) wird von einem großen Wald berichtet.

Die Sagas behandeln in Form von romanhaften Erzählungen die Schicksale hervorragender Männer, die i.d.R. in der Zeit zwischen der Landnahme und dem Jahr 1030 lebten. In den Erzählungen werden die Örtlichkeiten mit vielfach heute noch gebräuchlichen Bezeichnungen genau angeben; dabei ist an zahlreichen Stellen von Wald die Rede. "Die Landschaft war bewaldet" heißt es aus dem östlichen Nordland, und ebenso ist dort einmal von einer baumlosen Stelle die Rede. Im Wald wurde Stellung für Angriffe bezogen, Wälder dienten als Verstecke.

Oft wurden bei der Besiedlung Ortsnamen mit "skog" gleich Wald gebildet. Auch Namen mit "mörk" (Genitiv markar) und mit "holt", die ebenfalls auf Wald hinweisen, wurden oft verwendet. Im westlichen Südland, einer heute völlig waldlosen Gegend, haben die Flüsse, Wasserfälle und Gehöfte in der Njalssaga (ca.1280) wie heute zum großen Teil Namen, die mit skog, mark und holt zusammengesetzt sind. Der größte Fluß heißt Waldstrom (Markarfljót), ein Teil der Landschaft Wälderkreis.

Die öfter zu findende Angabe, daß zwischen Gebirge und Strand Wald vorkommt, bezieht sich auf den Gehölzstreifen vom Strand bis auf 300 bis 400 m den unteren Berghang hinauf; erst die gehölzlosen höheren Lagen galten als Gebirge, von dem sich der Waldgürtel deutlich abhob. In einem Kartogramm von Iwan (1935, S. 49), das die Gehölzvorkommen in Island mit Signaturen darstellt, sind 494 Signaturen für Gehölze bis 300 m und 26 für solche über 300 m enthalten; diese letzten fehlen in Nordwestisland und sind im Südwesten auf die besonders weit landeinwärts gelegenen Gehölzvorkommen beschränkt.

122. HEIMISCHE BAUMARTEN

Die natürlichen Wälder und Gehölze Islands bestehen fast

ausschließlich aus Birken, die von Betula pubescens abstammen. Der Vogelbeerbaum (Sorbus aucuparia) findet sich von Natur aus als gelegentliches Mischholz. Von der Aspe (Populus tremula) sind nur 5 als natürlich angesehene Fundorte bekannt. Weiden finden sich in Form höherwüchsiger Sträucher; Salix phylicifolia kann bis 5 m hoch werden, während S. lanata 1,7 m und S. glauca 1 m erreichen.

Eine großflächige Strauchtundra fehlt in Island, da es dort keine polaren, sondern nur alpine Waldgrenzen gibt. In den oft kaum kniehohen Gebüschen aus den obengenannten Weiden mit Betula nana würden die Weiden ohne Schafverbiß gewiß mancherorts höher sein.

Die einzige auf Island vorkommende Konifere ist der sich niedrig am Boden haltende Zwergwachholder Juniperus communis var. nana.

Da Pollenanalysen in den Mooren Nord- und Ostislands ergaben, daß selbst die untersten Moorschichten stets Birkenpollen in größerer Menge enthalten, ist es sehr wahrscheinlich, daß dort nicht nur die Zwergbirke, sondern auch die Haarbirke die letzte Eiszeit überdauert hat. Dagegen fehlen Birkenpollen in den untersten Schichten der Moore in Südwestisland; sie treten dort erst zu der Zeit auf, als die Birkenpollenkurven in Nord- und Ostisland zu einem starken Anstieg ansetzten. Die Birke hat demnach die letzte Eiszeit in Südwestisland nicht überdauern können, sondern ist dort erst später von Nordisland her eingewandert (Einarsson, 1961).

In allen höheren Moorschichten ist dann der Birkenpollen stets in meist erheblichen, wenn auch wechselnden Anteilen vertreten, und zwar als einziger häufiger Gehölzpollen; Weidenpollen treten zwar in allen Torfschichten von den ältesten an regelmäßig auf, jedoch nur in geringen Prozenten.

13. WALDVERNICHTUNG

Die Pollenanalysen bringen auch den Rückgang der Birke nach der Landnahme zum Ausdruck. In den oberen Torfschichten geht der Gehalt an Birkenpollen zurück, während das gleichzeitige starke Auftreten von Kräuterpollen, insbesondere Unkrautpollen, die Besiedlung belegt (Einarsson, 1961).

131. WALDVERNICHTUNG DURCH DEN MENSCHEN

Auch über Rodungen zu Siedlungszwecken berichten die alten isländischen Schriften. Aus Westisland zeigt eine Stelle im Landnahmebuch, daß Waldflächen für die Rodung geeigneter gehalten wurden als höher gelegene Gebüschflächen:

"Oberhalb...heißt es daher Kjarradal (d.h. Buschtal), weil dort Gestrüpp und Buschwald war...so daß man da nicht siedeln konnte. Bluntketil war ein schwerreicher Mann; er ließ weite Strecken in den Wäldern ausroden und besiedeln."

Die Nutzungen zur Brenn- und Baumaterialgewinnung haben den Wäldern selbstverständlich ebenfalls zugesetzt.
In der Njalssaga wird aus dem heute waldlosen Gebiet des westlichen Südlands oft von Waldnutzungen berichtet. So gibt ausgiebiges Holzfällen in einem fremden Wald Anlaß zu Streit (die Wälder gehörten als Privatbesitz zu den einzelnen Höfen).

Holzkohle wurde im Wald in Kohlgruben gebrannt; innerhalb und außerhalb der Wälder sind heute noch die Gruben früherer Meiler zu erkennen. Eisenschüssige Sande wurden im Norden und Westen des Landes mit Holzkohle verhüttet (Iwan, 1935); schon früher wurde vermutet, daß lebhafter Hüttenbetrieb zum Untergang isländischer Wälder beigetragen habe. Auch die Schmieden, in denen vor allem die vielen zum Mähen benötigten

Sensen bearbeitet wurden, brauchten große Mengen Holzkohle, die zudem oft recht holzverschwenderisch gebrannt wurde.

In der im östlichen Nordland spielenden Glumssaga wird Bauholz geschlagen und mit Pferden abtransportiert: "Sie banden die Stämme in Bündel und spannten die Rosse davor." Der Bau eines Seeschiffes aus dem Holz eines großen Waldes im Walfjord war sicher eine Ausnahme, da Seeschiffe gewöhnlich nicht aus Birkenholz gebaut wurden, zeigt aber das Vorkommen auch stärker dimensionierter Hölzer an.

132. WALDVERNICHTUNG DURCH TIERE

Auf Island gibt es von Natur aus keine pflanzenfressenden, geschweige denn vegetationsvernichtenden Tiere, und so waren nach heutigem Kenntnisstand die gletscherfreien Teile der Insel etwa zur Hälfte mit Vegetation bedeckt, davon ca. 80 % Birkenwald. Diese Vegetation und insbesondere der Wald schützte den gegen Winderosion sehr empfindlichen Löß.

Mit der Landnahme trat eine Wandlung ein. Ein Großteil der Birkenwälder dürfte, worauf auch der Pollenrückgang in den obersten Schichten der Pollendiagramme hinweist, bereits in den ersten Jahrhunderten der Besiedlung vernichtet worden sein, und zwar sowohl durch bewußte Beseitigung, um Weiden, Wiesen und Äcker zu schaffen, als auch durch die Nutzungen. Abhieb stellt an sich für die stockausschlagfreudige Birke noch keine Gefährdung dar. Aber der ständige Verbiß der Ausschläge und des Anflugs vor allem durch Schafe und andere Weidetiere führte dann zur Waldvernichtung.

In der in der frühesten Landnahmezeit spielenden Egilssaga heißt es von den Siedlern: "Was sie aber an Vieh besaßen, das weidete den Winter hindurch immer allein in den Wäldern." Später trieben sie das Vieh den Sommer über in die Berge.

Außer den Schafen richteten auch die Kühe und vor allem die Pferde, die auf Island selbst im Winter draußen weiden, Schaden an. Ziegen gibt es heute nur wenig; um 1100 soll Island ebensoviel Ziegen wie Schafe besessen haben.

132.1 WALDVERNICHTUNG DURCH SCHAFWEIDE

Hákon Bjarnason vertritt die Auffassung, daß die Schafe nach der Landnahme zunächst vor allem über der Waldgrenze beaufsichtigt geweidet wurden (Bjarnason, 1974). In großen Waldungen wären sie abhanden gekommen, außerdem hätten sie viel von ihrer Wolle verloren. Seiner Meinung nach war es erst nach mehreren Generationen möglich, die Schafe in der Nähe der Höfe zu halten, wo dann genügend große Kahlflächen aus den Wäldern hervorgegangen waren.

Bjarnason ist weiter der Ansicht, daß die stärksten Waldvernichtungen durch Schafe erst in den letzten Jahrzehnten erfolgt seien. Seinen Untersuchungen nach war z.B. vor 250 Jahren im östlichen Island zehnmal soviel Wald vorhanden wie heute. Als einen der Gründe für die verstärkte Schafhaltung sieht er das Wolleexportverbot durch Spanien, wodurch der Wollebedarf und damit die Schafhaltung im nordwestlichen Europa stieg. Bis zum 17. Jahrhundert betrug das Verhältnis von Schafen zu Rindern nur 6 : 1, später stieg es auf 20 : 1 und höher. Auch die Einführung der Stricknadel um 1600 förderte die Wolleverwendung und damit die Schafhaltung.

Die in großer Zahl weidenden Schafe vernichteten aber nicht nur die Birkenwälder sowie die Birken- und Weidengebüsche, sie lichteten auch die sonstige Vegetation und legten den Boden vielfach mit ihren Tritten offen, so daß der Wind den Löß in größtem Umfang erodieren konnte. Um sich vor Hitze, Sturm und Regen zu schützen, kuscheln sich die Schafe sehr gern in vom Wind bereits unterhöhlte Lößwände hinein und treiben durch die dabei entstehenden Erdlöcher die Lößerodierung weiter.

133. WALDVERNICHTUNG DURCH EROSION

Das bereits im Mittelalter einsetzende Wüstwerden vieler höher gelegener Höfe dürfte außer durch Klimaverschlechterung und Ascheregen vor allem durch die von der Schafweide ausgelöste, in höheren Lagen besonders starke Lößerosion bewirkt worden sein. Als einer der Gründe dafür, daß der in den ersten Jahrhunderten nach der Landnahme in größerem Umfang betriebene Ackerbau später stark zurückging, wird das Schwinden des Waldes angesehen, der den Äckern früher Windschutz gewährt hatte.

Während die Lößabtragung in den niederen, bis zur Landnahme meist mit Birkenwald bedeckten Lagen heute noch in vollem Gange ist, ist sie in den Lagen oberhalb der heutigen Landgrenze zum großen Teil bereits vollzogen. Reste von Lößlehmsockeln und -platten zeigen, daß hier früher einmal ausgedehnte Lößschichten lagen, die höchstwahrscheinlich zum Niederschlag gekommen sind, als hier in der postglazialen Wärmezeit in Höhen bis zu etwa 550 m auch Birkenwälder stockten. Für diese reichte die Wärme nach dem im ersten Jahrtausend v. Chr. einsetzenden Temperaturrückgang zwar nicht mehr aus, aber es blieb doch genügend andere Vegetation, um die vorhandene Lößdecke festzuhalten, auf die sich die Schadwirkungen jetzt konzentrieren.

Die durch die Schafhaltung ausgelöste Lößerosion findet ihren Ausdruck in dem stark vermehrten Staubniederschlag in den obersten Moorschichten. Während vor der Besiedlung nur geringere Gesteinsstaubmengen zum Niederschlag kamen, die im Laufe von etwa 10 000 Jahren die Lößschichten aufbauten, wurde jetzt außerdem der Löß selber vom Wind verweht.

Welches Ausmaß diese primären und sekundären Staubniederschläge erreichen, ist z.B. in Hallormstad (Ostisland) zu ersehen, wo sich über der Ascheschicht, die beim 1875 erfolgten Ausbruch des Vulkans Askja entstand, in ebenem Gelände bis 1960 eine 10 cm starke Lößschicht gebildet hat. Die von dem 1918 erfolgten Ausbruch des Vulkans Katla entstandene Ascheschicht war bereits 38 Jahre später an manchen Stellen mit einer 10 cm dicken Lößschicht bedeckt (Thoranisson, 1956).

14. WALDSCHAFFUNG IM 20. JAHRHUNDERT

141. ENTWICKLUNG DER FORSTWIRTSCHAFT

Nachdem schon seit Ende des 18. Jahrhunderts wiederholt gefordert worden war, die noch vorhandenen spärlichen Waldreste Islands zu schützen, und nachdem auch Forderungen nach Aufforstungen laut geworden, ja begrenzte, leider erfolglose Versuche durchgeführt worden waren, setzte Ende vorigen Jahrhunderts die praktische Forstwirtschaft ein, über die Forstdirektor Bjarnason 1957 einen eingehenden Bericht gegeben hat.

Auf Initiative des dänischen Kapitäns Ryder, der sich mit dem dänischen Forstprofessor Prytz verband, wurden in Thingvellir (Südwestisland) 1899 die ersten gelungenen und heute noch vorhandenen Nadelholzpflanzungen mit europäischer Latsche (Pinus montana) durchgeführt. Um auch in Nordisland Erfahrungen zu gewinnen, wurde ein Jahr darauf in Grund Gelände für eine weitere Anpflanzung mit verschiedenen Nadelhölzern erworben, die heute ebenfalls noch besteht. Ein junger dänischer Forstmann wurde engagiert, der von 1900 bis 1906 jeden Sommer auf Island tätig war. 1901 wurde ein Forstverein in Reykjavik gegründet. 1902 wurde ein Teil des Birkenwaldes von Hallormsstad (Ostisland) unter Schutz gestellt, und dort sowie in Háls und Vaglir (Nordisland) wurden die zugehörigen

Höfe aufgekauft und das Gelände schafdicht eingezäunt. In beiden Wäldern wurde auch bald mit dem Nadelholzanbau begonnen. Vier Isländern wurde Gelegenheit zu einem forsttechnischen Studium im Ausland gegeben. 1907 wurde ein Forstgesetz erlassen und eine Forstverwaltung errichtet, 1908 wurde der erste Forstdirektor ernannt.

Da der Nadelholzanbau nicht die erhofften schnellen Erfolge erzielte, konzentrierte sich das forstliche Interesse im zweiten und dritten Jahrzehnt unseres Jahrhunderts vor allem auf die Erhaltung des Birkenwaldes.

In den 20iger Jahren hatten manche Isländer in ihren Gärten ausländische Gehölze angebaut, vor allem Sitkafichte aus Alaska, die gut gedieh. Auch die alten Nadelholzanbauten begannen, sichtlich wüchsiger zu werden. Die Folge war ein erneutes Interesse an der Aufforstung. Anläßlich der Tausendjahrfeier des Althings wurde 1930 ein neuer, bis heute sehr tätiger Forstverein gegründet.

Einen großen Aufschwung nahm die Aufforstung nach dem letzten Kriege unter Leitung von Forstdirektor Hákon Bjarnason (Bjarnason, 1967).

Die Staatsforstverwaltung unterhält eine Reihe moderner großer Baumschulen. Auf aufgekauftem und eingezäuntem Gelände werden seit Kriegsende in großem Umfang Nadelholzaufforstungen durchgeführt. Zu den Aufgaben der Forstverwaltung gehört ferner die Beratung.

Vor allem über den Isländischen Forstverein ist es gelungen, die Öffentlichkeit für den Waldschutz und die Aufforstung zu gewinnen. Der Forstverein berät nicht nur, sondern unterhält Baumschulen und führt auf eigenem Gelände Aufforstungen durch. Mit seinen schon 1961 8776 Mitgliedern dürfte er - auch wenn man berücksichtigt, daß sich darunter zahlreiche

Skandinavier befinden - einen wohl nirgends auf der Erde erreichten Mitgliederanteil an der Gesamtbevölkerung aufweisen.

Von der Ergebnissen der wichtigsten Aufforstungen bekam ich auf einer 1960 unter Führung von Forstdirektor Bjarnason durchgeführten Bereisung, über die ich 1961 berichtet habe, ein Bild. Es wurde ergänzt durch eine kurze Bereisung 1966. 1978 gab mir Forstdirektor Bjarnason, der das Glück hatte, über 4 Jahrzehnte (1935 - 1977) die Wiederbewaldung Islands einleiten zu können, brieflich zahlreiche Auskünfte, die z.T. auch in der Tabelle 1 zum Ausdruck kommen.

142. ANBAU VON AUSLÄNDISCHEN KONIFEREN

Um geeignete Baumarten zu finden, mußten sehr viele Spezies und Herkünfte untersucht werden. In den Baumschulen wurden 47 Nadelbaumarten und 30 Laubbaumarten in insgesamt 484 Provenienzen ausgepflanzt. 15 Nadel- und 6 Laubbaumarten davon erschienen erfolgversprechend und wurden in Kultur genommen. Das Saatgut stammte aus über 300 Orten nördlicher Länder. In den 30 Jahren von 1947 bis 1976 wurden 3416 ha Nadelholzbestände angelegt, davon 1454 durch die Forstverwaltung und 1962 durch den Forstverein (s. Tab. 1).

	Aufforstung in ha durch		
Baumart	Forstdienst	Forstverein	Zusammen
FICHTEN			
Picea sitchensis	193	518	711
Picea abies	481	278	759
andere Fichten	137	233	370
KIEFERN			
Pinus sylvestris	141	313	454
Pinus contorta	196	201	397
Pinus uncinata	63	228	291
LÄRCHEN			
Larix	196	163	359
ANDERE KONIFEREN	47	28	75
ZUSAMMEN	1454	1962	3416

Tabelle 1: Aufforstung mit ausländischen Koniferen in Island 1947 bis 1976 in ha (Bjarnason, 1978, pers. Mitt.)

142.1 FICHTE

Auf die Sitkafichte wurden seit den 30iger Jahren besondere Hoffnungen gesetzt. Welchen mißlichen Umständen sie (und andere Baumarten) auf Island ausgesetzt sind, zeigt folgende persönliche Reisenotiz aus dem Jahre 1960:

"Sitkafichten, die 1937 im Arboretum von Múlakot (Südisland) ausgepflanzt wurden, hatten 1960 eine Höhe von 10,3 m und Durchmesser bis 26,5 cm, wobei zu berücksichtigen ist, daß die Bäume beim Ausbruch des Vulkans Hekla 1947/48 ihre sämtlichen Nadeln durch den Aschenregen verloren und daß sie besonders den aus dem Landesinneren kommenden trockenen Winden ausgesetzt sind. 1959 wurden sie stark von der Sitkalaus befallen."

Als ich 1960 an der Südküste die vielen jungen gesunden Sitkapflanzungen sah, hätte ich nicht geglaubt, daß viele von ihnen drei Jahre später einem extremen Spätfrost zum Opfer fallen würden. 1963 herrschte von Februar ab 6 Wochen lang eine ungewöhnlich warme Witterung. Am 13. April war die Temperatur in Múlakot um 14 Uhr $+12^{o}$, aber 10 Stunden später, um Mitternacht, war sie auf -12° gefallen. Ein erheblicher Teil der jungen Sitkafichten und fast sämtliche in den Baumschulen wurden getötet.

So schockierend dieser Rückschlag war, hatte er doch sein Gutes: es stellte sich klar heraus, daß die Provenienzen, die in Alaska bei Homer und Cordova um den 60. Breitengrad wachsen und dort von H. Bjarnason gesammelt wurden, sehr spätfrostresistent sind. Als mindestens ebenso frosthart zeigte sich 1963 isländische Sitkafichte unbekannter Herkunft.

Als aussichtsreich erwies sich schon 1960 Picea lutzii, ein Bastard von P. glauca und P. sitchensis , der dort auftritt, wo sich die Areale beider Fichten überschneiden, nämlich auf der Halbinsel Kenai in Alaska. H. Bjarnason sah und sammelte Zapfen um den Kenai Lake herum und weiter in Richtung auf Cook Inlet. Die Bastarde haben den Vorzug, frosthärter als Sitkafichte und wüchsiger als Picea glauca zu sein. 76 ha wurden mit Picea lutzii bepflanzt.

Picea abies ist besonders in den vom Forstverein angelegten Pflanzungen vertreten. In den Jahren nach den starken Spätfrostschäden an der Sitkafichte wurde Picea abies bevorzugt angebaut. Inzwischen rangiert die Sitkafichte wieder an erster Stelle. P. abies zeigt in Island Wüchsigkeit nur auf guten Böden in geschützten Lagen. Zwischen den verschiedenen Provenienzen der Fichte, die H. Bjarnason z.T. in Nordnorwegen sammelte, besteht kein großer Unterschied.
Die Anzucht von Weihnachtsbäumen ist lohnend.

Picea engelmanni, von der vom Forstdienst etwa 50 ha angebaut wurden, gedeiht nur im Norden und Nordosten. 5 Pflanzen, die 1905 in Hallormsstad (Ostisland) ausgepflanzt wurden, erreichten bis 1960 Höhen bis 12 m und Durchmesser bis 23 cm.

142.2 KIEFER

Von Kiefernarten ist Pinus uncinata, eine einschäftige, baumartige Bergkiefer, vor allem vom Forstverein angebaut worden. Pinus contorta , deren Hauptverbreitungsgebiet in den höheren Lagen Westkanadas liegt, werden gute Aussichten gegeben. Dagegen sind die Pflanzungen von Pinus sylvestris, die vorwiegend vom Forstverein veranlaßt wurden, durch Befall von Adelges pini zum weitaus größten Teil abgestorben; der Anbau wurde eingestellt.

142.3 LÄRCHE

Sibirische Lärchen wurden in etwa 15 verschiedenen Herkünften in Hallormsstad angebaut. Die besten Wuchsleistungen erbrachten Herkünfte aus höheren Lagen des Altai und Saatgut von dem bekannten Bestand bei Raivola (nördlich des Finnischen Meerbusens bei Wiborg, Rußland; s. Kap. 531.).

1913 bei Hallormsstad ausgesäte Lärchen erreichten bei geradem Wuchs 1960 Höhen von 12,5 m. Aus 1933 ausgesäten und 1937 - 1939 angepflanzten sibirischen Lärchen wurden mehrere für isländische Verhältnisse recht wüchsige Bestände erzogen, die 1957 Höhen bis 9,6 m aufwiesen. Sibirische Lärchen zeigten nur im Norden und Osten Islands gute Wuchsleistungen. Die Sowjetunion lud Forstdirektor Bjarnason nach Rußland ein und versorgte Island laufend mit Lärchensamen.

143. ANBAU VON AUSLÄNDISCHEN LAUBBÄUMEN

143.1 PAPPELN

Von den angebauten Pappelarten erschien Populus trichocarpa aus Divide auf der Halbinsel Kenai in Alaska, die mehr ein Inlandtyp ist, aussichtsreich, bis der Spätfrost vom 9. April 1963 sie im Süden und Südwesten Islands ebenso hart traf wie die Sitkafichte. Im Norden und Osten traten dagegen keine Schäden ein; die höchste Pappel erreichte in Hallormsstad 14,2 m im Alter 27. Populus trichocarpa wird in Nordisland häufig als Straßenbaum verwendet. Inzwischen wurde 1963 von einem Angehörigen der Forstverwaltung in Alaska neues Steckgut von Populus trichocarpa gesammelt. Von den 13 Provenienzen wuchsen in Südwestisland am besten die aus Cordova und Homer, also aus den Orten, die auch die besten Sitkafichten für den Südwesten lieferten.
Von Zuchtpappeln befriedigte bisher kein Klon.

143.2 ANDERE LAUBHOLZARTEN

Die Anbauversuche anderer Laubbaumarten sind noch zu jung, um beurteilt werden zu können.

144. ANBAU EINHEIMISCHER BIRKE

Zwischen 1947 und 1976 wurden 547 ha Betula pubescens angebaut, davon 483 ha durch den Forstverein. Birkenholz findet kaum noch Verwendung. Obwohl es auch gutgeformte Birken von 12 m Höhe gibt, sind die meisten Stämme nicht sehr gerade.

Die Birke auf Island leidet stärker unter Schädlingen als die in Mitteleuropa. Sehr geschätzt wird die Birke als Vorwald und Schutzholz für den Nadelholzanbau. Wo etwa 3 m hohe und höhere Birkenbestände vorhanden sind, bilden sie einen Schirm, unter dem Nadelhözer gepflanzt werden. Bei niedrigerem Birkengebüsch erfolgt Nadelholzanbau auf Gassen. Da die Böden auf lange beweideten Flächen im Oberboden stark verarmt sind, werden zur Aufforstung vorgesehene Flächen vielfach schon eine Reihe von Jahren vorher eingezäunt, damit sie sich erholen. Hier stellt sich reicher Bodenbewuchs ein und die Birken sind deutlich vitaler. Wo Birken fehlen, werden sie künstlich als Vorwald angebaut.

Trotz der geringen Verwertbarkeit ihres Holzes sollte aber auch weiterhin auf besonders für sie geeigneten Standorten reine Birke erhalten bleiben und nachgezogen werden.

15. AUSBLICK

Island hat ein Jahrtausend lang eine Waldvernichtung und eine Bodendevastation erlebt, die in den kühlen Zonen der Erde kaum irgendwo übertroffen wird. In den letzten acht Jahrzehnten wurden aber mit dem Anbau vieler ausländischer Baumarten und Herkünfte große Erfahrungen und gesicherte Erkenntnisse gewonnen, die die Erreichung der gesteckten forstlichen Ziele künftig erleichtern.

Die bisherigen Aufforstungserfolge waren trotz der Mittel, die das Althing zur Verfügung stellte, nur durch ständige erhebliche Spenden und sonstige freiwillige Leistungen möglich.

Zahlreiche Steine mit eingemeißelten Inschriften in den Aufforstungen teilen die Namen der Spender mit, unter denen sich einzelne sehr große und zahlreiche kleinere finden; auch Ausländer, zumal Skandinavier, sind darunter. Der norwegische König gab Mittel für das 1967 fertiggestellte Forstliche Forschungsinstitut. Die Bundesrepublik Deutschland stiftete Forschungsinstrumente und übernahm die Patenschaft für eine Aufforstung. Für Aufforstungen geeignete Flächen wurden von den Besitzern geschenkt. Ein Lehrer in Südisland hat mit seinen Schülern 10 ha aufgeforstet. Norwegische Schüler arbeiteten wiederholt einige Wochen gegen Unterbringung an den isländischen Aufforstungen mit. Sehr erheblich sind die Summen, die dadurch einkommen, daß bedeutende Zigarettenfirmen einen Aufschlag für Aufforstungszwecke erheben. Solche Zigarettenpackungen sind durch eine Banderole mit grünen Birkenblättern gekennzeichnet.

Freiwillige Leistungen solchen Ausmaßes werden nicht erbracht, um rentable Holzerzeugung zu betreiben. Es ist gewiß erfreulich, wenn Aufforstungen auch Einnahmen erbringen, aber Hauptziel können sie auf Island mit seinen ungünstigen Wuchsverhältnissen nicht sein.

Viel wichtiger ist, daß dort, wo gegen Schafe eingezäunter Wald stockt, die Bodenerosion zum Stillstand gebracht wird (s. Abb. 2).

Abb. 2: Auswirkungen von Schafweide und Einzäunung in Hallormsstad (Ostisland) nach einem Luftbild um 1960 (Hesmer, 1961): Links auf dem Bild durch Schafweide bloßgelegter Felsgrund mit kümmerlicher Vegetation aus Nardus stricta, Empetrum nigrum und anderen bedürfnislosen Pflanzen. Rechts anschließend seit 1905 gegen Schafen eingezäuntes Gelände, das mit angeflogenem Birkenwald bestockt ist. Die Bodenflora besteht aus anspruchsvolleren Kräutern wie Geranium silvaticum, Rubus saxatilis, Campanula rotundifolia und Ranunculus acris.

So beachtlich die bisherigen Leistungen beim Waldschutz und bei der Waldschaffung sind, stellen sie bei dem Ausmaß der ohne Bewaldung zur Vernichtung durch Erosion verurteilten Bodenflächen doch nur einen Anfang dar.

Für die zweckmäßige Bodennutzung bietet sich vielfach folgende Gliederung an:

- Nutzung der in den letzten Jahren bereits zum erheblichen Teil drainierten moorigen Talgründe als Wiesen für die Rinderhaltung;
- Verwendung der Lagen oberhalb der geschlossenen Lößdecke, also über 300 - 400 m, als Schafweide;
- Aufforstung der besonders erosionsgefährdeten Hänge nach Einzäunung gegen Schafe.

Welche Bedeutung dem Wald in einem Land zukommt, das vorwiegend von vegetationslosem Gestein bedeckt wird, vermag nur der zu beurteilen, der die trostlose Öde vieler Landstriche erlebt hat. Das Auto bietet der stark verstädterten Bevölkerung die Möglichkeit, Wälder zu erleben, wenn auch oft erst nach längeren Fahrten; diese werden aber nicht gescheut, wie die dort Zeltenden zeigen. Die Forstverwaltung hat die Schaffung von Erholungswäldern sehr planvoll an gern besuchten Ausflugsstellen besonders voran getrieben, z.B. in der Umgebung des weltbekannten Geysirs und an manchen Seen. So wäre der Myvatnsee, der als das an Entenarten reichste Gewässer der Erde gilt, nur ein großer Teich im Ödland und kein Waldsee, wenn der Birkenanflug nicht durch Einzäunung geschützt und gefördert worden und weitere Baumarten angebaut worden wären.

In Island sind während des ganzen Sommers Schulferien. Die leerstehenden schönen neuen Schulen werden dann als Hotels verwendet. Ausgedehnte geschützte Birkenwälder um einen See, an dem das Schulhotel liegt, geben einen Rahmen, wie er schöner nicht gedacht werden kann, zumal wenn unter lichten weißstämmigen Birkenwäldern ein violett-gelber Teppich aus Geranien und Ranunkeln in Blüte steht.

Daß noch viel mehr Wälder gewünscht werden, kommt treffend darin zum Ausdruck, daß von Angehörigen der deutschen Botschaft als eine Begründung für Versetzungswünsche immer wieder angegeben wird: "Hier gibt es ja nicht einmal Wald." Da es aber auf Island gelungen ist, die Waldfrage zu einer wirklichen Volksangelegenheit zu machen, besteht kein Zweifel, das die Wiederbewaldung der Insel weitergehen wird.

2. NORWEGEN

21. STANDORTS- UND BEVÖLKERUNGSVERHÄLTNISSE

211. GEOGRAPHIE UND TOPOGRAPHIE

Das die Westseite Skandinaviens einnehmende Königreich Norwegen reicht von 58° bis 71° nördlicher Breite; Norwegen erstreckt sich weiter nach Norden als Schweden, Finnland und die russische Halbinsel Kola. Mehr als ein Viertel der Landesfläche liegt nördlich des Polarkreises. Die Landfläche Norwegens übertrifft mit 324 219 km^2 etwas die der britischen Inseln. Die größte Breitenausdehnung mit maximal 430 km liegt im südlichen Drittel des Landes.

Norwegen ist ein ausgesprochenes Gebirgsland mit einer durchschnittlichen Höhe von etwa 550 m und einer Spitzenhöhe von 2469 m. 70% des Landes liegen über der Waldgrenze, zum großen Teil als baumlose oder mit schütteren Fjellgebirgsgehölzen bestockte, fast unbesiedelte Hochflächen der Fjells (Fjell = baumlose Gebirgshochfläche) (Pardé, 1977).

Nahezu 40% der produktiven Waldfläche von 6,45 Mio ha weisen Geländesteigungen von 10 - 33 % auf; an den Steilhängen sind die Böden vielfach flach (Oswald, 1972).

In ihrer Massierung ungewöhnlich sind die sehr zahlreichen Fjorde, die im Süden und Norden sowie vor allem im Westen der 3400 km langen Atlantikküste als lange Meeresarme tief in das Land reichen, der längste bis über 200 km. Die meist sehr tiefen und steilwandigen Fjorde erhielten ihre Ausformung durch eiszeitliche Gletscherzungen, an deren Stelle nach Abschmelzen des Eises und dem damit verbundenen Anstieg des Meeresspiegels das Wasser trat.

212. < BODEN

Das Grundgestein ist kambrisch - silurischen Ursprungs. Der größte Teil der Landoberfläche trägt nur eine dünne Moränendecke oder ist vollständig kahl. Einen erheblichen Flächenanteil nehmen sedimentäre Böden (Sand, Kies, Tonböden) und Böden organischen Ursprungs (ca. 3 Mio ha Moore) ein. Die starke Differenzierung in der Bodenentwicklung wurde besonders vom Klima beeinflußt.

Die Humusdecke besteht zumeist aus Rohhumus, d.h. aus dichtem, saurem Humus, von z.T. stattlicher Mächtigkeit. Der Kontakt zwischen Rohhumusschicht und mineralischem Untergrund ist i.d.R. ungenügend ausgebildet; die Humusdecke löst sich leicht in großen Teilen ab.

Der mineralische Boden zeigt ein typisches Podsolprofil. Besonders in ebenen Lagen ist der Podsol stark ausgeprägt, wenn der Boden keinen Wasserüberschuß aufweist. In Gegenden mit Hangneigungen, mit besseren Böden und guter Wasserversorgung finden sich Braun- und Gartenerden (Norwegian Forest Society, im folgenden Norw. For. Soc., 1957). >

213. KLIMA

Das Klima Norwegens weist erhebliche regionale Unterschiede auf:

In der Küstenzone steht es stark unter dem Einfluß des Golfstroms bzw. der Nordatlantikdrift, die relativ kühle Sommer und milde Winter im Gefolge haben. Norwegen besitzt die meisten nördlichen, ganzjährig eisfreien Häfen Europas, bis zum Nordkap bleibt die norwegische Küste eisfrei (Glässer, 1978). Die jährlichen Niederschläge liegen zwischen 2000 mm im Süden und 1000 mm im Norden.

Die alpinen Waldgrenzen reichen von ca. 600 m im Süden bis fast zum Meeresspiegel im Norden.

Das südliche Binnenland hat wärmere Sommer und kalte Winter; die Niederschläge betragen 600 - 900 mm pro Jahr; die Waldgrenzen verlaufen von 800 - 900 m.

Das nördliche Binnenland hat sehr kalte, lange Winter und verhältnismäßig warme Sommer. Die Niederschläge reichen nur bis etwa 300 mm und die obere Waldgrenze liegt bei 150 - 200m (Norw. For. Soc., 1976).

214. BESIEDLUNGSGESCHICHTE

Dem Rückzug des Eises der letzten Glazialperiode, das abgesehen von Westjütland ganz Skandinavien bedeckte, folgten Jäger, deren Hauptbeutetier während der Tundrenperioden das Ren war. Das war noch während der Allerödzeit (etwa 10 000 - 8 800 v.Chr.) auf Seeland der Fall (Firbas, 1949, Bd. I).

Eine etwas jüngere Fundstelle, Maglemose, liegt ebenfalls auf Seeland, das damals aber keine Insel war, sondern im 7. und 6. Jahrtausend mit zu einem aus Dänemark, Schweden und England verbundenen Land gehörte. Maglemose war zu jener Zeit schon von Mischwald bestockt und bot daher die Möglichkeit, zahlreiche Wildarten zu jagen, die sämtlich Waldtiere sind: Hirsch, Elch, Urrind, Wildschwein, Bär u.a.. Das einzige Haustier war der Hund.

Eine wiederum etwas jüngere dänische Fundstelle aus dem 4. Jahrtausend v.Chr., Ertebölle, zeugt durch seine riesigen Muschelhaufen und Herdstellen mit Überbleibseln von Fischen, Vögeln und Jagdtieren von der Seßhaftigkeit der Bewohner. Die Werkzeuge und Waffen zeigen eine große Mannigfaltigkeit. Weisen Tongefäße und Holzspaten schon auf jungsteinzeitliche

Einflüsse hin, so machen Reste von Haustieren (Rind, Schaf, Schwein), die zuoberst gefunden wurden, dies zur Gewißheit.

Die jungsteinzeitlichen Siedler, die den Landbau nach Norwegen brachten, kamen aus dem mittleren Rußland; sie gehörten der Trichterbecherkultur an. Für den Landbau geeignete Böden kamen und kommen in Norwegen nur begrenzt vor; nur auf 3 % des Bodens wird heute Landbau betrieben (Sund, 1974). Die neolithischen Siedler konzentrierten sich auf die standörtlich besonders begünstigten Gebiete, auf denen später Oslo und Trondheim entstanden.
Später siedelten in Südskandinavien Germanen, deren Gebiet in Norwegen sich noch vor der Zeitrechnung bis zum Polarkreis ausdehnte (Brockhaus, 1970).

Die Norweger waren stark beteiligt an den vom 8. bis zum 10. Jahrhundert durchgeführten Kriegszügen der auch Wikinger genannten Normannen. Mit großen, offenen Kielbooten, die sehr geringen Tiefgang hatten und sowohl mit Rudern als auch mit einem Segel am Mast angetrieben wurden, fuhren sie vor allem in Westeuropa längs den Küsten und weit die Flüsse hinauf zu Eroberungen und Brandschatzungen. Hamburg wurde von ihnen 845 geplündert und niedergebrannt, Köln 881 zerstört und Paris belagert, das sie erst nach Zahlung eines hohen Lösegeldes freigaben (Glässer, 1978). An mehreren Orten, wie in der Normandie und auf Sizilien, gründeten sie Staaten. Handel trieben sie vor allem mit Osteuropa (Karten in Cagner, o.J., und Brockhaus, 1970). Die äußersten von ihnen erreichten Plätze waren Neufundland und der Kaspisee.
Eine Karte, die die Verteilung der Bevölkerung in den skandinavischen Ländern und Finnland zur Wikingerzeit aufgrund der Münzschatzfunde und Runensteine erfaßt, zeigt, daß Süd- und Südwestnorwegen mit Ausnahme der Hochgebirgsgebiete stark bevölkert war (Cagner, o.J.). Am Ausgang des Oslofjords lag Kaupang, eine wichtige Handelsstadt.

Norwegen bestand seit dem 8. Jahrhundert meist aus Kleinkönigtümern. 1450 wählte der norwegische Reichsrat den dänischen König ebenfalls zum König von Norwegen. Bis 1814 unterstand Norwegen, das immer mehr zum Vassallenstaat wurde, den dänischen Königen aus dem Hause Oldenburg, die sich durch einen Statthalter vertreten ließen. Durch den Frieden von Kiel 1814 kam es zu einer schwedisch - norwegischen Union, in der Norwegen aber nicht gleichgestellt war. Erst 1904 wurde Norwegen unabhängiges Königreich.

1823 erreichte Norwegens Bevölkerung eine Million; heute beträgt sie über 4 Millionen.
Darin sind rd. 20 000 im Norden lebende Lappen enthalten. die z.T. auch heute noch Rentierwirtschaft betreiben.

Die frühesten Domestikationen von Rentieren werden für Südsibirien durch Felsbilder, die das Ren als Reittier zeigen, für die Zeit um Christi Geburt belegt.

In Skandinavien war das Ren viele Jahrtausende hindurch nur Jagdtier. Aus Norwegen liegt aber eine frühe Schilderung vor, die die Rentierwirtschaft als etwas selbstverständliches behandelt: in einem Bericht des nordnorwegischen Stammesfürsten Ottar oder Othere von 892, den der englische König Alfred (Alfred der Große 849 - 899) aufschrieben ließ, hieß es, daß er noch 600 unverkaufte zahme Tiere besäße. Unter ihnen wären 6 Locktiere, die bei den Lappen als sehr wertvoll galten, weil man sie zum Einfangen der wild lebenden Rentiere bräuchte (Cagner, o.J.).

Ein auf einem Rentier reitender, eine Peitsche schwingender Lappe, der drei wilde Rentiere abführt, ist auf einem Holzschnitt zu sehen, der in dem 1555 erschienenen Buch "Historia de gentibus septentrionalibus" des schwedischen Erzbischofs Olaus Magnus abgedruckt ist (Marsden, 1976). Der Bischof kannte Lappland und Nordskandinavien aus eigenen Bereisungen.

22. NATÜRLICHE BEWALDUNG

221. WALDVERBREITUNG

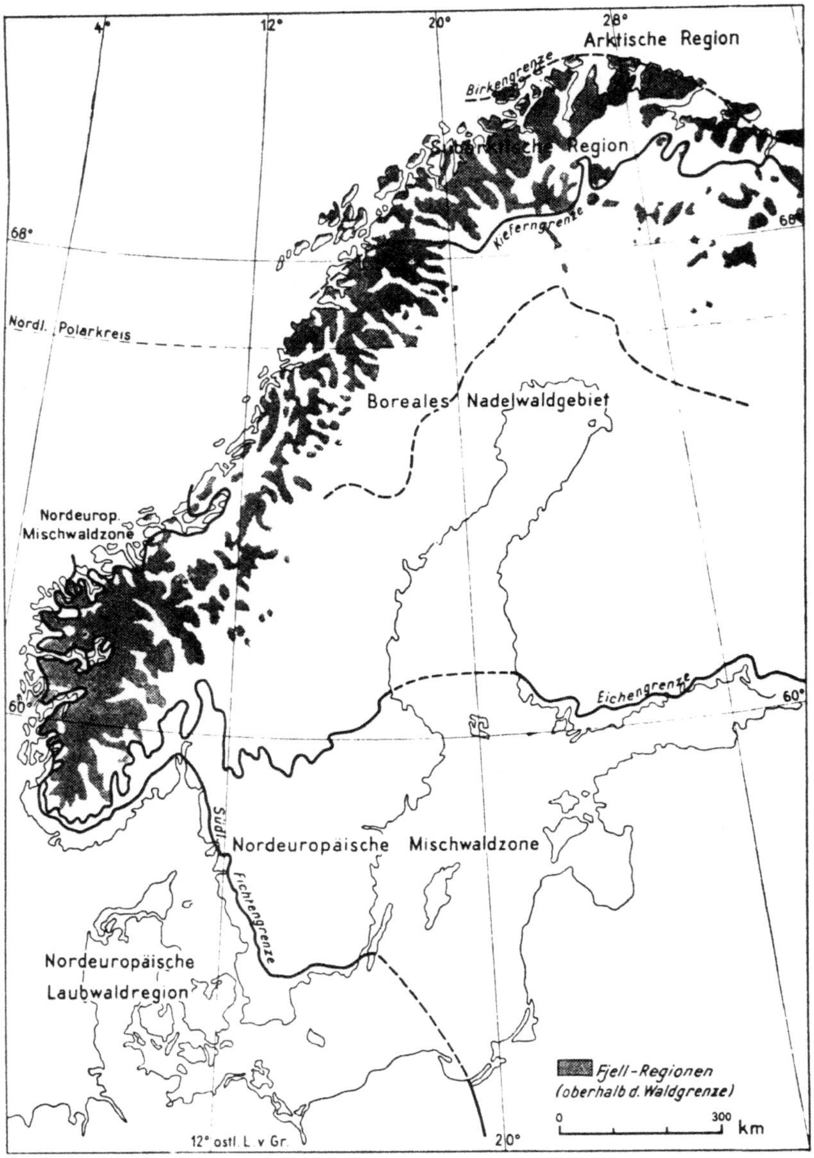

Abb. 3: Pflanzengeographische Regionen in den Nordischen Ländern (Hustich, 1974)

Die Gehölzvegetation Norwegens wird seit längerem in 5 Regionen aufgegliedert (Hustich, 1974; Glässer,1978).

Von Norden nach Süden sind es folgende Regionen:

I. Die arktische Region

Die Tundravegetation besteht vor allem aus Zwergbirkengesträuch (Betula nana) sowie Moos und Flechten. Die natürliche Tundra wächst auf einem schmalen Gürtel längs der nördlichen Küste auf Dauerfrostböden, die Baumbewuchs verhindern. Weite Verbreitung hat die durch anthropogene Einflüsse, wie Feuer, Vieh und Rentiere sowie durch Holzentnahme entstandene Pseudotundra.

II. Die subarktische Region

Sie ist von wechselnder Breite je nach dem Standort oder den Eingriffen der Menschen. Die natürliche Bestockung bestand bzw. besteht vor allem aus Haarbirke (Betula pubescens). Kiefern kommen in günstigen Lagen verstreut oder in kleinen Beständen vor.

III. Das boreale Waldgebiet

Das vorwiegend aus Fichten und Kiefern bestockte größte norwegische Waldareal reicht von 68° an der Westküste bis nach Südnorwegen. Das boreale Nadelwaldgebiet hat seine Südgrenze an der Nordgrenze des Eichenvorkommens (Quercus pedunculata). Das Schwergewicht der Fichte liegt im westlichen, das der Kiefer auf sandigen Böden im inneren und östlichen Bereich.

IV. Die Nordeuropäische Mischwaldzone

Sie erstreckt sich in Küstennähe nach Norden bis über Trondheim hinaus. Im natürlichen Wald soll der Anteil an Edellaubhölzern, insbesondere an Eichen, der heute nur noch gering ist, 70 -80 % betragen haben (Glässer, 1978).

V. Die Nordeuropäische Laubwaldregion

Das Laubwaldgebiet, das ursprünglich frei war von Nadelbäumen, bildet einen schmalen Streifen längs der Südküste. An Laubbäumen finden sich heute noch Buchen, die früher reichlicher auftraten.

221.1 ENTWICKLUNG DER BEWALDUNG

Die Waldungen Norwegens sind in erster Linie aus Fichte (Picea abies) und Kiefer (Pinus sylvestris) bestehende Nadelwälder. Sowohl hinsichtlich der Lagen der Refugien während der letzten Eiszeit als auch ihrer Einwanderung in die eisfrei gewordenen Gebiete Fennoskandiens bestehen zwischen Kiefer und Fichte erhebliche Unterschiede.

Die Kiefer ist bereits in der Allerödzeit, die etwa 10 000 bis 8 800 v.Chr. dauerte, für Seeland und für Ostpreußen nachgewiesen (Firbas, 1949). Es wird angenommen, daß sie Skandinavien einerseits von Zentraleuropa aus über Dänemark und zum anderen von Nordrußland her über Finnland besiedelt hat.

Die Fichte hat sich dagegen erst mehrere Jahrtausende später in Skandinavien ausgebreitet, und zwar nur vom Norden her über Finnland. Während der letzten Eiszeit lag ihr Refugium in Mittelrußland. Es braucht wohl kaum gesagt werden, daß es sich bei den Glazialrefugien i.d.R. nicht um große, geschlossen bestockte Waldgebiete gehandelt hat, sondern um verstreute kleinere Vorkommen, die auf klimatisch, orographisch und pedologisch günstigen Standorten überlebten. Wie überall, wo sie später in Europa Großvorkommen bildete, zog die Fichte verhältnismäßig spät in ihre heutigen natürlichen Areale ein; sie breitete sich meist erst in der mittleren postglazialen Wärmezeit stark aus.

Die Fichtenwanderungen von den eiszeitlichen Refugien zu den heutigen europäischen natürlichen Arealen lassen sich folgendermaßen gliedern:

I. Das innerrussische Fichtenrefugium, aus dem folgende Fichtenwanderungen hervorgingen:
   a. Wanderungen durch Nordwestrußland und Finnland, um den Bottnischen Meerbusen herum nach Süd- und Westskandinavien,
   b. durch das Baltikum nach Mittelpolen.

II. Das mittel- und südosteuropäische Fichtenrefugium, aus dem hervorgingen:
   a. die alpin-südosteuropäischen Areale,
   b. die herzynisch-karpatischen Gebiete.

Häufig diskutiert wurde von forstlichen Pflanzengeographen die Frage eines fichtenfreien Streifens in Mittelpolen im Bug- und Pripetgebiet. Jedenfalls stehen sich an dieser Stelle im Norden aus dem mittelrussischen Refugium stammende Fichten und im Süden solche aus dem herzynisch-karpatischen gekommene gegenüber oder überschneiden sich sogar (Schmidt-Vogt, 1977, Abb. 138 u. 259).

Unmittelbare Beziehungen der skandinavischen Fichten bestehen nur mit dem Refugium und den Wanderzügen unter I.a. Es erscheint aber angebracht, hier auch auf die Refugien und Wanderzüge hinzuweisen, die zu den anderen europäischen Fichtenarealen führten. Aus diesen beziehen nämlich skandinavische Länder, vor allem Schweden, große Mengen Fichtensamen, aus denen Bestände hervorgehen, die in ihrer Wüchsigkeit den einheimischen meist überlegen sind (vergl. Kap. 343.122).

222. HEIMISCHE BAUMARTEN

Mit den Nadelwäldern im Nordwesten Norwegens beginnt die geschlossenste nördliche Nadelwaldzone, die sich über Schweden, Finnland und das ganze boreale Rußland bis nach Ostsibirien am Ochotskischen Meer über 6 000 km lang erstreckt (s. zweiseitige Abb. 16: Forstregionen in Zentral- und Nordeuropa in Lindquist, 1959).

222.1 NADELBÄUME

Das Hauptgebiet der Nadelwälder liegt im Südosten Norwegens. Nördlich davon folgt ein zweites, weit geringeres Nadelholzvorkommen, das mit seiner Ausdehnung von Trondheim bis zum 65. Breitengrad ein immer noch beträchtliches Areal umfaßt (s. Karte "Die Bewaldung Norwegens" in FAO, 1957, sowie Abbildungen in Opsahl, 1942, S. 63; Lindquist, 1948; Oswald, 1972, S. 456; Norw. For. Soc., 1976, S. 5; Pardé, 1977, S. 76).

Von den beiden Koniferen bestockt die Fichte die größten Flächen. Bemerkenswert ist, daß sie nahe der Westküste von Natur aus meist fehlt (s. Karten Pardé, 1977, S. 76 u. Schmidt-Vogt, 1974, S. 194 u. 1977, S. 26). Die Einwanderung der Fichte nach Westnorwegen ist jung, sie schwankt zwischen einigen hundert Jahren bis zu tausend Jahre vor heute. Zum

Teil hat die Fichte wohl wegen zu hoher Pässe die Küste nicht erreicht. Nach Norden reichen einzelne verstreute Fichtengruppen bis über 69° n. Br. hinaus (Schmidt-Vogt, 1977, S. 223).

Die Kiefer erstreckt sich noch etwas weiter nach Norden. In der nördlichsten Provinz Finnmark kommt sie waldbildend auf 950 ha bis 70° 10′ n. Br. im Nationalpark Stabbursdalen vor. In Menschenhöhe gemessene Durchmesser von 16, 22 und 28 cm entsprachen Alter von 105, 180 und 275 Jahren; stehende Stämme werden bis zu 500 Jahre alt. Die sehr langsam gewachsenen Kiefern in Finnmark liefern Holz höchster Qualität (Pardé, 1977, S. 78). Hustich (1974, S.67) gibt für einen Kiefernwald in Nordnorwegen 70° 18′ n. Br. bei 25° ö. L. an; er hält in einer detailierten Karte die nördlichsten Vorkommen der Kiefer fest.

An als Nebenholzarten vorkommenden Nadelgehölz ist kältehart der Wachholder (Juniperus communis) und nicht kältehart die Eibe (Taxus baccata).

222.2 LAUBBÄUME

An kälteharten Laubbäumen werden von der Norwegischen Forstlichen Gesellschaft (1976) angegeben: Betula odorata (White Birch), B. verrucosa (Lowland Birch), und B. tortuosa (Mountain Birch). Birken sind unter den Laubbäumen Norwegens weitaus am stärksten vertreten. Nördlich des Polarkreises nehmen Birkenwälder größere Flächen ein als Nadelbäume (Glässer, 1978, Abb. 12). In Gebirgen bilden sie oberhalb des Nadelwaldes vielfach einen Birkengürtel. In der Provinz Finnmark reichen sie weiter als jede andere Baumart über den 71. Breitengrad nach Norden. Die Nordgrenze ist nicht beständig, da die Raupen des Schmetterlings Oporinia autumnata dann und wann - vielleicht einmal im Jahrhundert - die Birkengehölze im äußersten Norden abfressen und damit abtöten (Pardé, 1978).

An anderen kleinblättrigen Baumarten kommen vor: Populus tremula, Alnus incana, Sorbus aucuparia, Salix caprea und Prunus padus.

An nichtkälteharten Laubbäumen werden genannt: Alnus glutinosa, Quercus ssp., Fraxinus excelsior, Ulmus glabra, Fagus sylvatica, Tilia cordata und Acer platanoides sowie der Haselstrauch Corylus avellana (Norw. For. Soc., 1976). Diese Holzarten sind in ihren Vorkommen auf das südliche Norwegen beschränkt; an der Atlantikküste verlaufen die Arealgrenzen unter Golfstromeinfluß etwas nördlicher als in der Mitte und im Osten Südnorwegens. Von größter Bedeutung unter den nichtkälteharten Laubbäumen waren früher Quercus pedunculata und Q. sessiliflora, von denen die erste ein weiter nach Norden reichendes Areal aufweist (Lindquist, 1959, Abb. 12 u. Abb. 16).

Das Buchenvorkommen Norwegens beschränkt sich auf einen sehr begrenzten Teil im Südosten des Landes; ein für die Umgebung von Bergen in manchen Karten verzeichnetes Buchenvorkommen soll nicht autochthon sein.

23. <u>WALDVERNICHTUNG</u>

231. WALDVERNICHTUNG DURCH MENSCHEN UND TIERE

Die jungsteinzeitlichen Siedler haben Brandrodungsfeldbau betrieben. Auf den abgebrannten Waldflächen wurde bis zum Eintritt der Bodenerschöpfung Korn angebaut. Aus dem absichtlichen Abbrennen von Waldflächen entstanden gewiß oft unkontrollierte Waldbrände. Neben dem Ackerbau betrieben die

Siedler Waldweide mit Rindern, Schafen und Ziegen. Viehverbiß und Zertrampeln von Jungwuchs drängten den Wald nun weiter zurück.

Zu den Schäden, die Landbau und Waldweide verursachten, kamen die durch Holznutzung entstandenen. Der Wald hatte das Holz für Häuser und Geräte zu liefern und ständig wurde Brennholz benötigt.

Der Handel über See von Norwegen aus setzte schon im Mittelalter stärker ein. Handelsgüter waren Pelze und Holzteer, Brenn- und Rundholz sowie Salz; alles wurde mit hölzernen Schiffen transportiert. Ebenfalls aus Holz waren die vielen Schiffe, mit denen Fischfang sowie Wal- und Robbenjagd betrieben wurden.

Große Mengen starker Hölzer wurden für den Bau von Kriegsschiffen in den drei Jahrhunderten der Wikingerzeit benötigt. Viel Holz erforderte auch die 874 beginnende Übersiedlung von 30 000 bis 40 000 Norwegern nach Island.

Erhalten gebliebene Grabschiffe, in denen jeweils eine Person von hohem Rang beigesetzt war, darunter eine Königin, zeugen von der hohen Qualität des damals verwendeten Schiffsbauholzes. In Norwegen sind am Oslofjord an verschiedenen Stellen drei in tonigem Boden gut erhaltene Grabschiffe geborgen worden, die Längen von 19,8 bis 23 m und Breiten bis 5 m aufweisen. Sie wurden in Plankenbauweise im 9. Jahrhundert ganz aus Eichenholz gebaut, abgesehen von dem aus Kiefernholz angefertigtem Deck des größten der drei Schiffe. Die Grabschiffe mit ihrem hochragenden Steven sind vollendet konstruiert und weisen zum Teil kunstvolle Schnitzereien auf. Auch die normalen Kriegs- und Handelsschiffe müssen gut gebaut gewesen sein, wie ihre enormen Leistungen auf langen, schwierigen Fahrten beweisen.

Waldausbeutungen begannen vor dem Jahre 1000 n.Chr. zum Schmelzen von Sumpfeisenerz, zur Salz- und Holzteergewinnung sowie für die ausgedehnten Exporte von gehauenem und handgesägtem Nutzholz (Norw. For. Soc., 1976). Der Holzexport setzte bereits früh ein und hatte sich schon im 13. und 14. Jahrhundert beträchtlich entwickelt. Den ausgedehnten norwegischen Nadelwäldern, deren Stämme auf zahlreichen Gewässern zur Küste getriftet oder geflößt werden konnten, stand in Nordwestdeutschland, Holland und England ein absoluter Mangel an Nadelhölzern gegenüber, wenn man von Eiben absieht. Auch an Eichen war in den küstennahen Gebieten dieser Länder kein Überfluß. So bot es sich an, norwegisches Holz über See zu importieren. Holländische und englische Holzhändler hatten schon 1217 und 1303 Einschlagsprivilegien durch Verträge erhalten. Hansestädte, besonders Hamburg, drangen Mitte des 16. Jahrhunderts in den norwegischen Holzmarkt ein. Mitte des 17. Jahrhunderts waren die Küstenforsten aus Eichen für den Export ausgehauen.

Schon im späten Mittelalter begann England, Fichtenbretter zu importieren (Rubner,H. 1967). Ab 1550 wurden in Norwegen mit Wasserkraft betriebene Sägemühlen eingeführt, die rasch Verbreitung fanden. Bereits Mitte des 16. Jahrhunderts wurde versucht, die Walddevastation durch Regulierung des Exporthandels sowie durch Beaufsichtigung der Sägewerke aufzuhalten; die Errichtung von Sägewerken, die nur für den Export arbeiten sollten, wurde verboten.

Eisenverhüttung und -verarbeitung erforderten schon früh Holz und Holzkohle. Erst recht war dies der Fall für die 1623 in Kongsberg und Umgebung in Betrieb genommenen Silbergruben und die seit 1632 in Røros eröffneten Kupfergruben. In Kongsberg waren bis 4000 Bergleute beschäftigt, darunter sehr viele Deutsche.

24. WALDBEWIRTSCHAFTUNG IM 20. JAHRHUNDERT

241. ENTWICKLUNG DER FORSTWIRTSCHAFT

241.1 FORSTKARTIERUNG UND FORSTORDNUNG DURCH JOHANN GEORG VON LANGEN

Im gleichen Jahr, in dem der Silberbergbau begann, wurde eine Rodeordnung erlassen, die unachtsames Überlandbrennen unter Strafe stellte; später ergingen verschärfte Verordnungen, die das Brennen auf Allmendeland genehmigungspflichtig machten (Wargenau, 1972). Im 17. Jahrhundert wurden Kommissionen gebildet, die Kenntnisse der forstlichen Verhältnisse beschaffen und Verordnungen zu ordentlicher Waldnutzung erarbeiten sollten. 1683 wurde die Zahl der bereits eingesetzten Forstinspektoren vermehrt (Fernow, 1913).

Als die Beschaffung von Holz für die wichtigen königlichen Silberminen bei Kongsberg besondere Schwierigkeiten bereitete, empfahl Graf Christian Ernst zu Stollberg-Wernigerode, ein Vetter und Freund des zugleich über Norwegen herrschenden Königs Christian VI. von Dänemark, dem König, zur Sicherung des Holzbedarfs den ihm bekannten Forstmeister J. G. von Langen zu gewinnen (Wargenau, 1972).

Johann Georg von Langen wurde am 22. 3. 1699 auf Schloß Oberstedt bei Hildburghausen in Thüringen geboren. Als 17-jähriger wurde er am Hof des Herzogs von Braunschweig - Lüneburg in Blankenburg (Harz) als Jagdpage eingestellt. 1719 erhielt er die Erlaubnis, eine längere Reise nach verschiedenen süddeutschen Höfen sowie nach Wien zu unternehmen. Nach seiner Rückkehr wurde er 1722 beauftragt, die Blankenburger Forsten zu vermessen. Unter Ernennung zum Forstmeister erhielt er 1726 als seinen ersten selbstständigen Wirkungskreis die Inspektion von 4 fürstlichen Forstrevieren, darunter Braunlage und Blankenburg. Dabei führte er die Vermessung des braunschweigischen Harzes bis zum Abschluß fort.

Zu den Aufgaben von v. Langen in Blankenburg gehörten:

"- Möglichst exakte Vermessung der Wälder (aber ohne Triangulation), Versteinung der Grenzen, Taxierung der Holzmassen, Erfassung von Hude-, Bann- und Ödflächen und im Walde tätigen Gewerbebetrieben;
- Forsteinrichtung nach einem streng geometrischen Flächenfachwerk (ohne Rücksicht auf natürliche Grenzen);
- Bestimmung der Umtriebszeiten;
- künstliche Nachzucht durch Säen und Pflanzung;
- Einbürgerung neuer Baumarten;
- Förderung der Torfnutzung und Verbesserung der Torfverkohlung.

Schon früh trat er für die Verbannung der bäuerlichen Nutzungen aus allen Jungwuchsflächen ein, wobei er sich gleichzeitig bemühte, den Betroffenen durch einen zeitlich begrenzten Waldfeldbau einen Ausgleich zu bieten." (Wargenau, 1972)

Herzog Karl I. von Braunschweig - Lüneburg, der seine Verwaltung wegen ererbter hoher Schulden kürzen mußte, stellte nicht nur Johann Georg von Langen, sondern auch noch 6 Jagdjunker und -pagen zur Verfügung. Unter diesen befand sich neben einem jüngeren Bruder Johann Georgs, Franz Philipp von Langen, der junge Dietrich von Zanthier (1717 - 1778), der später einer der bedeutendsten Forstwirtschaftler des 18. Jahrhunderts werden sollte.

Vier der deutschen Forstleute fuhren von Kopenhagen wieder zurück, wohl weil ihnen die Arbeitsbedingungen nicht zusagten. Als Ersatz traten drei andere adelige Forstleute die Reise an; außerdem gingen 12 Förster mit.

Die beiden Brüder v. Langen wurden als Forstmeister in Norwegen angestellt. Nach fünfmonatiger Tätigkeit legten sie am 31. Dezember 1737 eine Beschreibung der bei Oslo gelegenen

Wälder der Vogtei Aker vor, die 419 Eigentümern gehörte; das Gebiet lag inmitten der Eisengruben und -hütten.

1739 wurde mit Sitz in Kongsberg, der damals zweitgrößten Stadt Norwegens, ein Generalforstamt unter der Leitung von Johann Georg von Langen errichtet. Er führte ähnliche Forsteinrichtungsarbeiten wie im Harz durch und betrieb dabei vor allem die kartenmäßige Erfassung der Waldflächen. Da sich die begonnenen Aufforstungsarbeiten, die zugleich Notstandsarbeiten für die von Mißernten betroffenen Bauern waren, erst in späteren Zeiten auswirken konnten, führte das Generalforstamt Sparmaßnahmen im Holzverbrauch ein. Eine neue Sortierungsvorschrift ließ zum Verkohlen nur Holz geringer Qualität zu; für die Stöcke gefällter Bäume wurde eine Höchstlänge von einem Fuß vorgeschrieben. Es wurden vermehrt Ziegeleien betrieben, um das Holz für die regelmäßig erneuerungsbedürftigen hölzernen Dachabdeckungen zu sparen. In Zusammenarbeit mit einer 1739 gegründeten Norwegischen Kompanie förderte man holzverarbeitende Industrien, und zwar bei zweckmäßigster und sparsamster Holzverwendung. Für die Umgebung von Kongsberg wurden 1742 an Fabriken u.a. 96 Holzteeröfen angegeben.

In der Forstgesetzgebung, für die das Generalforstamt federführend war, stand die Einschlagsregelung an vorderster Stelle. Hiebe bedurften einer schriftlichen Bewilligung; alles gefällte Holz mußte am Hiebsort oder am Einflößplatz von Forstbeauftragten kontrolliert und markiert werden. Die Sägewerke wurden durch eine Fragebogenerhebung erfaßt, die später durch Erhebungen an Ort und Stelle vervollständigt wurde.

Seine Aktivität und sein energisches Durchgreifen bei den Regelungen der norwegischen Forst- und Holzwirtschaft brachte Johann Georg von Langen viele Gegenerschaften. Vermutlich waren sie der Grund, daß er 1744 Norwegen verließ, um wieder in braunschweigische Dienste zu treten. Die Leitung des Generalforstamtes übernahm sein jüngerer Bruder Franz Philipp, der sich als sehr qualifiziert erwies. Er konnte aber nur noch kurze Zeit wirken, da der auf die Wohlfahrt seines Landes bedachte König Christian VI. - er hatte u.a. auch die Schulpflicht in Norwegen eingeführt - im Jahre 1746 starb. Sein leichtlebiger Nachfolger war an einem Generalforstamt nicht interessiert und hob es auf. Das Forstwesen wurde wieder dem Oberbergamt unterstellt.

Johann Georg von Langen hatte mit seinem Weggang von Norwegen keineswegs mit Skandinavien endgültig gebrochen; nach weiteren zwei Jahrzehnten im braunschweigischen Forstdienst folgte er 1763 einem Ruf nach Dänemark, wo er bis zu seinem Tod im Jahre 1776 gelebt und gewirkt hat. Hier gründete er 1764 in Jägersborg bei Kopenhagen die erste über mehrere Lehrkräfte verfügende Forstschule der Welt, nachdem ein Jahr vorher sein ehemaliger Schüler von Zanthier unter von Langens Einfluß die erste forstliche Meisterschule Deutschlands in Wernigerode errichtet hatte.

In der kurzen Zeit von 7 Jahren war es immerhin gelungen, die Unterlagen für eine geordnete Forst- und Holzwirtschaft in großen Teilen Norwegens zu ermitteln.

Hätte die laufende forstliche Kartierung noch ein Jahrzehnt weitergeführt werden können, so wäre sie für das ganze Land fertiggestellt worden. In einer 1943 erschienenen Darstellung der Entwicklung und des Standes der Kartographie Norwegens sprach der Kartograph Evers dem von Langenschen Kartenwerk höchstes Lob aus und zitierte frühere Anerkennung der Karten, auf die bis ins 19. Jahrhundert hinein zurückgegriffen werden mußte, weil "bessere Karten in Norwegen nicht vorhanden waren".
Daß das Wirken von v. Langen in Norwegen noch heute hoch eingeschätzt wird, zeigt der Gedenkstein, der ihm und seinen 28 namentlich aufgeführten Mitarbeitern 1969 beim Forstmuseum Elverum gesetzt wurde (Wargenau, 1972).

1968 wurde von Fryjordet eine Schrift über das von v. Langen geleitete Generalforstamt veröffentlicht. In Deutschland wurden seine Leistungen wiederholt gewürdigt, z.B. durch R. Hess (1885), H. Wargenau (1972), K. Mantel (1976), K. Mantel und J. Pacher (1976), Z. Rozsnyay (1976 und 1977), P. Chr. Nielsen (1965) sowie W. Evers u. P. Chr. Nielsen (1977).

Wenn man die Projekte der forstlichen Entwicklungshilfe überschaut, die in den Jahrzehnten nach dem Zweiten Weltkrieg in Angriff genommen wurden, muß man zugeben, daß keines der modernen Vorhaben großzügiger angelegt war und erfolgversprechender anlief, bis es durch absolutistische Willkür zerschlagen wurde.

Auch nach Auflösung des Generalforstamtes wurden Versuche angestellt, die Waldvernichtung aufzuhalten, denen aber keine größeren Erfolge beschieden waren. Zon und Sparhawk schildern 1923 die Entwicklung während der letzten Jahrhunderte so:

"Westnorwegen ist praktisch baumlos. Der bequeme Zugang durch die tiefen, geschützten Fjorde hat die Waldlosigkeit dieser Region bewirkt. Schätzungsweise wurden währen der letzten 150 Jahre alljährlich 15 000 acres (ca. 6 000 ha) Privatwald abgetrieben." (Zon u. Sparhawk, 1923)

242. FORSTWIRTSCHAFT BIS MITTE DES 20. JAHRHUNDERTS

Gut hundert Jahre nach der Auflösung des Generalforstamtes wurden erstmals wieder entschiedene Schritte zur Besserung des Forstwesens unternommen. 1849 wurde erneut eine Forstkommission gebildet, die die Holzvorräte ermitteln und neue Vorschläge für die Waldbewirtschaftung unterbreiten sollte. Der 1850 erstattete Bericht betont die Notwendigkeit, die Sägemühlenprivilegien der englischen Holzhändler zu beenden.

Diese hatten große Waldgebiete aufgrund langfristiger Verträge rücksichtslos devastieren können.
Die Beendigung der Privilegien erfolgte erst 1860 (Fernow, 1913).

Schon 1881 wurde der erste Norwegische Forstverein gegründet, der sich nach wiederholten Umorganisationen heute besonders zur Aufgabe gesetzt hat, das Verständnis für die Bedeutung des Waldes zu fördern; von ihm wurde auch 1976 die Schrift "Forestry in Norway" herausgegeben, aus der hier öfters zitiert wird.

241.1 FORSCHUNG UND LEHRE

Für die Wiederherstellung der Wälder forderte die Forstkommission 1850 die Anstellung technisch ausgebildeter Forstleute. Daraufhin wurden 10 oder 12 junge Männer im nächsten Jahrzehnt auf Regierungskosten in Deutschland ausgebildet; 1857 konnten die beiden ersten so ausgebildeten Forstbeamten eingestellt werden. 1863 wurde per Gesetz eine Forstabteilung gebildet, zu deren Aufgabe auch die Minderung der Mißwirtschaft in den Privatwäldern gehörte. 1875 erhielt Norwegen die erste Forstschule in Kongsberg (Børset, 1972a). 1906 wurde nach dem Vorbild des U.S.Forest Service ein dem Landwirtschaftsministerium zugeordneter Forstdienst organisiert, dem neben höheren Beamten in der Zentrale und im Außendienst auch 360 Förster angehörten (Fernow, 1913).

Zum Studium für den Forstverwaltungsdienst mußten die norwegischen Anwärter bis gegen Ende des vorigen Jahrhunderts nach Deutschland oder Stockholm gehen. Seit 1898 erfolgt die forstakademische Ausbildung an der Landwirtschaftlichen Universität in Ås, wo nun jährlich etwa 25 Forstwirte ausgebildet werden (Norw. For. Soc., 1976). Hinzu kommen drei Rangerschulen für den Exekutivdienst und drei Waldarbeiterschulen.

Das Norwegische Forstliche Forschungsinstitut arbeitet zum Teil in Bergen und zum Teil in Ås.

242.2 KAHLSCHLAGLOSE WIRTSCHAFT

Ab Mitte des vorigen Jahrhunderts vollzogen sich in Norwegen große Neuerungen in der Holznutzung: seit 1850 wurden mit Dampf betriebene Sägewerke eingesetzt und wenige Jahrzehnte später begannen sich die Holzschliff- und Zellstoff- sowie anschließend die Papier- und Pappeindustrie zu entwickeln. Ab 1932 wurden Faserplatten und ab 1957 Spanplatten in Norwegen hergestellt.

Erhebliche Schäden erlitten die Wälder der Bauern, die den größten Teil der Waldungen besaßen, durch rücksichtslose Eingriffe, ohne daß an waldbauliche Maßnahmen gedacht wurde. Auch dort, wo waldbauliche Regeln angewendet wurden, hatte man in den ersten Jahrzehnten unseres Jahrhunderts keine glückliche Hand. In der Schrift des Norwegischen Forstvereins heißt es:

"Dieser Exploitationsperiode folgte in unserem Jahrhundert eine Periode erfolgloser Waldbaumethoden, in der keine Kahlschläge vorgenommen wurden, weil man glaubte, daß unter dem Schirm reifender Bestände Naturverjüngung eintreten würde, was aber nicht der Fall war. Man war denn der Ansicht, daß die Bodentemperatur auf dem beschatteten Grund gewöhnlich zu niedrig für die Keimung war." (Norw. For. Soc., 1976)

Noch 1972 befürwortete der norwegische Waldbauprofessor Børset für ältere Fichtenbestände den "Hieb von oben - im Sinne Borggreves" (Børset, 1972b). Durch laufende Entnahmen der stärksten Stämme wollte er den Bestand "sozusagen verjüngen".

Wie ich 1958 in einer Kurzbiographie über Bernard Borggreve berichtet habe, hat die von ihm empfohlene Plenterdurchforstung, bei der vom 60jährigen Bestandesalter ab alle 10 Jahre 1 - 2 Zehntel der Bestandesmasse vor allem an solchen Stämmen entnommen werden sollte, die ihre Nachbarn von oben her bedrückten, die Erwartungen enttäuscht; die Plenterdurchforstungshiebe ließen sich nicht lange fortsetzten, da die stärker unterdrückt gewesenen Stämme nicht die erwartete Erholungsfähigkeit besaßen (Hesmer, 1958).

In Norwegen hat man offensichtlich ähnliche Erfahrungen gesammelt, denn der Forstverein führt weiter aus:

"Nach dem Zweiten Weltkrieg wurden allgemein Methoden akzeptiert, die auf neuen Grundsätzen beruhten, und eine neue Aera norwegischer Forstwirtschaft gestartet, die meist auf Kahlschlägen beruhte, denen meist künstliche, aber teilweise auch natürliche Verjüngung folgten."

242.3 STREIFENINVENTUREN

Den Rückgang der Holzvorräte und der Zuwachsleistungen während der ersten Hälfte unseres Jahrhunderts belegen auch die beiden Streifeninventuren (National Strip Survey of Norway), die von einer besonderen Institution (Norwegian Forest Survey) durchgeführt wurden (Langsaeter, 1949).

Die erste Inventur fand von 1919 bis 1930 statt; sie erfolgte auf 10 m breiten Streifen und inventarisierte in Durchmesserklassen mit Sprüngen von 5 cm.
Die zweite, 1937 beginnende Inventur erfaßte außerdem 6 Hiebsklassen, z.B. Klasse I: Bestand in Verjüngung; Klasse II: junge Bestände unter Durchforstungsalter; Klasse Vb: Bestände jeden Alters, die so spärlich bestockt oder so geschädigt sind, daß sie künftig unfähig sind, die Ertrags-

kapazität des Standorts auszunutzen. Diese Klasse war verhältnismäßig überrepräsentiert.+)

In der Auswertung der Inventur wurde darauf hingewiesen, daß die Holzindustrie in 20 bis 30 Jahren mit Holzmangel zu rechnen habe, wenn die Holzeinschlagsmengen stärker erhöht würden.

Zur Wiederherstellung der Forsten würden erhebliche Mittel benötigt. Das Forstschutzgesetz von 1932 (Forest Protection Act) sah vor, daß Waldbesitzer, die ihren Wald nach den Regeln einer geordneten Forstwirtschaft behandeln, berechtigt sind, ihn selbst zu bewirtschaften. Wenn der Kontrollbeamte aber feststellt, daß der Waldbesitzer die Forstbewirtschaftungsregeln nicht einhält, kann er Hiebsverbot oder Bewirtschaftung durch einen Forstbeamten veranlassen (Langsaeter, 1949).

243. INTENSIVIERUNG UND MECHANISIERUNG DER FORSTWIRTSCHAFT WÄHREND DER LETZTEN JAHRZEHNTE

243.1 FORST- UND HOLZWIRTSCHAFT IN ZAHLEN

In der Zeit nach 1950 hatten sich die Holzeinschläge erhöht, ohne jedoch den Bedarf der entwickelten einheimischen Industrie decken zu können. In den letzten 15 bis 20 Jahren lagen die Jahreseinschläge bei 8 - 10 Mio m^3; der Bedarf betrug aber 10 - 11 Mio m^3 (Norw. For. Soc., 1976). Die Differenzmenge mußte durch Importe gedeckt werden, die vor allem aus Schweden kamen.

+) Weitere Angaben über die Streifeninventur s. Kap. 342.1, 342.2 und 443.5

Der Jahreseinschlag erfolgte zu ca. 50 % als Stammholz und zu 45 % als Schwachholz für die Zellstoffindustrie. Die Erzeugung von Holzschliff, Zellulose, Papier und Pappe betrug 1964 2,78 Mio t, 1974 3,49 Mio t; davon wurden exportiert 1,52 Mio t bzw. 2 Mio t (Norw. For. Soc., 1976).

Über die forstlichen Verhältnisse unterrichten die nachstehenden Zahlen: der produktive Wald betrug 1976 6,45 Mio ha, das sind 20 % der Landesfläche. Die Landbaufläche belief sich auf nur 3 %. Der Rest besteht vor allem aus Fjells sowie aus Mooren und anderem Ödland (Norw. For. Soc., 1976).
Die Nationale Forstinventur scheidet 5 Standortsklassen aufgrund der Wachstumskapazität aus (Tab. 2):

Standortsklasse	Potentielle Produktion (m^3/ha+a)	Umtrieb in Jahren	Fläche (ha)	Fläche (%)
1	9,2	65	280 000	4,4
2	9,2 - 6,5	75	850 000	13,2
3	6,4 - 4,1	90	2 180 000	33,8
4	4,0 - 2,5	>=100	1 940 000	30,0
5	2,4 - 1,4	>=110	1 200 000	18,6
Gesamt			6 450 000	100,0

Tab. 2: Einteilung der produktiven Waldfläche nach Standortklassen (Norw. For. Soc., 1976)

Der hohe Anteil von Flächen niedriger Produktion ist durch die vielen Bestände in hohen Berglagen und im Norden des Landes bedingt.

Die einzelnen Baumarten und Mischbestände sind folgendermaßen prozentual an der produktiven Waldfläche von 6,45 Mio ha beteiligt:

Fichten-wald	Kiefern-wald	Gemischter Nadelwald	Anderer gemischter Wald	Laub-wald
38	21	18	23	3

Tab. 3: Prozentuale Aufteilung der produktiven Waldfläche nach Baumarten (Norw. For. Soc., 1976)

Die stehenden Vorräte und jährlichen Zuwachsleistungen betragen:

Baumart	Vorrat (Mio m^3)	Zuwachs (Mio m^3)
Fichte	250	7,5
Kiefer	150	3,4
Laubbäume	80	2,1
Gesamt	480	13,0

Tab. 4: Stehender Vorrat und jährlicher Zuwachs der produktiven Waldfläche (Norw. For. Soc., 1976

Von den Laubbäumen ist die Birke am weitesten verbreitet. 1972 wurde ihr jährlicher Zuwachs mit 1,5 Mio m^3 angegeben; dies entspricht 76 % des gesamten Laubholzzuwachses (Børset, 1972b). Während die Birke früher vor allem als Brennholz verwendet wurde, versorgt sie jetzt 16 Spanplattenwerke in Gebieten mit leichtem Zugang zu den krummen Bergbirken, für die es sonst keine Verwendung gibt. Von sonstigen Laubhölzern leistet die Aspe 8 % des Zuwachses und die Erle 6 %.

Von fremdländischen Baumarten spielt bisher nur die in Westnorwegen häufig angebaute Sitkafichte eine größere Rolle. Prof. Braathe berichtete 1972:

" Da West-Norwegen eine lange Vegetationsperiode und hohe Niederschläge hat, wachsen dort viele westamerikanische Baumarten recht gut. Während vieler Jahre wurde besonders die Sitkafichte in den Neuaufforstungsgebieten im großen Stil angebaut. Heute werden in West-Norwegen jährlich etwa 5 Mio Sitkapflanzen gesetzt, was in etwa einem Fünftel der dort ausgebrachten Pflanzen entspricht.

In West-Norwegen wächst die norwegische Fichte besser als in den anderen Landesteilen. Ertragstafeln für dort gepflanzte Fichte auf bester Bonität (mittlere Höhe im Alter von 50 Jahren) zeigen einen mittleren Zuwachs von 14,8 fm m.R. bei einer Umlaufszeit von 60 Jahren. Die Sitkafichte wächst bedeutend besser als die gewöhnliche norwegische Fichte. Es gibt aber nur wenig Sitkabestände, die älter als 50 Jahre sind. Endgültige Ertragstafeln für die Sitkafichte liegen deshalb noch nicht vor."

Von künstlichen Kreuzungen zeigen Versuchsanbauten von Hybridaspe (Populus tremula x P. tremuloides) vielversprechende Leistungen (Børset, 1972b).

243.11 WALDBESITZKLASSEN

Norwegens Waldfläche befindet sich zu fast 80 % in Privatbesitz.
Die Zahl der Privatwaldbesitzer in Norwegen betrug 1976 131 708 mit einer durchschnittlichen Waldfläche von 37 ha. 117 344 von diesen Besitzern sind Bauern, die auf ihrem Besitz leben; ihr durchschnittlicher Waldbesitz beträgt 34 ha (Norw. For. Soc., 1976).

55 000 Besitzer von Kleinwald sind zu einer Gesellschaft organisiert, die 470 örtliche Vertretungen hat; sie besitzen 3,6 Mio ha und sind am Jahreseinschlag mit 70 % beteiligt. 1967 errichtete die Gesellschaft eine Zeitungspapierfabrik mit einer Jahreskapazität von 250 000 Tonnen (Norw. For. Soc., 1976). Die betreuten kleinen Waldbesitzer erhalten vom Forstzivildienst ein Luftbild ihres Waldes und auf einigen Seiten eine Inventur sowie einen Bewirtschaftungsplan. Ein großer Teil der Bauern führt den Holzeinschlag und -transport mit eigenen Geräten und Maschinen durch, insbesondere mit dem Farmtraktor. Die Holzverkaufspreise werden von der Gesellschaft vereinbart.

Etwa 120 Großwaldbesitzer bilden seit 1950 eine besondere Vereinigung, auf die 15 bis 20 % des Einschlags entfallen. Eine Anzahl der Mitglieder sind Besitzer von Holzindustriewerken (Norw. For. Soc., 1976).

Dem Staat gehören nur 11 % der Gesamtwaldfläche. Der Staatswald liegt zum großen Teil nahe der alpinen Waldgrenze und im Norden des Landes. Der Jahreseinschlag der Staatswälder beträgt 550 000 m^3; das sind nur 7 % des norwegischen Gesamteinschlags (Norw. For. Soc., 1976).

243.2 ANREIZE ZUR PRODUKTIONSSTEIGERUNG DURCH FORSTGESETZLICHE MASSNAHMEN

Ziel der modernen Forstpolitik Norwegens ist vor allem eine starke Steigerung der Holzzuwachsleistungen. 1951 stellte eine Kommission für Forstpolitik eine Steigerung des jährlichen Zuwachses auf 24 Mio m^3 innerhalb einer Periode von 70 bis 100 Jahren in Aussicht. Ein Bericht der Nationalversammlung von 1975 sieht eine Zunahme der Einschläge zum Verkauf und für industrielle Erzeugung für 1990 auf 10 bis 11 Mio m^3 vor.

Um dies zu erreichen, werden Zuschüsse für den Straßenbau sowie für Einschläge und für den Holztransport in schwierigem Gelände gewährt. Auch für waldbauliche Zwecke werden sie gezahlt: für Aufforstungen sind 30 % vorgesehen. Bestandespflege, zumal Läuterungen, die oft durch Teams der beiden Forstbesitzerverbände nach festen Hektarkostensätzen erfolgen, sind förderungswürdig. Für Betriebsplanungen werden je nach Besitzgröße Zuschüsse von 35 % bei Großbetrieben und 60% bei Kleinbetrieben gegeben (Norw. For. Soc., 1976).

Das Gesetz für Holzerzeugung und Forstschutz von 1965 führte eine weitere, sehr wirksame Maßnahme ein: von allen forstlichen Erträgen, insbesondere von Holzverkäufen, sind 10 % der Bruttoerlöse abzusondern mit dem ausschließlichen Zweck, für forstliche Investitionen wie Aufforstungen, Straßenbau, Maschinenanschaffung u.a. verwendet zu werden. Das Geld bleibt Eigentum des Waldbesitzers; wenn es nicht gleich verwendbar ist, wird es in einer Bank eingefroren. Rund zwei Drittel der Forstinvestitionen werden auf diese Weise finanziert (Nor. For. Soc., 1976). Kommen hinzu noch Zuschüsse, sind die Gesamtkosten gedeckt.

Um die vom Gesetz vorgesehenen Maßnahmen durchführen zu können, wurde beim Landwirtschaftsministerium eine große Zivile

Forstverwaltung geschaffen, die im ganzen Land auf den verschiedenen Verwaltungsebenen Ämter mit Fachsektionen erhielt, deren Hauptaufgabe die Beratung der privaten Waldbesitzer ist.

243.3 AUFFORSTUNGSPLÄNE

Die jüngeren und mittleren Altersklassen sind mit zu geringen Vorräten ausgestattet. Es besteht auch ein Überhang unterbestockter reifer und überreifer Bestände. Hinzu kommen unbefriedigende Verhältnisse in der Baumartenzusammensetzung: im Küstengebiet stocken auf beträchtlichen Flächen schlechtwüchsige Birken, wo Fichte besser wäre; andererseits stockt in den Trockengebieten von Ostnorwegen auf armen Böden Fichte anstelle der standortsgemäßen Kiefer.

Die größten Aufforstungsvorhaben liegen im Küstengebiet. 1950 wurde ein Plan aufgestellt, der für 60 Jahre die jährliche Umwandlung von 8000 ha Birken schlechter Qualität und sonstiger wertloser Gehölze in Nadelwaldbestände, hauptsächlich in Fichte und Sitkafichte, vorsah. Damit würden 500 000 ha Nadelwaldbestände geschaffen. Da in manchen Distrikten die Planungen bereits erfüllt waren, wurde 1965 ein neues Programm mit einer jährlichen Pflanzungsfläche von rd. 16 000 ha aufgestellt, das von 1965 bis 1990 die Anlage von 400 000 ha Nadelholzbeständen vorsieht (Norw. For. Soc., 1976). Nach Fjulsrud (1978) wurden 1977 40 000 ha gepflanzt.

Für die Wiederaufforstung und Aufforstung werden jährlich 70 Millionen Pflanzen benötigt, davon 80 % Fichte und 20 % Kiefer. 80 % der Pflanzen werden in Baumschulen der privaten Forstvereinigungen angezogen, 20 % in staatlichen. Die Forstsaatgutbeschaffung einschließlich der Zapfensammlung und des Imports steht in der alleinigen Verantwortung des Landwirtschaftministeriums. In den letzten Jahren wendet man den

Saatgutplantagen zur züchterischen Verbesserung der Baumqualität besondere Aufmerksamkeit zu (Norw. For. Soc., 1976).

Eine Vergrößerung der Forstflächen ist in Norwegen auch durch Drainierung und folgende Aufforstung möglich. Von den etwa 3 Mio ha Mooren sind dafür ca. 10 % geeignet. Während der letzten 20 Jahre wurden bereits 180 000 ha Moor drainiert und aufgeforstet (Norw. For. Soc., 1976).

Forstdüngung ist nur mit Maß durchgeführt worden: in den 60er Jahren wurden jährlich etwa 9000 ha gedüngt, in den 70er Jahren aber nur etwa 2000 ha. Die Bereitwilligkeit zur Forstdüngung ist vor allem im Kleinwaldbesitz von den Holzpreisen abhängig.

243.4 FORSTSCHUTZ

Bei einer vorwiegend aus Fichte und Kiefer bestehenden Bewaldung ist das Auftreten von Rüsselkäfer (Hylobius abietis) und Borkenkäfer (Ips typographus) nicht überraschend. Ein rechtzeitiger Abtrieb der reifen Bestände und vor allem Beseitigung überalterter Stämme können helfen, den Borkenkäferbefall zu mindern. Daß sich die Witterung nachteilig auf die Borkenkäfervermehrung auswirken kann, haben die Folgen einer anhaltenden Trockenheit in Ostnorwegen jüngst bewiesen.

Nach amtlichen Schätzungen sind 5 bis 10 Mio m^3 altes Nadelholz gefährdet. Um noch weit größere Schäden zu verhindern, wurde für das Frühjahr 1980 eine Großbekämpfung mit 600 000 Lockfallen vorbereitet; diese Fallen enthalten auf die Käfer anziehend wirkende Stoffe. Die Kosten der Bekämpfung wurden auf fast 33 Mio DM veranschlagt, die Schäden der Waldbesitzer auf über 91 Mio DM (Forstpflanzen - Forstsamen, 1979).

Als eine steigende Gefährdung der Wälder werden die enormen Mengen Schwefeldioxyd betrachtet, die die vorherrschenden Süd- und Südwestwinde aus den europäischen Industriegebieten nach Norwegen bringen. Die damit verbundene Versauerung von Seen und Flüssen in Südnorwegen führt zu einer Abnahme des Forellenbesatzes. Örtliche Forstschäden entstehen durch den Rauch von Aluminiumwerken (Norw. For. Soc., 1976).

243.5 MECHANISIERUNG IN DER FORSTWIRTSCHAFT

Die Mechanisierung der Forstarbeiten, insbesondere bei Holzeinschlag und -transport, nahm Mitte der 50er Jahre einen starken Aufschwung, ausgelöst durch Arbeitermangel und begünstigt durch den weltweiten Boom für Zellstoff und Papier. In weniger als 20 Jahren wurde die Zahl der angeheuerten Waldarbeiter von 30 000 auf 10 000 gesenkt. Der Wassertransport des Holzes wurde durch Straßentransport ersetzt. Dies setzte die Anlage vieler Forststraßen voraus, deren Länge einschließlich der öffentlichen Straßen in Forsten 1976 48 000 km, d.h. 7,4 m je ha, beträgt; angestrebt werden 10 bis 15 m je ha, und zwar möglichst ganzjährig benutzbare Forststraßen (Norw. For. Soc., 1976).

Etwa ein Viertel der Waldfläche ist ausgesprochen schwieriges Gelände, in dem die Verwendung von Drahtseil-Anlagen von Interesse ist. Ein ferngesteuerter Drahtseilkran wurde bereits eingesetzt (Samset, 1972).

In FAO-Seminaren werden die besonderen Kenntnisse und Erfahrungen der Norweger mit der Lagerung, dem Transport und der Verschiffung von Holz international bekannt gegeben.

244. NATIONALPARKE

Dem Naturschutzgesetz von 1970 zufolge sollen möglichst ungestörte Naturlandschaften als Nationalparke unter absoluten Schutz gestellt werden. 1972 waren 11 Gebiete geschützt und 6 geplant (Huse, 1972). Von den Nationalparkflächen von 6 300 km^2 sind nur etwa 3 % bewaldet, und zwar überwiegend mit Gebirksbirken. Kiefer und Fichte haben einen nur sehr bescheidenen Anteil; allerdings gehört dazu eine Gehölzkostbarkeit wie der nördlichste Kiefernwald Skandinaviens im Nationalpark Stabbursdalen (s. Kap. 222.1).

25. AUSBLICK

Norwegen hat sich mit Forstprogrammen, die innerhalb absehbarer Zeit eine Steigerung des jährlichen Holzzuwachses um mehr als das Doppelte vorsehen, etwas Ungewöhnliches vorgenommen. Dies gilt besonders, wenn man berücksichtigt, daß die Programme zum größten Teil von bäuerlichen Kleinwaldbesitzern erfüllt werden müssen, und daß sie meist in klimatisch ungünstigen Gebieten durchzuführen sind.

3. SCHWEDEN

31. STANDORTS- UND BEVÖLKERUNGSVERHÄLTNISSE

311. GEOGRAPHIE UND TOPOGRAPHIE

Die unmittelbare Nachbarschaft von Norwegen und Schweden mit langer gemeinsamer Grenze in dem die ganze skandinavische Halbinsel durchziehenden Skandinavischen Gebirge (Skanden) legen Vergleiche zwischen beiden Ländern nahe.

Das den Ostteil der Halbinsel einnehmende Königreich Schweden liegt zwischen 56° und 69° nördlicher Breite; es reicht etwas weiter nach Süden als das benachbarte Norwegen und zieht sich dagegen nicht ganz so weit nach Norden hin. Die Nord-Süd-Länge Schwedens beträgt 1557 km, die Ost-West-Breite liegt auf langer Strecke bei 400 km. Die Landfläche Schwedens ist mit 449 964 km^2 um mehr als ein Viertel größer als die Norwegens. 9 % der Landesfläche werden von Binnengewässern eingenommen; einen erheblichen Teil davon bilden die großen Seen in der Mittelschwedischen Senke.

Die Binnengewässer sind in der von The National Federation of Swedish Forest Owners Association herausgegebenen Schrift "Swedish Forestry" in der Landesfläche nicht enthalten. Dadurch erhöht sich das einer Waldfläche von 23,5 Mio ha entsprechende Bewaldungsprozent auf 56 gegenüber 52, wenn die Binnengewässer mit in die Landesfläche aufgenommen werden, wie dies öfter geschieht.

Orographisch und klimatisch weist Schweden als Forststandort erhebliche Vorteile gegenüber Norwegen auf. War Norwegen schon von Natur aus wegen mangelnder Sommerwärme zumal auf den ausgedehnten Hochlagen der Fjells zum größten Teil waldfrei (s. Kap. 213.), so kommen in Schweden Berglagen, die eine Bewaldung aus Temperaturgründen ausschließen, nur auf begrenzten Flächen vor allem im Nordwesten vor; die höchste Erhebung beträgt 2111 m. Fjells, Felsgelände, Tundra, Moore und sonstige Ödflächen nehmen 31 % der Landesfläche ein; die landbaulich bestellbare Fläche beträgt 10 %, ist also wesentlich höher als die Norwegens, wo nur 3 % landbaulich genutzt werden.

Während in Norwegen die Steilheit eines erheblichen Teils der bewaldeten Hänge die forstliche Nutzung sehr erschweren (s. Kap. 243.4), kommen Steilhänge in Schweden nur in geringerem Umfang vor.

Der in den letzten Jahrzehnten stark rückgängige Wassertransport der Holzes erfolgte in Norwegen vor allem durch die Fjorde zu den südlichen und westlichen Küsten. Der Transport in Schweden verlief über zahlreiche Driftflüsse, die aus Nordwest nach Südost von den nadelholzbestockten Berg- und Flachländern Mittel- und Nordschwedens zu der Westküste des Bottnischen Meerbusens strömen.

Über die Ausnutzung vieler Wasserfälle war es möglich, die Wirtschaft und die Haushaltungen weitgehend zu elektrifizieren; das früher in großen Mengen benötigte Brennholz ist entbehrlich geworden und kann für Zellstoff- und andere Industrien verwendet werden. Schweden besitzt größere Uranvorräte als jedes andere europäische Land; die Reaktoren liefern bereits 37 % (Stand 1983) des schwedischen Strombedarfs. < In einer Volksabstimmung 1980 wurde entschieden, das nukleare Programm auf 12 Reaktoren zu erweitern, die Kernkraft aber bis zum Jahre 2010 allmählich völlig abzubauen.>

312. BODEN

Schweden ruht zumeist auf präkambrischem Gestein, das glazial stark überformt und überlagert ist. < Nach dem Abschmelzen der Inlandeisdecke vor etwa 10 000 Jahren blieb eine felsenreiche Moränenlandschaft, deren Produktionskraft von Norden nach Süden deutlich zunimmt (-, AFZ 1979d). Im Süden liegen zwei fruchtbare Ebenen, die von einer tonigen und einer mehr sandigen Grundmoräne gebildet werden. In Mittelschweden bestehen die Böden meist aus marinen Tonen oder sandig marinen Sedimenten. Gegen Norden werden die Tone immer sandiger und der Mooranteil nimmt zu. Hier liegt der Holzzuwachs pro Hektar dreimal niedriger als im Süden (Bergstein, 1974).>

313. KLIMA

Schon in Norwegen sinken die im atlantischen Küstengebiet hohen Niederschläge im Landesinnern (s. Kap. 213.). In Schweden, das abgesehen vom südlichsten Teil im Lee des Skandinavischen Gebirgsrücken liegt, werden die Niederschläge noch geringer. Jahresregenmengen von durchschnittlich über 700 mm, wie sie in Göteborg mit 738 mm fallen, sind für den Westen von Südschweden ebenso eine Ausnahme wie 569 mm in Stockholm für den Osten. Weiter nördlich sinken die Niederschläge auf unter 500 mm und im nördlichsten Teil des Landes auf unter 400 mm.

Im südlichen Schweden, das etwas unter Golfstromeinfluß steht und dessen Breite bis ca. 56° nach Süden reicht, ähneln die Temperaturen denen Norddeutschlands; so hat Göteborg ein Januarmittel von $0^{\circ}C$ und ein Julimittel von $17{,}1^{\circ}C$. Wie die beigegebene kleine Aufstellung von O. Tamm (1940) zeigt, werden mit zunehmender Breite die Januartemperaturen rasch niedriger, während die Sommertemperaturen nur wenig abnehmen:

Breitengrad	mittl. Januartemp.	mittl. Julitemp.
	auf Seehöhe gebracht (^{o}C)	
55°	+ 1,0^{o}	+ 17,5^{o}
60°	- 4,0^{o}	+ 17,0^{o}
65°	- 9,0^{o}	+ 16,5^{o}
69°	- 14,5^{o}	+ 15,8^{o}

Wichtig ist aber nicht nur die Höhe der Sommertemperatur, sondern auch die Dauer der warmen Jahreszeit. Die Vegetationszeit, gekennzeichnet durch + 6°C und darüber liegende mittlere Tagestemperatur , dauert im südwestlichen Schweden 200 Tage und im nördlichen lediglich 100 Tage. Von Bedeutung ist die erhebliche Verkürzung der Vegetationszeit in Nordschweden im Herbst, da die Bäume dort weniger Spätholz bilden als in Südschweden und außerdem Triebschäden durch Frühfröste nicht selten sind.

Die in Nordschweden herrschenden kalten Winter kommen eindeutig darin zum Ausdruck, daß der Bottnische Meerbusen, in den die meisten aus Schweden kommenden Driftflüsse münden, im Winter wenigstens drei Monate zugefroren ist.

314. BESIEDLUNGSGESCHICHTE

Die früheste nacheiszeitliche Besiedlung im schwedischen Raum setzte noch in der Altsteinzeit ein. Rentierjäger lebten im klimatisch besonders begünstigten südwestlichen Teil, der heutigen Provinz Schonen. Landbau betreibende jungsteinzeitliche Siedler rodeten ab etwa 2700 v.Chr. in Südschweden und im südlichen Mittelschweden die dort stockenden Laubwälder, wie durch Pollenanalysen (Baumartenwechsel und Unkrautblütenstaub) und durch Brandhorizonte in den Mooren nachgewiesen wurde (Brockhaus, 1970). Die Bronzezeitkultur war in Schweden bis Norrland entwickelt. Südschweden gehörte zur Heimat der Germanen, vor denen die Goten um die Zeitenwende abzogen.

Die Wikinger spielten in Schweden eine ebenso große Rolle wie in Norwegen. Nach der Bevölkerungskarte für die Wikingerzeit war Schweden damals mindestens ebenso stark besiedelt wie Norwegen. Gebiete, in denen sich die Siedler konzentrierten, waren Südschweden und die Insel Gotland. Das größte geschlossene Siedlungsgebiet Skandinaviens lag in der weiteren Umgebung der heutigen Städte Stockholm und Uppsala. Hier lag damals die wichtige Handelsstadt Birka. Die Hansestädte Lübeck und Hamburg hatten Mitte des 13. Jahrhunderts von Birger Jarl, dem damaligen Herrscher Schwedens, Privilegien für den Handel und für die Einwanderung von Deutschen erhalten (Brockhaus, 1970).

Nachdem Könige verschiedener Dynastien unter häufigen Auseinandersetzungen geherrscht hatten, wurde Gustav Wasa zum König gewählt. Er regierte von 1523 bis 1560 und begründete das Erbkönigtum der Wasa. Er führte die Reformation ein, säkularisierte die Kirchen- und Klostergüter und erklärte alles unkultivierte Land, zu dem auch Wälder zählten, zum Eigentum der Krone.

Seinen Nachfolgern gelang es in mehreren Kriegen, zumal im Dreißigjährigen, ein schwedisches Ostseeimperium zu schaffen, zu dem u.a. auch der größte Teil Pommerns gehörte. Die Kriege wurden unter anderem dadurch ermöglicht, daß Schweden über Erze (Eisen, Kupfer) verfügte und auch über das zur Verhüttung erforderliche Holz. Im 1700 beginnenden Großen Nordischen Krieg verlor Schweden einen erheblichen Teil seiner Eroberungen und nach den Napoleonischen Kriegen weitere, darunter das seit dem 14. Jahrhundert angegliederte Finnland. 1818 wurde der französische Marschall Bernadotte als Karl Johann König von Schweden.

Schweden wird heute auf zwei Ebenen verwaltet: den Ministerien und den vom König ernannten Gouverneuren der 24 Provinzen.

Die Einwohnerzahl wird 1980 mit 8,3 Millionen angegeben (1913 mit über 5 Mio.). In der Zahl sind 50 000 einheimische Finnen und 15 000 Lappen enthalten. Zu der einheimischen Bevölkerung kommen ca. 400 000 beschäftigte Ausländer hinzu, davon rd. 40 % Finnen (Stand 1984). Etwa 80 % der Bevölkerung leben in Städten; 90 % wohnen in der südlichen Hälfte des Landes. In der Provinz Malmö in Südschweden leben 151 Einwohner pro km^2, während es in den nördlichen Landesteilen nur 3 bis 4 sind (bfai Marktinformation Schweden, 1985).

32. NATÜRLICHE BEWALDUNG

321. WALDVERBREITUNG

Ähnlich wie Norwegen weist Schweden von Nord nach Süd mehrere vor allem klimatisch bedingte Gehölzvegetationszonen auf (s. Kap. 221.1). In Schweden fehlt allerdings die arktische Region und die subarktische ist nur durch eine kleine, hier nicht weiter behandelte Fläche vertreten.

Die vier in Schweden unterschiedenen Waldzonen sind (s. Abb. 3):

1. Borealer Nadelwald

Er bildet die nördlichste Zone, deren Bewaldung die der drei anderen insgesamt übertrifft. Die Bestockung besteht aus schmalkronigen Fichten und Kiefern mit Beimischungen von Birken und Aspen; Betula tortuosa kommt in alpinen Gürteln vor. Das Binnengebiet der Zone ist rauh und neigt zur Vermoorung; die Naturverjüngung bereitet hier wegen starker Moospolster und Heidelbeerdecken oft Schwierigkeiten.
Eine Durchschnittstemperatur von 6°C herrscht an 100 bis 120 Tagen.

2. Südborealer Nadelwald

Die zweite Zone reicht bis zur Nordgrenze der Stieleiche, die am Bottnischen Meerbusen bei der Stadt Gävle und am Unterlauf des Dalälv verläuft. Hier stocken die wertvollsten Kiefern- und Fichtenwälder Schwedens mit Birkenbeimischungen.
Eine Durchschnittstemperatur von 6°C herrscht an 120 bis 160 Tagen.

Von Norden kommend schildert Streyffert 1940 anschaulich den Übergang von der nördlichen zur südlichen Zone des Nadelwaldes:

"Je weiter man nach Süden hinabsteigt, desto reicher wird die Waldflora an anderen Laubholzarten, die jedoch erst wirklich häufig auftreten, wenn man den Dalälv erreicht, dessen unterer Lauf die nördliche Grenze des Verbreitungsgebietes der Eiche (Quercus pedunculata) bildet. Das charakteristische Vorkommen der Eiche und der schon südliche Charakter, den diese der Waldlandschaft verleiht, haben dazu beigetragen, aus der nördlichen Grenze ihres Vorkommens die Demarkationslinie zwischen der nördlichen und der südlichen Zone des Nadelholzwaldes zu schaffen."

3. Boreo-Nemorale Zone; Hainwald-Typ

In der südlich anschließenden Zone, die bis zur Nordgrenze der Buche im südlichen Södermanland und bis zum Südrand des Vänern-Sees reicht, ist die Fichte am häufigsten; neben ihr kommt Kiefer vor. Unter den Laubbäumen ist die Stieleiche am wichtigsten. Eine Durchschnittstemperatur von $6^{o}C$ herrscht an 160 bis 180 Tagen.

4. Nemorale Zone; Buchenwaldzone

Im äußersten süd- und südwestlichen Teil des Landes, der zum Teil unter Golfstromeinfluß steht und wo jährlich wenigstens an 180 Tagen, gebietsweise auch an 200 Tagen, Mitteltemperaturen von $6^{o}C$ erreicht werden, dominieren von Natur aus Buchenwälder; beigemischt sind u.a. Traubeneichen. Nadelbäume fehlen hier.

322. EDELLAUBHOLZWÄLDER

In den Waldzonen 4 und besonders in 2 und 3 treten verstreut begrenzte Edellaubwälder aus Esche, Winterlinde, Bergulme und Spitzahorn auf, zu denen sich in den Zonen 4 und 3 Stiel- und Traubeneichen gesellen, während in Zone 2 nur Stieleiche vertreten ist; der Eichenanteil ist in den Edellaubwaldinseln mit etwa 5 % nur gering.

Anhand von schwedischen und schweizerischen Untersuchungen (Klötzli, 1975a und b) wurde ermittelt, das die Edellaubwaldinseln in der boreo-nemoralen Zone und in der südlichen Nadelwaldzone bedingt sind durch basenreiche Standorte innerhalb von Gebieten mit ausreichend warmen Herbsttagen bei genügend langer Vegetationszeit. Das Vorkommen von Edellaubwaldinseln ist also nicht in erster Linie abhängig von der Niederschlagshöhe oder der Höchsttemperatur im Sommer oder Tiefsttemperatur im Winter. Im Konkurrenzkampf mit den Edellaubbaumarten hat die flachwurzelnde Fichte Schwierigkeiten mit der Verankerung auf den Block- und Felsstandorten; in den trockenen Sommern leidet sie unter Wassermangel und auf den basenreichen Böden ist sie von der Rotfäule bedroht. Die Kiefer leidet unter der Schattenunterdrückung durch die meisten der Edellaubbaumarten.

Die öfter in Nadelwäldern, aber auch in Laubwäldern eingesprengten Edellaubwälder haben zwar keinen hohen wirtschaftlichen Wert, verdienen aber umso größeres waldkundliches Interesse, als sie nicht nur in Schweden an entsprechenden Stellen vorkommen, sondern auch in Südnorwegen, im Baltikum und im Südfinnischen Hainwaldgebiet.

Die Grenze zwischen südborealer und boreo - nemoraler Zone, an der die Edellaubwaldinseln besonders vorkommen, wird von H. Sjörs (1967) als Grenze zweier floristischer Provinzen betrachtet, nämlich der von Mitteleuropa gegen Nordeuropa / Westsibirien ("Limes norrlandicus"). Diese Grenze wird in Nordeuropa oft durch die Nordgrenze des Stieleichenareals markiert, während die des Spitzahorns noch etwas nördlicher verläuft.

33. WALDVERNICHTUNG

331. EINGRIFFE IN DIE WÄLDER IN VORFORSTWIRTSCHAFTLICHER ZEIT

Über die Eingriffe in die schwedischen Wälder während der vor- und frühgeschichtlichen Zeit gilt vieles von dem in Kap. 23. für Norwegen Mitgeteilten. Da Schweden weiter nach Süden reicht und gute Lagen mit fruchtbaren Böden verbreiteter sind als in Norwegen, waren die Rodungen für die landwirtschaftliche Nutzung zu allen Zeiten ausgedehnter. Während in Norwegen nur 3 % des Bodens für die landbauliche Bestellung geeignet sind, können in Schweden 10 % bebaut werden. Diese Flächen waren ursprünglich sämtlich bewaldet.

Über den ersten christlichen König von Schweden, Olaf Tratälga, der um das Jahr 1000 regierte, wird berichtet, daß er bekannt wurde durch den großen Anteil, den er sich bei der Ausbeutung der Wälder von Värmland (Mittelschweden) nahm (Fernow, 1913).

Viel Holz und Holzkohle wurden für die günstig gelegenen ergiebigen Eisenerz-, Kupfer- und sonstige Gruben sowie für das damit verbundene Hütten- und Fabrikationswesen benötigt.

Die Werft, die König Gustav Wasa zum Bau großer Schiffe in Stockholm errichtet hatte, brauchte viel Holz besonderer Qualität von Eiche und Kiefer. Das Schiffbauholz wurde von Beauftragten der Werft im Walde ausgesucht und von ihren Leuten gefällt und abtransportiert. Um 1620 wurde die Werft an verschiedene Schiffbauer verpachtet und mit Rohmaterial oder Kapital betrieben, das sie von der Krone erhielten. Der Schiffbau war eine Industrie großen Stils, die Holzfachleute von nah und fern anzog (Kilander, 1975).

Einen Auftrieb erhielt die Holzaufarbeitung durch mit Wasserkraft betriebene Sägemühlen, die in Schweden schom im 15.

Jahrhundert eingeführt wurden. Ein Holzhändler schwedischer Herkunft soll die Wassersägen dann später in Norwegen eingeführt haben (s. Kap. 242.2). Zu Anfang des 17. Jahrhunderts arbeiteten in der Grafschaft Stockholm 8 Sägemühlen, die 2200 Stämme im Jahr aufschnitten. Eine Karte des Kirchspiels Umea von 1740 verzeichnet an den zum Bottnischen Meerbusen fliessenden Gewässern 19 Sägemühlen (Tirén, 1937).

332. EINWIRKUNGEN AUF LAUBWÄLDER

Wirtschaftlich am wichtigsten waren von den Laubbäumen die Eichen, die nicht nur das begehrteste Holz lieferten, sondern auch Eicheln für die Schweinemast. Von den Buchen stammten die als Mastfutter ebenfalls wichtigen Eckern. Eine 1414 erlassene Verordnung, die das Fällen von Eichen und Buchen auf Privatgelände ohne Regierungserlaubnis untersagte und ein 1577 ergangenes grundsätzliches Verbot des Fällens von Eichen auf Privatgrund sowie von Kahlschlägen und Bränden auf Gelände, auf dem Eiche stockte, weisen darauf hin, daß diese Baumarten bedroht waren. Später wurden weitere fruchttragende Bäume unter Schutz gestellt: Apfelbäume, Hasel, Kirschen und Ebereschen; hinzu kamen aufgrund ihres guten Holzes Hainbuchen, die in Norwegen fehlen.

Die <u>Waldweide</u> stellte die Naturverjüngung von Eiche und Buche im südlichen Schweden vor schwierige Probleme. Buchenwälder wurden durch Waldweide stärker geschädigt; Eichen gaben mehr Mast und ihre Jungpflanzen widerstanden der Beweidung besser.

Im 18. und 19. Jahrhundert wurde die Waldweide beschränkt. Die Folge war, daß die Buche begann, die Eiche zu unterdrücken. Zu selben Zeit wurden die Eichenwälder während Perioden rücksichtsloser Fällungen devastiert. Weitere Folgen des Verbots der Waldweide waren oft unerwünschte Verbirkungen.

K. Kilander (1975) nimmt an, daß die Wälder um 1625 in allen Teilen Schwedens, wo eine gewisse Bevölkerungsdichte herrschte, ziemlich verarmt waren. Dies traf besonders auf große Teile Südschwedens zu.

Eine heute aufgegebene Laubholznutzungsart spielte früher eine erhebliche Rolle: die Gewinnung von Pottasche, bei der aus Holzasche das Kalisalz (K_2CO_3) ausgelaugt und eingedampft wurde; die Pottasche wurde vor allem zur Glasherstellung benutzt. Da der Aschegehalt unserer Baumarten zwischen 0,26 und 0,55 liegt und der von K_2O sogar nur zwischen 0,03 und 0,09 (Knigge u. Schulz, 1966), mußten große Holzmengen verbrannt werden (Pottaschebrennen).

Der Export von Pottasche begann in Schweden im 13. Jahrhundert. In Südschweden wurden u.a. große Teile des Buchenwaldes durch Pottaschegewinnung vernichtet.

In einem Forschungsforst der in Nordschweden auf 64 - 66o n. Br. gelegenen Provinz Västerbotten begann das Pottaschebrennen im großen Stil erst 1818; das Rohmaterial stellte hauptsächlich die Birke. Die Hauptzeit des Pottaschebrennens reichte von 1825 bis 1860. Die Erzeugung stieg auf mindestens 4,7 Mio Kilogramm. In dem Forschungswald war das Pottaschebrennen über das ganze Gebiet (957 ha) verbreitet; die Zeit des Brennens dauerte von 1837 bis 1871. Zum Ende dieser Zeit war die Birke, die für die Pottaschegewinnung bevorzugt wurde, zum größten Teil schon verschwunden (Tirén, 1937).

333. EINWIRKUNGEN AUF NADELWÄLDER

Noch in der zweiten Hälfte des vorigen Jahrhunderts erfolgte in großem Umfang Raubbau in schwedischen Wäldern. An Beispielen seien genannt:

In den Jahren von 1840 bis 1850 verkaufte die Regierung an englische Holzkaufleute beträchtliche Trakte von Nutzholzwaldland und gegen Ende des vorigen Jahrhunderts, als die Sägewerksindustrie expandierte, erwarben viele Firmen Holzeinschlagslizenzen für 50 Jahre zu Preisen, die oft bereits im ersten Winter verdient wurden (Fernow, 1913).

In Lappland gehörte der ganze Wald dem Staat. Um Siedler anzuziehen, wurden diesen Forsteigentum zum eigenen Gebrauch in 10- bis 100facher Größe von dem Gelände, das sie bisher gerodet hatten, gegeben. Dieses Waldgelände verkauften die Siedler an Holzhändler, bis ein Gesetz von 1873 dagegen eingeschaltet wurde, das die Berechtigung der Siedler auf den Waldnießbrauch bei Einhaltung von Stammindeststärken beschränkte (Fernow, 1913).

Der Holzboom wurde sowohl durch die Entwicklung der Holzindustrie in Schweden (chemische Holzverwertung, Dampfsägemühlen; s. auch Kap. 242.2) als auch durch den steigenden Holzexport ausgelöst. Der Export erhielt durch die 1863 erfolgte Aufhebung der schwedischen Holzausfuhrsteuer und die 1866 folgende Aufhebung der englischen Holzeinfuhrsteuer starke Auftriebe. Schweden wurde vorübergehend der größte Holzexporteur der Erde (Fernow, 1913).

Starke Eingriffe in die Kieferbestände erfolgten schon früh durch die Gewinnung von <u>Holzteer</u>, der bei der Kiefernholzverkohlung vor allem bei Wärmegraden um $300^{o}C$ abdestilliert wird. In früheren Zeiten wurde das Teerbrennen in Gruben vorgenommen, dann in gemauerten Öfen sowie in eisernen Öfen oder Wagen. Das Holz sollte einen möglichst hohen Harzgehalt haben. Um diesen zu erhöhen, wurden die Kiefern jahrelang teilweise entrindet, aber nicht rund um den Stamm herum, da die Bäume zur Steigerung der Harzproduktion lebend bleiben mußten. Ein solcher Baum sieht aus wie ein von Rotwild in Sommerschälung entrindeter Stamm. Linné sah auf seiner Reise nach Lappland ganze Kieferngebiete, in denen die Bäume nach dem Losschälen der Rinde wie mit nacktem Rücken dastanden. Die Schilderung Linnés ist sehr anschaulich, doch war ihm der Zweck der Operation wohl nicht bekannt (s. Kap. 334.)

Große Mengen Holzteer wurden für die Abdichtung und Konservierung bei Holzbauten, insbesondere bei Holzschiffen, verwendet. Tirén schrieb 1937 über die Holzteergewinnung, den Export und ihre Einwirkungen auf die Wälder:

"Die Gewinnung von Teer geht bis in sehr alte Zeiten zurück. Sie war schon zu Zeit der Wikinger bekannt; der Export reichte bis ins 13. Jahrhundert zurück. Im 17. Jahrhundert wurden während längerer Zeit alljährlich 70 000 bis 80 000 Fässer Teer gewonnen. Nach heftigen Kämpfen mit der englischen Admiralität war der schwedische Teer am Beginn des 18. Jahrhunderts vom Weltmarkt verdrängt."

Ein neuer großer Boom in norrländischem und finnländischem Teer begann in den 40er Jahren des vorigen Jahrhunderts mit Höhepunkt in den 50er Jahren. Nach einer Statistik wurden aus der Provinz Västerbotten von 1836 bis 1905 Teermengen exportiert, für die 17 bis 21 Millionen Kiefern benötigt wurden. Da selbst gesunde Wälder zu einem großen Teil für die Teergewinnung verwendet wurden, dürfte dies die forstlichen Verhältnisse in der Provinz stark betroffen haben.

Die Teergewinnung im Kirchspiel Degerfors und in Kulbäcksliden hatten einen solchen Umfang angenommen, daß ihr nur wenige kleine Gebiete entgingen. Eine der Veröffentlichung von Tirén (1937) beigegeben Karte zeigt, daß in dem Forschungsforst praktisch das ganze Gebiet von 1851 bis 1906 zur Teergewinnung benutzt wurde. Während dieses Zeitraums wurden unermeßliche Mengen Holz sowie tote und lebende Kiefernwälder beseitigt, um Teer zu gewinnen.

Die Holzteergewinnung war eine einträgliche Waldnutzung, die einen damals unentbehrlichen Rohstoff lieferte, aber auch den Anlaß zu ausgedehnten Devastationen in Kiefernwälder gab.

334. LAPPLÄNDISCHE REISE VON CARL VON LINNÉ

Von Süd- und Mittelschweden liegen manche frühe forstliche Nachrichten vor, aber wenige von Nordschweden, das in der ersten Hälfte des 18. Jahrhunderts noch weit geringer besiedelt war als heute. Einige Einblicke gibt ein Tagebuch, das der kaum 25 Jahre alte schwedische Student der Naturwissenschaften Carl von Linné (1707 - 1778) über eine Reise geführt hat, die er im Auftrag der Königlichen Societät der Wissenschaften 1732 nach Lappland unternahm, um die drei Regna Naturae zu beschreiben.

Linné brach am 12. Mai in Uppsala auf und ritt an der Westseite des Bottnischen Meerbusens bis Umea. Von dort aus unternahm er eine Bereisung des Landesinneren, der weiter nördlich zwei noch längere ins eigentliche Lappland folgten. Er reiste dann weiter an die finnische Seite des Bottnischen Meerbusens und diese ganz herunter bis Abo, von wo er nach Schweden übersetzte und am 10. Oktober wieder in Uppsala ankam.

In seinem auch ins Deutsche übersetzte und 1977 unter dem Titel "Lappländische Reise" veröffentlichten Tagebuch beschreibt Linné oft das Vorkommen und Verhalten von Bäumen und Wäldern.

Kiefer kam in großen Wäldern vor; zugehörige Böden wurden vermerkt: "der Humus war hier kaum digitorum crassitie und darunter purer Heidesand." Er stellte fest, daß eine Alnusbestockung an einem Flußufer den Bodenabtrag verhinderte. Am zweiten Reisetag vermerkte er zweimal Eichen, hernach aber keine mehr: er hatte die nördliche Arealgrenze der Eiche erreicht. Einmal sah er noch weiter nördlich eine Ulme; sie war dort nicht bekannt, "ein Beweis, daß die Ulmen hier oben nicht zu den häufigen Bäumen zählen", notierte er.

Von der schon an Lappland angrenzenden Provinz Västerbotten schrieb Linné, der an Baumverbreitungsfragen sehr interessiert war: "Hier gab's keine Fraxinus, Acer, Tilia, Ulmus, auch keine Weidenbäume, noch weniger Hasel, Eiche, Buche." Es sollte Monate dauern, bis Linné gegen Ende der Rückreise nach Süden zum ersten Mal wieder eine nichtkälteharte Laubbaumart sah: Acer.

Über die Folgen von Roden und Abbrennen von Bergwäldern schrieb er: "Ich habe beobachtet, daß Berge, wenn sie abgerodet und abgebrannt wurden, steril wurden und daß nur Stein bei Stein übrig blieb." Von anderen Hügeln notierte er: "Die Hügel waren hier eher zum Abbrennen geeignet, indem hier nicht ... gleichsam nur Stein bei Stein übrigblieb, wenn das Feuer darübergegangen, sondern es lag dort eine deckende Humusschicht."

Von einem großen, seiner Meinung nach durch Blitzschlag verursachten Waldbrand, gab Linné eine dramatische Schilderung:

"Das Feuer, welches Thor vor einigen Tagen geschlagen, wütet jetzt heftig durch den lappländischen Wald, um so mehr, da es ja die ganze Zeit trocken gewesen. Wir sahen an zehn Stellen, wie der Waldbrand einige Meilen weit ging. Ich war gestern an einem Ort, wo es ganze drei Viertelmeilen weit gebrannt hatte, und sah, wie Flora hier ihren üppigen grünen Teppich mit einem schwarzen Trauerkleide vertauscht hatte, was mich schlimmer als selbst das Weiße des Winters deuchte, denn obgleich dieser die Stengel zerstört, so schont er doch die Wurzel, nicht so aber hier. Da wir hinkamen, war das Feuer zumeist schon erloschen, nur hier und da gloste es auf Ameisenhaufen und an dürren Baumstrünken. Nachdem wir nun etwa eine halbe Viertelmeile umhergewandert waren, erhob sich ein leichter Wind, und sogleich prasselten die Bäume herab wie die Krieger einer Armee, wenn der Feind seine Salve schießt. Wir wußten nicht mehr, wohin wir uns wenden sollten, und konnten vor lauter Rauch nicht ruhig an einem Orte stehen. Zurück wagten wir uns nicht, vermuteten aber, daß es vor uns bald aufhören würde, irrten jedoch. Wir mußten den vor uns fallenden Bäumen ums Leben entspringen, sahen sie auf uns zustürzen. Manchmal fielen sie so plötzlich, daß wir vor Schrecken stehenblieben, unsere Sache Enti Entium anheimgebend. Einmal schlug ein großer Baum zwischen mir und meinem Gefährten, der doch nicht viel mehr denn ein Klafter weit hinter mir ging, auf den Boden hin."

Kurz vor Wasa an der finnischen Seite lag, wie Linné berichtet, am Strand viel Holz, das für Stockholm bestimmt war.

Eine eigenartige Behandlung von Kiefernbeständen, die der Harzanreicherung des Holzes zur Gewinnung von Holzteer diente, schildert Linné, wohl ohne ihren Zweck zu kennen, aus Südfinnland:

"Die Kiefern im Walde werden oft an der Nordseite drei á dreieinhalb Ellen hoch und vier Finger breit abgeschält, so daß nicht selten die Bäume ganzer Gebiete gewissermaßen mit nackten Rücken dastehen. Man schält nur so wenig ab, damit die Bäume nicht sterben sollen, und läßt sie in diesem Zustande sechs á sieben Jahre stehen, bis man sie fällt. Der geschälte untere Teil und auch oft der obere Teil, den man jedoch häufiger noch liegen läßt, wird zu Brennholz in kleine Stücke gespalten."

Der Wald trug vielfach zur Ernährung des Viehs bei. Linné berichtet:

"Abends erreichte ich Järntböl, da saßen einige Frauenzimmer und zerschnitten Espenrinde in dünne Schnitzel. Die Espenrinde wird, wenn der Baum anfängt, sich zu belauben, abgeschält, bis zum Herbst unter Dach gebracht, um welche Zeit, oder auch im kommenden Frühjahr, man sie zerschneidet und Kühen, Ziegen und Schafen an Stelle von Heu als Futter gibt, denn Heu ist hier nur sehr schwer zu haben, ihre Wiesen sind zumeist nur Moore. Diese Nahrung wird trocken zum Fressen gegeben."
"Den Pferden hacken sie die zartesten Tannenreiser ganz fein, mischen sie mit einer Halbscheid Gerste."

In Notzeiten, die öfter eintraten, wenn das Getreide erfror, griff auch die Bevölkerung zu Walderzeugnissen, vor allem Kiefernrinde."Die Bauern ringsum essen, wenn teuere Zeit ist, Spreu und Kiefernrinde, ... mahlen und verbacken sie. Sie nehmen sie auch für's Vieh, den Rindern, Ziegen und Schafen. Sie wird abgeschält, wenn die Kiefer gefällt wird, und, in der Sonne getrocknet, für den Winter aufbewahrt. Sie mahlen sie und backen von diesem Mehl Brot, ..."
Kiefernrindenbrot wird noch mehrmals erwähnt, einmal auch Brot aus Birkenrinde.

Eine Beobachtung der Auswirkungen des Lokalklimas zeigt das ökologische Verständnis sowohl Linnés als auch eines Getreidebauern. Linné notierte:

"Wir erreichten Purkijaur, eine kleine Insel, die an der nördlichen Seite von Fichten bewaldet ist, in West und Ost aber mit Birken bepflanzt, um auf diese Weise die Saat vor Schäden zu bewahren. Ein Ansiedler, der hier lebte, sagte mir, das Getreide litte niemals durch die Kälte, denn außer dem umliegenden Wald schwächt auch das Wasser den Frost ab."

Daß Linné nicht nur ökologisch, sondern auch ökonomisch dachte, zeigt seine Äußerung beim Anblick eines Kiefernbestandes:

"Der Wald stand voll großer Kiefern, ganz nutzlos, denn niemand macht Häuser aus ihm, und keiner ißt ihn. Ich glaube, er könnte von Nutzen sein, wenn man Pech und Teer aus ihm brennte."

An den Tieren und ihrer Bejagung ist Linné, der auch Jäger war, ebenfalls interessiert. Er beschreibt eingehend Fallen für Auerhähne und Schneehühner sowie Netze zum Bärenfang:

"Allerorten in den Vorhäusern hingen Bärennetze, alle aus Seil gemacht, wie eine Daumen dick, aus Lindenbast, jede Masche so groß, daß sie ausgespannt drei Viertelellen betrug. Wohl mannshoch, wird einige hundert Faden breit auf Stöcken aufgehängt, schleift unten auf der Erde. In dieses Netz wird der Bär von allen gemeinsam getrieben."
Vom Biber schreibt Linné, daß er imstande ist, mit seinen Zähnen die größte Espe zu fällen.

Das Hauptziel seiner Reise war <u>Lappland</u>, genauer gesagt Schwedisch-Lappland. Weitere Teile Lapplands gehörten und gehören zu Norwegen, Finnland und ein kleiner Teil auf der Halbinsel Kola zu Rußland. Die Südgrenze Lapplands läuft nur wenig südlich des Polarkreises; nach Norden reicht es bis zum Nordkap. Die Fläche beträgt 250 000 km^2, ist also gut so groß wie die Bundesrepublik Deutschland.

Die Zahl der Lappen wurde 1978 mit etwa 30 000 angegeben, davon 20 000 in Nordnorwegen, 5500 in Nordschweden, 2500 in Nordfinnland und ca. 2000 auf der Halbinsel Kola (Brockhaus, 1979).
Die Sprache der Lappen ist eine finnisch-ugrische, die in zahlreiche Dialekte aufgeteilt ist. Im Körperbau weichen die

Lappen von den Finnen und erst recht von den Skandinaviern eindeutig ab: sie sind kleinwüchsig und haben niedrig-breite, oft dreieckig zugespitze Gesichter (Brockhaus, 1970). Linné unterscheidet zwischen Berglappen, die in Dörfern wohnen, und Waldlappen, die dies nicht tun.

Mit den Lappen wird meist die Vorstellung von Rentierhaltung verbunden, doch es gibt auch Lappengruppen, die Fischerei, Landbau oder Handel betreiben. Auch bejagen manche Lappen Wintereichhörnchen, zu Linnés Zeit noch mit Pfeil und Bogen. Linné gibt an, daß die ärmsten Lappen, die Rentiere bewirtschaften, 50 bis 100 Tiere besitzen, vermögende 300 bis 700 und reiche 1000. Die heutige Zahl der Rentiere in Nordskandinavien wird 300 000 geschätzt (Marsden, 1976).

Die Führung der oft eigenwilligen Renherden, die durch Schäfer oder Mägde mit Hunden erfolgt, ist oft schwierig; sie ist aber wegen der Weide wenigstens alle 8 Tage nötig. Wasserläufe sind zu durchschwimmen, auch von den Kälbern. Das tägliche Melken der Kühe bereitet viel Arbeit. Auch das Kastrieren der männlichen Tiere, das, wie Linné beschrieb, durch Zerquetschen der Hoden mit dem Mund erfolgte, wobei die Haut nicht durchgebissen werden durfte, war nicht einfach.

Die Halbdomestikation des Rens soll etwa um die Zeitenwende erfolgt sein. Wildrentiere traf man zu Linnés Zeit nur noch selten in der Lappmark. Schon zwei Jahrhunderte vor Linné hatte ein anderer Wissenschaftler Lappland bereist: der schwedische Erzbischof Olaus Magnus, der 1555 ein großes Traktat über die Völker des Nordens veröffentlichte, dem Holzschnitte beigegeben waren. Auf einem von diesen war ein auf einem gezähmten Ren reitender Lappe dargestellt, der peitschenschwingend Wildrentiere in die Gefangenschaft treibt (Marsden, 1976).

Das Waldren ist in Eurasien wie in Amerika größer als das

kleine Tundraren, dessen Wandertrieb ausgeprägter ist. Die norwegischen Rentiere verbringen den Winter in geschützten niederen Lagen und ziehen zur Sommerweide in die Berge.

Vielfach wird angenommen, daß Rentiere ausschließlich von Flechten leben. Das ist nach Linné nicht richtig: er sah zum Beispiel, daß sie gern Schachtelhalm fressen.
Schwierig kann die Ernährung bei Schneefall werden. Linné schrieb darüber:

"Das Ren nimmt großen Schaden, wenn im Herbst Schnee kommt, der schmilzt, und es dann friert und die Rentierflechte zu Eis wird, denn es nimmt seine Nahrung im Winter größtenteils von Coralloides montium; hat es dies nicht, stirbt es, denn Heu frißt es nicht. Sie (die Lappen) hauen fleißig Bäume um, daß es Usnea arborea fressen kann, aber das reicht doch nicht aus für seinen Magen. Ich wunderte mich sehr, daß es durch den tiefen Schnee, der hier fällt, seine Nahrung finden kann."

Der größte Feind der Rentiere war der Wolf, der zwanzig bis dreißig Tiere tötet, "falls sie ihm vors Maul kommen ".

Die 4 nordeuropäischen Länder, in denen Rentierwirtschaft betrieben wird, sind darauf bedacht, sie zu erhalten, einmal, weil sie oft die einzige Möglichkeit bietet, extrem arme Gebiete noch zu nutzen, und zum anderen, weil die Lappen mit ihren bunten Trachten und den großen Herden für die Touristik unvergleichliche Attraktionen bieten.

34. WALDBEWIRTSCHAFTUNG IM 20. JAHRHUNDERT

341. ENTWICKLUNG DER FORSTWIRTSCHAFT

341.1 WALDBESITZKLASSEN

Der schwedische Wald gliedert sich in 4 Besitzklassen, deren Flächenanteile hier vorweg nach neuerem Stand mitgeteilt werden:

- Staatsforsten 4,4 Mio ha = 19 % der Landeswaldfläche;
- Wälder sonstiger öffentlicher Besitzer (Provinzen, Städte, Gemeinden, Kirchen) 1,4 Mio ha = 6 %;
- Große Waldungen im Besitz von Gesellschaften der Holzindustrie 5,9 Mio ha = 25 %;
- Sonstige, meist kleine Privatwälder 11,8 Mio ha = 50 % (-, HZB, 1977b).

Die Geschichte der Forstbesitzklassen ist unterschiedlich. Als Ursprung der Kronforsten gilt das Gebiet von Uppsala-Öd, deren Erträge schon den Svea-Königen und dem Heidentempel von Uppsala zufielen. Später eigneten sich der Adel und die katholische Kirche günstig gelegene Wälder an.

König Gustav Wasa konfiszierte das gesamte kirchliche Waldeigentum, das somit in den Besitz der Krone überging. Ferner erklärte er 1542 alles nicht von Privatpersonen beanspruchte Land und die Wasserflächen als der Krone gehörig (Domänverkets Informationssektion, 1970). Schon König Wasa gab von den erhaltenen Waldländern Teile an Kolonisten und die einheimische Bevölkerung sowie an Kirchspiele. Er gestattete ferner den benachbarten Bewohnern und Kolonisten Weide- und Holznutzung im Staatswald, woraus sich bleibende Berechtigungen entwickelten (Fernow, 1913).

Die Nachfolger Gustav Wasas, Karl X. und Karl XI., waren noch freigiebiger mit Walddotationen; wenn es an barem Geld mangelte, wurde Wald als Lohn für Dienstleistungen verwendet. Ein Teil dieser Waldabgaben mußte jedoch später wieder zurückgegeben werden.

Zu Beginn des 19. Jahrhunderts verkaufte die Regierung, die dabei der damals auf dem europäischen Kontinent vorübergehend vertretenen Theorie folgte, daß Staatsforstbetrieb unwirtschaftlich sei, einen großen Teil ihres wertvollen Grundbesitzes in Süd- und Mittelschweden an Privatleute und verpachtete Konzessionen zu sehr niedrigen Preisen (s. Kap. 332.). Es stellte sich aber heraus, daß die Waldverkäufe zu Mißwirtschaft und Vernachlässigung führten (Domänverkets Informationssektion, 1970). Seit 1860 änderte die Regierung ihre Politik und nahm wieder Waldankäufe vor.

<u>Großwaldbesitz</u> in den Händen von privaten Industriegesellschaften gibt es in Schweden mehr und größer als in jedem anderen europäischen Land. 15 Industriegesellschaften mit jeweils mehr als 100 000 ha produktiver Waldfläche verfügen über eigene Baumschulen (Swedish Forestry, 1976).

Die umfangreichsten Forsten besitzt die Gesellschaft Svenska Cellulosa AB. 1979 gibt der Forstdirektor der Gesellschaft, Dr. S. Hagner, das Forstareal mit über 2 Mio ha an. Die Waldflächen liegen verstreut von Sundsvall, dem Sitz der SCA am Bottnischen Meerbusen, bis nördlich des Polarkreises.

Die Geschichte einer über umfangreiche Waldungen verfügenden Industriegesellschaft schildert der Geograph Privatdozent Windhorst 1978. Der derzeit 365 000 ha große, fast ganz in der Grafschaft Värmland (westliches Mittelschweden) gelegene Waldbesitz der Uddeholm AB wurde ursprünglich vor allem als Lieferant von Holzkohle für die Erzverhüttung genutzt. Als die Verhüttung dann mit Koks und später mit Elektroenergie erfolgte, hatten die konzerneigenen Wälder ihre bisherige Funktion verloren. Die verstärkte Nachfrage nach Schnittholz,

Zellulose und Papier führte Ende des 19. Jahrhunderts zur Errichtung entsprechender Produktionsstätten, die 1914 und 1918 aus transporttechnischen Gründen wieder geschlossen und konzentriert an einer günstigeren Stelle am Vänersee neu aufgebaut wurden. Der Waldbesitz reicht nicht aus, um die holzverarbeitenden Fabriken ständig mit Rohholz zu versorgen, so daß Hinzukäufe nötig sind. Zu den holzverarbeitenden Betrieben kommen noch eine Erzgrube, Stahlwerke und ein Chemiewerk sowie mehrere Wasserkraftwerke. Die Verjüngung der Wälder erfolgt durch Kahlschläge und Anbau verschulter Pflanzen.

Vom Privatwald werden fast 94 % dem Bauernwald zugerechnet. Der schwedische Kleinprivatwald ist vollwertiger Wirtschaftswald.
Schon in den ersten Jahrzehnten unseres Jahrhunderts war der kleine Privatwald vor allem in Südschweden und in den Küstengebieten stark überhauen (Zon u. Sparhawk, 1923).

341.2 FORSTGESETZLICHE REGELUNGEN BIS MITTE DES 20. JAHRHUNDERTS

Es gelang in Schweden zwar, durch Regulierungen den großen Holzkohlebedarf der wichtigen Eisenhüttenindustrie zu decken, aber es fehlten lange Zeit Gesetze, die die Forstwirtschaft im ganzen Lande regelten.

Die ältesten, bis ins Mittelalter zurückreichenden Hiebsverbote waren auf Eiche und Buche beschränkt (s. Kap. 331.) und wohl mehr auf die Erhaltung der Schweinemast abgestellt.

Das erste buchförmige Forstgesetz erließ Königin Christine 1647 als Anordnung über die Forsten im Königreich, die von Forstbesitzern und anderen Personen zu befolgen und zu beachten waren. Die darin wie in vielen früheren Forstgesetzen anderer Länder enthaltene Anordnung, für jeden gefällten Baum zwei neue zu pflanzen, erwies sich als wirkungslos. Auch einschränkende landesherrliche Anordnungen und solche der Kommunen waren vergeblich.

Die erste wirksame Maßnahme war die 1720 erfolgte Ernennung eines Forstdirektors für die beiden südschwedischen Grafschaften Halland und Bohus, die als Keim einer späteren Forstverwaltung für das ganze Reich gelten kann (Fernow, 1913).

1836 wurde ein Forstcorps für den Betrieb der Staatsforsten aufgestellt und 1859 ein zentrales Forstbüro für die Leitung der öffentlichen Forsten und die Aufsicht über die Privatforsten errichtet. Für die Verwaltung der Staatsforsten wurde Schweden in 10 Distrikte gegliedert, jedoch unter einem Inspektor; die weitere Gebietsgliederung erfolgte in 90 Ranges, jede unter einem Jägmästare. Der Größe der Ranges lag zwischen 120 000 ha im Norden und 22 000 ha im Süden. Die Staatsforstverwaltung verkaufte das Holz auf dem Stamm; der Einschlag erfolgte durch Unternehmer (Fernow, 1913).

Seit 1896 wurden mit großer Sorgfalt Verhandlungen geführt mit dem Ziel, auch bei der Bewirtschaftung des privaten Waldlandes die forstlichen Grundsätze anzuwenden. Das 1903 erlassene, 1905 (in Norrland erst 1925) in Kraft getretene Gesetz sah zu diesem Zweck für jede der 24 Provinzen die Bildung einer Forstkommission vor, der die Überwachung aller Privatwälder einschließlich der großen Industriegesellschaftswälder oblag. Das für drei Jahre ernannte Komitee bestand aus je einem von der Regierung, von dem Provinzialrat und der Provinziallandwirtschaftskommission ernannten Mitglied. Hinzu kam ein Berater, den der Staatsforstdienst zur Verfügung stellte und den die Regierung besoldete. Die Kommission hatte die Befugnis, gerichtliche Entscheidungen einschließlich Bestrafungen zu beantragen.

Das Gesetz von 1903 machte die Waldbesitzer nach der Abholzung für die Verjüngung verantwortlich. Ein Gesetz von 1923 schrieb vor, daß jüngerer Wald nur auf dem Wege geregelter Durchforstung zu nutzen sei (Streyffert, 1953).

Um forstliche Maßnahmen durchführen zu können, die die Möglichkeiten der einzelnen Waldbesitzer überstiegen, wie z.B. Bau von Abzugsgräben, Wiederanpflanzungen "alter verrotteter Ländereien" und sonstige Meliorationsmaßnahmen, waren für alle zum Verkauf bestimmten Hölzer, deren Wert 10 Schwedische Kronen überstiegen, Steuerabgaben festgelegt (Streyffert, 1940).

Ähnlich wichtig wie die staatliche zentrale Forstaufsichtsbehörde, die alle schwedischen Nichtstaatswälder überwacht, ist der Waldbesitzerverband, der mit etwa 130 000 Mitgliedern 60% des Bauern- und Gutswaldes betreut (-, AFZ, 1979a).

Der Verein kauft Holz seiner Mitglieder zu festen Preisen und verkauft es zu gemeinsamen Nutzen in großen Posten an die Industrie. Der dem Waldbesitzerverband angehörige Waldeigentümer kann sein Holz einerseits frei verkaufen, kann aber andererseits darauf bestehen, daß es ihm zu den Richtpreisen vom Waldbesitzerverband abgenommen wird.

342. FORSTWIRTSCHAFT IM 20. JAHRHUNDERT

342.1 FORSCHUNG UND LEHRE

Die Bedeutung der Forschung für die Forstwirtschaft kam durch die 1917 einsetzenden bodenkundlichen Arbeiten Hesselmanns stark zum Ausdruck.

Begonnen hatten Forschung und wissenschaftliche Arbeiten in Schweden schon ein Jahrhundert früher. Unter der Literatur, die für die Einführung forstlicher Ideen in Schweden warb, sind besonders die Schriften von Israel af Ström zu erwähnen, der 1823 nach ausgedehnten Reisen in Deutschland die erste private Forstschule schuf und der nach Fernow (1913) bei der Errichtung des Königlichen Forstinstituts in Stockholm 1828 entscheidend mithalf+). Außer dem Direktor beschäftigte die Hochschule 6 Professoren. 1949 waren 16 Lehrbeauftragte und 8 Dozenten hinzu gekommen. Neben der Forstlichen Hochschule wurde 1903 eine Forstliche Versuchsanstalt errichtet.

Zum 150jährigen Jubiläum des Königlichen Forstinstituts fand die Neuorganisation des forstlichen Lehr- und Forschungswesens ihren Abschluß. Ihre Besonderheit, die vielfach auf Kritik stieß (Swedish Forestry, 1978 u.-,AFZ, 1979a), ist eine starke Dezentralisation der Institutionen und die räumliche Trennung von Lehre und Forschung. Die Lehre findet in Uppsala, Garpenberg und Umea statt. Das Forstkolleg kann 170 Studenten aufnehmen; das Studium ist vierjährig. Das Forschungsinstitut blieb in Stockholm; seine Arbeiten werden in 19 wissenschaftlichen Departements durchgeführt. Seit 1977 erschienene Führer unterrichten über die Ziele und Forschungsprogramme.

Das Forstliche Kolleg ist eine Fakultät der Schwedischen Universität für Landbauwissenschaften.

+) Ström hat über die Streifeninventur in der zweiten, 1830 in Stockholm erschienenen Auflage seines Handbok för Skogshushållare publiziert. Er hat das Verfahren aber nicht zur Anwendung gebracht. Dies geschah unabhängig von ihm durch D. Brandis, der die Methode der Massenermittlung nach Stammstärkenklassen auf Streifen ab 1856 in Burma und Indien in großem Umfang anwendete (Hesmer, 1975). Nach G. Huffel (Les arbres et les peuplements forestiers 1893, S. 89) ist eine ähnliche Methode schon etwa 1788 von De Perthuis vorgeschlagen worden (Cajander, 1943).

Schweden besitzt 26 Forstschulen und eine Fachhochschule für Forsttechnik.

Neben den staatlichen Forschungsstellen gibt es verschiedene technische Forschungseinrichtungen, die von der Holzindustrie getragen werden. Manche Unternehmen besitzen eigene Forschungsinstitute (-, AFZ, 1979a).

342.2 STREIFENINVENTUREN

Um über die stehenden Holzvorräte und über die Zuwachsleistungen des ganzen Landes und der einzelnen Landesteile genaue Auskünfte zu erhalten, wurde in Norwegen von 1919 bis 1930 die erste Sreifeninventur durchgeführt, der 1937 die nächste und dann weitere folgten (s. Kap. 243.3).

In Schweden wurde die erste Forstinventur, die dort Reichswaldtaxation genannt wird, von 1923 bis 1929 vorgenommen, die zweite 1938 bis 1956. Unter Ausnutzung der laufend gewonnenen Erfahrungen werden die Inventuren bis heute durchgeführt und ergeben durch ständige Verbesserungen der Methoden (Ohlsson, 1975) immer präzisere Auskünfte, die auch die Bestandesqualität erfassen.

Das Ergebnis der Inventur von 1975 war, daß Schweden auf 23,459 Mio ha Waldland einen stehenden Holzvorrat von 1886 Mrd. m^3 besaß. Mehr als die Hälfte der Waldfläche, nämlich 13,318 Mio ha und 908 Mrd. m^3 stehender Holzvorrat entfielen davon auf Norrland.

Von dem gesamten stehenden Holzvorrat Schwedens entfielen auf die einzelnen Baumarten :

Baumart	Vorrat in Mio m^3
Fichte	722
Kiefer	903
Birke	180
Andere Laubbäume	81

Tab. 5: Stehender Holzvorrat einzelner Baumarten (Eriksson u. Janz, 1975)

Die Reichswaldtaxationen ermittelten aber nicht nur die bestehenden Verhältnisse, sondern ermöglichten auch Prognosen der künftigen Entwicklung. Professor Streyffert schrieb 1953 in Anlehnung an die Ergebnisse der beiden ersten Taxationen:

"Zusammenfassend kann gesagt werden, daß Schwedens Produktion und Export von Holzprodukten auf sicherer Grundlage ruhen ...."

342.3 KAHLSCHLAGLOSE WIRTSCHAFT UND ALTERSKLASSENVERTEILUNG

Die von 1968 bis 1972 durchgeführte Reichswaldtaxation, deren Ergebnisse 1975 veröffentlicht wurden (Eriksson u. Janz, 1975), ergab aber, daß die schwedische Holzversorgung keineswegs so gesichert war wie erhofft. Es stellte sich nämlich heraus, daß in den Wäldern vor allem während der 30er und 40er Jahre, aber auch schon früher, meist nur das besonders brauchbare Holz in ungeordneten Hieben genutzt worden war. Von den belassenen, schwächeren unterständigen Bäumen nahm man an, daß sie durch die Auflichtung zu raschem Wachstum angeregt und daß die verbleibenden Bäume durch Samenabfall die Entstehung natürlichen Jungwuchses bewirken würden.

Diese Erwartungen erfüllten sich besonders im waldreichen Nordschweden (Norrland) nicht. Dadurch kam es zu bis heute und auch zukünftig noch nachwirkenden Unregelmäßigkeiten in der Altersklassenverteilung, die die ständige gleichmäßige Holzversorgung beeinträchtigen (Abb. 4).

Die Abbildung zeigt für 1974 die durch ungeordnete Dimensionshiebe entstandene Verteilung der 20jährigen Altersklassen, die vor allem in Nordschweden, aber auch in Mittel- und Südschweden ungleich ist.

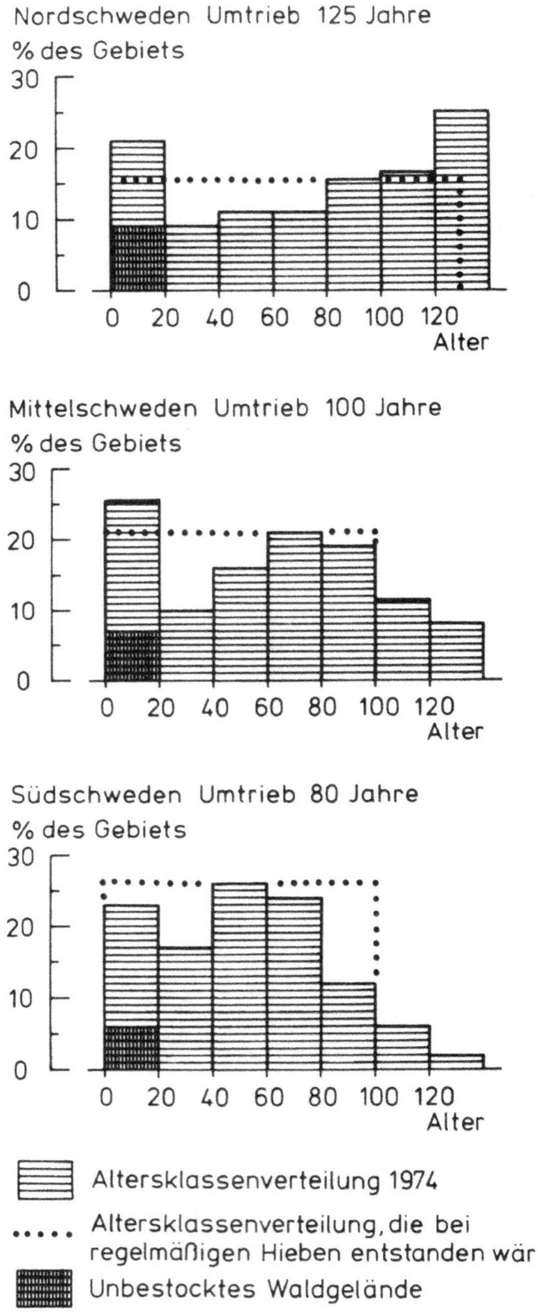

Abb. 4: Altersklassenverteilung in den schwedischen Wäldern (Swedish Forestry, 1974)

Es wiederholte sich also in Schweden ein Scheitern der kahlschlaglosen Wirtschaft, wie sie schon für Norwegen geschildert wurde (Kap. 242.2), nur waren die Flächen, die für die weitere Holzerzeugung praktisch ausfielen, in Schweden sehr viel größer.

Daß die kahlschlaglose Wirtschaft trotz des schon früher offensichtlichen Versagens weitergeführt wurde, ist vor allem darauf zurückzuführen, das diese als Plenterwald bezeichnete Forstbetriebsform, bei der das Ziel ist, Kahlschläge zu vermeiden und mittels Naturverjüngung aus Bäumen aller Alters- und Stärkenklassen gemischte Bestände zu erziehen, dort überzeugte Vertreter hatte. An ihrer Spitze stand in der ersten Hälfte unseres Jahrhunderts der Forstmann Udo Wallmo. Über diesen hat der deutsche Forstmeister Hassenkamp 1955 genauer berichtet; Hassenkamp war stark an bodenkundlichen Fragen interessiert und besuchte Schweden mehrmals. Aus Veröffentlichungen von Wallmo zitierte er zwei Sätze, die dessen Auffassung kurz und deutlich wiedergeben:

"Das Plenterwaldprinzip ist allgemeingültig vom Nordkap bis zum Südkap. Es ist universell."

Wallmo, der in Mittelschweden wirtschaftete, war nach Hassenkamp eine so starke Persönlichkeit, daß er auch die Forstwirtschaft Norrlands, dessen Standortverhältnisse ganz andere sind, jahrzehntelang maßgeblich beeinflußt hat. Hassenkamp (1955) fuhr fort:

"Erst in den 40er Jahren war es den Forstleuten in Nordschweden möglich, frei nach den übereinstimmenden Ergebnissen der wissenschaftlichen Forschung und der Versuche der Praktiker zu arbeiten.

Dieses fast 40jährige Ringen hat viel Ähnlichkeit mit den waldbaulichen Auseinandersetzungen in Deutschland."

342.4 WALDERNEUERUNG DURCH WALDBRAND

Erstmalige Untersuchungen, die über die Walderneuerung in Norrland 1885 veröffentlicht wurden, ergeben, wie Hassenkamp (1955) referiert, daß die Wälder überwiegend nach Waldbränden entstanden waren; die aus Anflug auf den Brandflächen angekommenen Bestände aus Kiefer und Fichte waren daher in sich gleichaltrig. Durch natürliche Plenterung verjüngte Kiefernbestände fanden sich höchst selten.

1937 veröffentlichte der spätere Leiter der Waldbauabteilung am Forstlichen Forschungsinstitut, L. Tirén, die Ergebnisse seiner umfangreichen Untersuchungen über die Bedeutung der Brände für die Waldverjüngung im Degersfors Distrikt in der Provinz Västerbotten (64 - 65° n.Br.). In dem dort nordwestlich der Stadt Umea gelegenen 957 ha großen Forschungswald Kulbäcksliden wurden u.a. an Hand alter Karten die Brandflächen und die darauf entstandenen Wälder festgestellt. Noch weiter zurück bis zum Jahr 1511 führten die Analysen der an alten Kiefern festgestellten Brandnarben, die für die einzelnen Bäume Auskunft darüber gaben, wann hier Brände das Gelände durchliefen und wie alt die Stämme damals waren.

Umfang und Zahl der Waldbrände waren erheblich. Der größte mittels Brandnarben festgestellte Brand war der von 1694, der 6600 ha Wald vernichtete. Aus der auf den Brandflächen angekommenen Verjüngung ist der 1937 etwa 230 Jahre alte Bestand hervorgegangen. Örtliches Vorkommen von Bäumen und Waldstükken, deren Alter über 1694 zurückreicht, weist darauf hin, daß sie bei den Bränden verschont blieben. Von ihnen ging dann die Wiederbewaldung der Brandflächen aus. Plenterartige Bestockung spielte jedoch keine Rolle. Daß Waldfeuer sehr häufig vorkamen, zeigt die Tatsache, daß auf einer Waldfläche von 113 ha bis 1887 23 Waldbrände festgestellt wurden; davon traten die meisten im 19. Jahrhundert auf.

Als Ursache der älteren Brände gelten Blitzschläge; der Wald im Inneren Norrlands war bis um 1850 praktisch unberührt. Später wurden viele Brände teils absichtlich zur Verbesserung der Weide und zur illegalen Gewinnung von Abfallholz angelegt; andere Brände entstanden unbeabsichtigt bei der Köhlerei und der Holzteerdestillation sowie durch Hirtenfeuer. Es mag hier an die Waldbrandbeobachtung erinnert werden, die Linné auf seiner Lapplandreise beschreibt (s. Kap. 334.)

Die Erfahrungen der Praktiker und die Ergebnisse der Forschungen des schwedischen Bodenkundlers Hesselmann (1937) ergaben, daß die Naturverjüngung unter Schirm in Nordschweden aus folgenden Gründen versagte:

- unter Bestandesschirm sind die Temperaturen zu niedrig für ein gutes Wachstum der Jungpflanzen;
- die vor allem aus dicken Teppichen von Heidelbeere (Vaccinium) und Moos bestehende Bodenflora behindert das Ankommen von Baumsamen;
- die darunter befindliche, oft dicke Schicht von Rohhumus, in dem das Stickstoffkapital unbenutzbar festgelegt ist, wirkt besonders behindernd.

All diese Nachteile beseitigte der Kahlschlag (höchstens mit einem ganz lichten Schirm von Samenbäumen): der Boden erhielt Licht und Wärme, der Rohhumus wurde aktiviert und gab Stickstoff frei. In Lagen über 300 m und auch sonst war Schlagbrennen sehr förderlich.

Grob vereinfachend ist die Folge der Forstbetriebsarten in den schwedischen Wäldern die folgende:

19. Jahrhundert	:	Kahlschlagnutzung
1. Hälfte des 20. Jahrh.	:	ungeregelte Plenternutzung
2. Hälfte des 20. Jahrh.	:	Kahlschlagwirtschaft

343. INTENSIVIERUNG UND MECHANISIERUNG DER FORSTWIRTSCHAFT WÄHREND DER LETZTEN JAHRZEHNTE

343.1 FORSTGENETISCHE WANDLUNGEN

343.11 VERSCHLECHTERUNG DER GENETISCHEN STRUKTUR

343.111 DEGENERATION DURCH FRÜHERE WALDAUSBEUTUNG

In einem große Mengen Holz verbrauchenden und vor allem schon früh große Holzmengen exportierenden Land, in dem an die Qualität und Dimensionen der Hölzer große Anforderungen gestellt werden, vollzog sich, wie Lindquist in seiner 1951 erschienenen Schrift "Forstgenetik in der schwedischen Waldbaupraxis" als Kapitelüberschrift formulierte, eine "Degeneration der Erbmasse in Schwedens Wälder als Folge früherer Waldausbeutung".

Von den Hauptbaumarten verarmte besonders die Kiefer an Qualitätsholzbäumen, wie Lindquist am Beispiel des ganzen etwa 500 km langen Norrländischen Küstenstreifens längs des Bottnischen Meerbusens von Gävle bis Haparanda durch eine Karte belegt, die Plus-, Normal- und Minusbestände verzeichnet (Lindquist, 1951, Abb. 12). Die den Anforderungen der Holzhändler nicht genügenden Kiefern blieben als Überhälter stehen und verjüngten die Schlagflächen mit erblich zumeist minderwertigem Saatgut.

Für die Gewinnung von Kiefernsaatgut zur Verwendung bei Forstkulturen wählte man nach Lindquist in erster Linie die herabgewirtschafteten Kiefernbestände in der Umgebung von Ortschaften und besonders breit- und großkronige Kiefernwälder, die meist in überreichem Maß Zapfen trugen.

343.112 IMPORTE SCHLECHT VERANLAGTEN KIEFERNSAATGUTS

Als im zweiten und dritten Viertel des vorigen Jahrhunderts das schwedische Forstwesen einen großen Aufschwung nahm, wurden umfangreiche Aufforstungen vorgenommen. Da in Schweden noch keine Klengindustrie (= Industrie zur Gewinnung der Samen aus Nadelholzzapfen) entwickelt war - das Darren erfolgte meist mit primitiven Mitteln in Forst- und Waldarbeiterhäusern und ergab oft schlechtes Saatgut - bestellte man die Forstsamen im Ausland, ohne zu ahnen, daß die Importe die schlechtest veranlagten Kiefern ins Land bringen würden.

Wie E. Wibeck 1912 eingehend beschrieb, wurde seit den 40er Jahren vorigen Jahrhunderts während mehrerer Dezenien eine recht beträchtliche Waldsameneinfuhr besonders von Deutschland aus betrieben, die in Schweden zum frühzeitigen Entstehen von mindestens 20 000 ha Kiefernkulturen führte. Der Import erfolgte größtenteils durch Darmstädter Firmen; er gipfelte wahrscheinlich in den 70er Jahren und erfolgte noch bis zum Ende der Berichtszeit. Wibeck schrieb:

"Ohne die Gefahr einer Überschäzung kann angenommen werden, daß im Ganzen etwa 60 - 80 000 kg Kiefernsamen ausländischer Herkunft in Schweden eingeführt und hier verwendet wurden."

Die Samen sind vermutlich vorwiegend in der näheren und weiteren Umgebung Darmstadts gewonnen worden in warmen sowie niederschlags- und vor allem schneearmen Gebieten, wo phototropische krummwüchsige Kiefern nicht im Laufe der Jahrtausende durch Schneebruch herausselektiert wurden (Hesmer, 1938 u. 1964), sondern breitkronige und starkästige Bäume die Oberhand behielten.

Die aus Deutschland bezogenen Kiefernsamen wurden in Schweden als "Deutschkiefern" bezeichnet. Da aber zeitweise eine beträchtliche Samen- und Zapfeneinfuhr vor allem aus Frankreich

nach Darmstadt stattgefunden hat, sind mit großer Wahrscheinlichkeit auch französische Samen auf diesem Weg nach Schweden gelangt und vielleicht auch solche aus Belgien und Ungarn. Im nördlichen Schweden angebaute "Deutschkiefern" sind oft von den ersten Jahren an hinsiechend. Soweit sie älter werden, fallen sie durch ihre Krummwüchsigkeit und Breitkronigkeit auf.
Schon 1855 wurden auf einer Veranstaltung von einem Forstassessor Bedenken gegen die ausländischen Samen geäußert. 1882 verbot die Staatsforstverwaltung die Verwendung in ihren Wäldern. Mehrfach erhöhte Zölle sollten den Privatwald vom Kauf abhalten. 1910 wurde die Vorschrift erlassen, daß der eingeführte Kiefernsamen mit Eosin gefärbt sein soll.

343.12 VERBESSERUNG DURCH ZÜCHTUNG

343.121 KIEFER

In den 30er Jahren wurden in Schweden wie in Deutschland besonders lebhafte Initiativen zur genetischen Verbesserung der Wälder und Bäume ergriffen. In Deutschland ging daraus das Forstliche Artgesetz von 1934 hervor, in dem das Reichsforstamt ermächtigt wurde, vorzuschreiben, daß von einem bestimmten Zeitpunkt ab nur noch in einem festgelegten Verfahrensgang anerkanntes Saatgut zur Nachzucht bestimmter Baumarten verwendet werden durfte. Für die Kiefer wurde der Zwang zur ausschließlichen Verwendung von anerkanntem Saatgut bereits festgelegt.
Beschränkte man sich in Deutschland mit der allerdings gesetzlich vorgeschriebenen Anerkennung phänotypisch guter Waldbestände und Bäume für die Gewinnung von Saatgut, so gingen die Bestrebungen in Schweden weiter. Dies kommt schon darin zum Ausdruck, daß 1936 eine "Vereinigung für Forstpflanzenzüchtung" gegründet wurde. Die Gesellschaft besaß ein Institut in Ekebo, zu dem mehrere Nebeninstitute gehörten.

Noch vor der Gründung des Instituts für Forstpflanzenzüchtung stellte sich die Zentralkommission der Forstaufsichtsverwaltung, also eine Behörde, die Aufgabe, die Kiefernwälder des Landes zu erfassen; dies betraf insbesondere alle schmalkronigen Kiefernbestände, die nach Holzqualität und Massenerzeugung erfahrungsgemäß am wertvollsten sind (Lindquist, 1951). Durch später gegründete Gesellschaften für praktische Pflanzenzüchtung, die die unterbrochene Arbeit der Zentralkommission zu Ende führten, erfaßte man ungefähr 3000 Elitekiefern. Zu den Voraussetzungen einer Elitekiefer gehörten: überlegenes Höhen- und Durchmesserwachstum, regelmäßige, feinastige Spitzkrone und reicher, häufiger Zapfenbehang (Lindquist, 1951).

Zu der Zeit, als Lindquists Buch "Forstgenetik in der schwedischen Waldbaupraxis " 1946 in schwedisch und 1951 in deutsch erschien, bestanden folgende Möglichkeiten der genetischen Wertsteigerung bei Kiefer:

- Saatgut aus Elitebeständen, das unter Kontrolle der Forstaufsichtsverwaltung geerntet wird;
- Saatgut von Elitebäumen, in erster Linie für wissenschaftliche Zwecke;
- Saatgut von Elitesamenplantagen, das als "Saatgut der Zukunft" bezeichnet wird.

Diese "Zukunft" hat in Schweden schon bald begonnen. Samenpfropfplantagen und künstliche Bestäubung in Forstsaatgutplantagen wurden schon vor Jahrzehnten eingeführt wie auch die Erfassung der besten Elitebäume in Karteien mit vielen Daten und einer Photographie.

In dem Schlußwort, das Professor Rohmeder für die deutsche Ausgabe des Lindquistschen Buches von 1951 schrieb, wird ein Vergleich zwischen den forstgenetischen Leistungen Schwedens und Deutschlands gezogen:

"Man muß bei objektiver Betrachtung (ein bißchen neiderfüllt) feststellen, daß Schweden auf dem Gebiet der Forstgenetik und Forstpflanzenzüchtung in Wissenschaft und Praxis gegenüber Deutschland um mehr als 10 Jahre vorausgeeilt ist."

1976 veröffentlichte M. Simak einen Vortrag "Geschichtlicher Überblick über die schwedische Forstsamenforschung". Er schildert zunächst die Schwierigkeiten, die durch die unterschiedlichen Klimaverhältnisse in den verschiedenen Teilen des sich nordsüdlich weithin erstreckenden Landes entstehen. Die größten Probleme bei der Saatgutbeschaffung wirft der waldreiche Norden des Landes auf, wo die Kiefer nur selten Mast trägt und die Samen dann auch noch schlecht ausgereift sind. Saatgut aus Südschweden zu verwenden, bietet keinen Ausweg, da aus dem südschwedischen Saatgut im Norden Kulturen und Bestände hervorgingen, die nicht viel besser waren als die, die aus dem improtierten deutschen Saatgut entstanden.

Die wissenschaftliche Bearbeitung beschäftigte sich in Schweden einmal mit den Einwirkungen von Klima und Witterung auf Samenanfall und Samenreife. Dafür wurden neue, leicht anzuwendende Methoden entwickelt, z.B. die Feststellung der als Indikator verwendbaren Embryonenentwicklung in Samen mittels Röntgenstrahlen. Aber auch einfach neue Verfahren der Saatgutanalyse wurden erstellt. So fand S. Hagner, daß keimende Kiefern- oder Fichtensamen in einem Wasserbehälter auf den Boden sinken, wo sie von einer besonderen Vakuumröhre gesammelt und direkt in Paper-Pots ausgesät werden können. Das Verfahren bietet den Vorteil, Aussaaten mit hoher Keimfrequenz anzulegen. Auch für die Probleme, die sich bei der oft erwünschten längeren Lagerung des Saatguts stellen, wurden neue Methoden entwickelt.

Schweden benötigte 1976 für die Erfüllung der Aufforstungsprogramme jährlich 4,5 Tonnen Kiefernsamen. Davon wurden in der Periode 1971 - 1973 etwa 3350 kg von Saatgutplantagen geliefert. Diese Menge deckt den Bedarf von Mittelschweden, ist aber unbefriedigend für die nördlichen und südlichen Teile des Landes, für die das Kiefernsaatgut in Samenplantagen angezogen werden muß. Es wird angenommen, daß der gesamte Kiefernsamenbedarf Schwedens um 1990 in Saatgutplantagen produziert werden kann.

Bis dahin wird der restliche Bedarf hauptsächlich von gefällten Kiefern stammen, zum geringeren Teil auch von stehenden Beständen. Zu diesem Zweck wurden die Bestände in 3 oder 4 Kategorien eingeordnet; Minusbestände werden nicht beerntet. Aufgrund der Wärmesummen für die Monate Juni bis August werden wichtige Voraussagen über die zu erwartenden Samenmengen und Keimungsfrequenzen getroffen, um rechtzeitig planen zu können. Die Korrelation zwischen Wärmemenge und Samenzustand ist recht gut; die Berechnungen erfolgen mit Hilfe von Computern in Zusammenarbeit mit dem Meteorologischen Dienst.

343.122 Fichte

Wie oben erwähnt, wurden im vorigen Jahrhundert etwa 60 000 bis 80 000 kg Kiefernsamen von Deutschland nach Schweden geliefert. Die Menge des gleichzeitig bezogenen Fichtensamens war vermutlich noch größer. Der Fichtensamen dürfte zum größten Teil aus der Harzgegend gestammt haben.

Abgesehen von ausgesprochenen Frostlagen, schreibt der schwedische Forstmann Wibeck 1912, dürfte die deutsche (Harzer) Fichte für die Region Südschweden bis hinauf zu etwa $59^{o}30'$ n.Br. als völlig winterhart zu bezeichnen sein; nördlich der großen Seen dürfte sie weniger zuverlässig sein.

Wibeck schließt seine Ausführungen:

"Wenn demnach auch Anlaß zu der Vermutung besteht, daß unsere deutschen Fichtenkulturen empfänglicher für äußere Schädigungen sind als die einheimischen, so scheint es doch, als wenn dieser Übelstand wenig an günstigen Standorten in Süd- und Mittelschweden hervortritt und dort, falls nicht zu große Anforderungen an die Holzqualität gestellt werden, vielleicht mehr als aufgewogen wird durch ein rascheres Wachstum."

1951 teilte Lindquist ähnliche Erfahrungen mit:

"Bei Fichte hat bereits die Verwendung deutschen Saatgutes in Südschweden und Dänemark zu Ertragsmehrungen geführt. Auch die vorläufigen Ergebnisse von Nachkommenschaftsversuchen verschiedener Fichtentypen in unserem Land weisen in dieselbe Richtung."

Um die überlegene Wüchsigkeit der kontinentalen Fichten gegenüber den skandinavischen zu bestätigen und ihre Ausmaße und ökologische Bedingungen zu erfassen, wurde 1938 ein internationaler Fichtenherkunftsversuch der IUFRO (Internationaler Verband Forstlicher Forschungsanstalten) eingeleitet. Der Versuch umfaßte 36 Herkünfte, von denen 22 obligatorisch anzupflanzen waren. Die südlichste Provenienz stammte aus Bulgarien 42° n.Br., die nördlichste aus Nordfinnland 60°25' n.Br.. Obwohl der Versuch auf dem IUFRO - Kongress 1936 deutscherseits angeregt wurde, nahm Deutschland an dem Versuch nicht teil.

Eine eingehende Auswertung des Provenienzversuches hinsichtlich der mitteleuropäischen Fichten in Schweden veröffentlichte O. Langlet 1960. Seine Untersuchungen ergaben:

- Die extrem spättreibenden Provenienzen kommen alle aus östlichen, kontinentalen Gebieten nördlich der Karpaten;

sie sind in Nordschweden bis mindestens zum 64. Breitengrad überlegen - selbst in Frostlagen.

- Ausgeschlossen ist es nicht, daß eine größere Tageslänge in höheren Breiten den Zuwachs der Fichte begünstigt, wie dies bei der Kiefer der Fall zu sein scheint.

Langlet schließt die Zusammenfassung seines Berichts:

"Die Natur biete uns Fichtenherkünfte mit der gewünschten Eigenschaft - guter Zuwachs, der, wenn nötig ist, mit ausgeprägtem Spättreiben und frühem Abschluß des Wachstums im Herbst kombiniert sein kann. Solche Herkünfte ermöglichen uns die große und unmittelbare Verbesserung unserer Fichtenkulturen."

Aus dem Befund, daß aus den in den kontinentaken Gebieten nördlich der Karpaten geerntete Fichtensamen in Schweden Fichten erwachsen, die den einheimischen weit überlegen sind, wurden rasch praktische Folgerungen gezogen: M. Simak berichtet 1976, daß etwa 65 % des in Schweden benötigten Fichtensaatguts aus Polen, der Tschecheslowakei, Rußland und Rumänien stammen.

Besondere Aufmerksamkeit wird der Frostresistenz des aus Osteuropa importierten Materials gewidmet. Es wird angenommen, daß von den importierten Fichten eine Massenerzeugung erfolgt, die um 25 % über der der einheimischen liegt.

Die Geringwüchsigkeit der schwedischen Fichte ist wahrscheinlich auf ihrer Wanderung um den Bottnischen Meerbusen entstanden, wo die wüchsigen Bäume von der großen Kälte elemeniert wurden. Auch in der älteren Nachwärmzeit (um Chr. Geb.) war es in der Vegetationszeit um den Polarkreis oft kühl und gab es Kälteperioden. Nach der Karte 147 von Schmidt-Vogt (1977) befand sich der Fichtenwanderzug zu dieser Zeit an seiner nördlichsten Wende, wo die Fichten gewiß nur wenig keimfähigen Samen produzierten. Die Ausbreitung der Fichte dürfte daher während der Kurve um das Nordende des Bottnischen Meerbusens besonders langsame Fortschritte gemacht haben. Die vorstehenden Annahmen erhalten auch eine Bestätigung dadurch, daß die Provenienzen aus dem Baltikum und Finnland, denen der Bogen um den Bottnischen Meerbusen erspart blieb, bei den Anbauten ausländischer Provenienzen in Nordschweden an die erste Stelle traten (Weisgerber et al., 1976).

Die Ergebnisse des internationalen Fichtenprovenienzversuchs von 1938 wurden in zahlreichen Veröffentlichungen der verschiedenen beteiligten Länder mitgeteilt. In seinem Fichtenbuch gibt Schmidt-Vogt 1977 einen ausführlichen Überblick.

Der Versuch von 1938 löste weitere nationale und internationale Fichtenprovenienzversuche aus. Der größte ist der internationale von 1962, für den ab 1959 unter Leitung von Professor O. Langlet vom Institut für Forstgenetik der Forstlichen Hochschule in Schweden Saatgut aus dem gesamten Verbreitungsgebiet der Fichte gesammelt wurde, und zwar 1100 Provenienzen (Weisgerber et al., 1976).

An diesen Anbauten war auch die Bundesrepublik Deutschland stark beteiligt: sie stellte 196 Herkünfte zur Verfügung. Aus der DDR stammten 27 Herkünfte. Die Institutionen für Forstpflanzenzüchtung der Länder Baden-Württenberg, Bayern, Hessen und Niedersachsen haben 530 Provenienzen aus dem von Langlet zusammengestellten Versuch übernommen.

1976 veröffentlichten Weisgerber und andere Vertreter der Arbeitsgemeinschaft der Länderinstitutionen für Forstpflanzenzüchtung in der Bundesrepublik Deutschland erste Ergebnisse:

- Bei den Höhenwuchsleistungen führten die Provenienzen aus den Ostkarpaten und Beskiden sowie die aus Nordostpolen, ferner die aus dem Erzgebirge und dem Thüringerwald.
- Die niedrigsten Höhen erreichten die Herkünfte aus Finnland, Frankreich, Schweiz, Italien, Jugoslawien und Bulgarien.
- Für die Provenienzen aus der Bundesrepublik ist beim Höhenwuchs die starke Leistungsdifferenzierung sowohl im autochtonen wie im nichtautochtonen Bereich kennzeichnend.
- Als Spättreiber wurden überwiegend Populationen aus den osteuropäischen Ländern ermittelt, teilweise auch aus Süddeutschland und Südostfrankreich; Frühtreiber waren zum großen Teil Provenienzen aus dem Alpenraum, den deutschen Mittelgebirgen und Skandinavien.
- Als relativ widerstandsfähig gegen Frühfrostschäden zeigten sich die spätaustreibenden osteuropäischen Provenienzen. Die deutschen Herkünfte waren gegen Spätfröste unterschiedlich empfindlich.

Nach den bisherigen Ergebnissen ist anzunehmen, daß die einheimischen Fichten in Schweden zum großen Teil durch osteuropäische Herkünfte ersetzt werden. Dabei können durch Selektion, Hybridisierung und andere züchterische Maßnahmen weitere Wuchsleistungssteigerungen mit den osteuropäischen Fichten auf skandinavischen Standorten erwartet werden.

Die in Schweden bereits erzielten Erfolge sind vor allem intensiver forstgenetischer Forschungsarbeit zu verdanken, deren Umfang einen Ausdruck in der Zahl der qualifizierten Publikationen findet. M. Simak hat seinem 1976 erschienenen kurzen züchtungsgeschichtlichen Überblick ein Literaturverzeichnis von 272 Nummern beigegeben und kündigt eine schwedische Forstsamen-Bibliographie an, für die bereits etwa 1500 Titel gesammelt seien.

343.2 WALDERNEUERUNG

343.21 BESTANDESFLÄCHENGRÖßEN

Die Flächen, auf denen in Schweden gearbeitet wird, haben oft erhebliche Dimensionen. In einem 1972 veröffentlichten Bericht von L. Zier über den Besuch des 24 000 ha großen staatlichen Forstamts Hedemora-Garpenberg 180 km nordwestlich von Stockholm heißt es, Kahlschläge von 100 ha und mehr sind keine Seltenheit. Als Begründung wird angegeben:

"Der Einsatz der Maschinen läßt sich aber nur dann wirtschaftlich gestalten, wenn an den jeweiligen Hiebsorten große Mengen Holz genutzt werden. Dies führt wegen der geringen Dimensionen der Stämme zwangsläufig zur Kahlschlagswirtschaft."

1979 schrieb Dr. Hagner, der Forstdirektor der Svenska Cellulosa AB (SCA):

"In Schweden wurde während der letzten 20 bis 30 Jahre eine sukzessive Umstrukturierung der Forstbestände in größere Einheiten vorgenommen. In der gegenwärtigen Forsteinrichtung der SCA beträgt der Durchschnittsbestand etwa 25 ha mit einer Variation zwischen 3 und 75 ha."

Auf Bedenken gegen so große Bestandesflächen schrieb Hagner:

"Ich glaube deshalb nicht, daß - waldbiologisch gesehen - irgendwelche wohlbegründeten Motive dafür vorliegen, forstwirtschaftliche Methoden beizubehalten, die extrem viele und kleine Behandlungseinheiten voraussetzen. In Schweden nennen wir diese Erscheinung "Forstwirtschaft teelöffelweise". Die Bewirtschaftung solcher kleinflächigen Bestände ist aus vielen Gründen außergewöhnlich teuer."

343.22 BODENBEARBEITUNG

Während Fällen, Rücken und Transport des Holzes abgesehen von Durchforstungen zum weitaus größten Teil maschinell durchgeführt werden, ist dies bei der Bestandeserneuerung in diesem Umfang längst nicht der Fall. Der Hauptgrund dafür ist, daß die Moränenböden, auf dem die schwedischen Wälder zu etwa 80% stocken, in erheblichem Maße Steine und Felsen enthalten, die die Bodenbearbeitung wie die maschinelle Pflanzung behindern (-, Skogen, 1978, S. 41). Trotzdem werden immer wieder Versuche unternommen, meist schwere Maschinen zu konstruieren, die sowohl eine ausreichende Bodenbearbeitung als auch die maschinelle Pflanzung auf den an Hindernissen reichen Böden durchführen können. Um den Fahrern solcher Maschinen die Stöße in der Kabine auf besonders unruhigem Boden zu ersparen, ist auch eine Fernsteuerung vorgesehen (Nordansjö, 1978).

Die Schaffung neuer Waldbestände ist in Schweden eine sehr große Aufgabe. Alljährlich müssen 300 000 ha Wald- und ehemaliger Ackerboden aufgeforstet werden (Splett, 1978).

1974 wurden im Zuge der Walderneuerung folgende Arbeiten durchgeführt:

- Vorverjüngungsreinigung (Beseitigung von Schlagabraum sowie unerwünschter Bäume und Sträucher) 217 000 ha
- Bodenbearbeitung streifen- und plätzeweise 112 000 ha
- künstliche Verjüngung, meist Pflanzung; daneben rund 10 000 ha Saat 179 000 ha
- Naturverjüngung vorwiegend von Kiefern, auf teilweise gereinigten und offengelegten Böden rd.100 000 ha
(Swedish Forestry, 1975).

343.23 ANZUCHT VON FORSTPFLANZEN

Die Forstpflanzungen waren bis zu Anfang der 70er Jahre nicht nur flächenmäßig unzureichend, sondern auch in ihrer Qualität nicht genügend. In Nordschweden war die Hälfte der Pflanzungen unbefriedigend, in Südschweden ein Viertel. Dies beruhte zum Teil auf fehlender Sorgfalt bei der Ausbringung; stellen- und zeitweise bestand auch eine Knappheit an Samen und Sämlingen.

Die Anzucht von Forstpflanzen erfolgt in rd. 70 Baumschulen (Swedish Forestry, 1976). 1975 wurden an Pflanzen ausgebracht:

Kiefer (Pinus sylvestris)	198 Mio
Fichte (Picea abies)	196 Mio
Pinus contorta	42 Mio
Gesamt	436 Mio

(Swedish Forestry, 1976)

Die Fläche künstlich angebauter Wälder betrug 1978 4,3 Mio ha, davon wurden 1977 172 000 ha angelegt (Tamminen, 1979).

Die Forstpflanzen werden in zwei Verfahren angezogen:

1. In offenem Baumschulgelände werden die Pflanzen in zwei- bis vierjähriger Dauer erzogen und meistens einmal verschult. Sie werden, ohne daß Erdreich an den Wurzeln bleibt, den Baumschulen entnommen ("bare root plants"). Die offenen Baumschulen befinden sich jedoch im Rückgang.

2. Im Plastikgewächshaus werden Ballenpflanzen in mit Erde und Torf gefüllten kleinen Papiertöpfen erzogen ("rooted

plants"). Die Gewächshauspflanzen erreichen während einer Vegetationszeit fast die Größe zweijähriger Baumschulpflanzen (Swedish Forestry, 1976).

Als Behälter hat sich am besten der Paperpot bewährt; er besteht aus unterschiedlich haltbaren Papieren, die mit in den Boden gebracht werden und dort verrotten. Die wabenförmigen Faltbogen lassen sich besonders leicht transportieren. 1974 wurden in Schweden und Finnland 175 Mio Pflanzen, meist Kiefer, in dieser Form geliefert (Huss, 1976). Der Anteil der Ballenpflanzen beträgt in Schweden etwa 40 % (Swedish Forestry, 1976). Allein in einer Treibhauspflanzschule der Svenska Cellulosa werden jährlich 40 Mio Containerpflanzen angezogen (Hagner, 1979).

Die im Paperpot-Verfahren erzogenen Kleinballen-Pflanzen werden im Container-Verkehr vom Gewächshaus zum Gebrauchsort transportiert und zusammen mit der Torfhülle des Wurzelwerks, versuchsweise auch gedüngt, rationell verpflanzt. Dieses Verfahren hat den Vorteil, nur die Hälfte der Kosten der Verpflanzung von nacktwurzeligen Pflanzen zu verursachen. Nach 3,5 Monaten können die Bäumchen ausgepflanzt werden. Die Forstpflanzenanzucht kann das ganze Jahr über erfolgen und die Kulturbegründung ist an jedem frostfreien Tag möglich (-, AFZ, 1971a u. b).

343.24 AUSBRINGUNG VON CONTAINERPFLANZEN

Für die Ausbringung der in Containern erzogenen Pflanzen auf die Forstkulturflächen sind verschiedene Geräte entwickelt worden, die die Arbeit beschleunigen und den Pflanzarbeitern das Bücken ersparen sollen.

Die Container können auch das maschinelle Auspflanzen erleichtern, das bisher erst in sehr geringem Umfang erfolgt.

Die schwedische Forschungsstiftung für Waldarbeit hat zwei interessante Prototypen in Betrieb (Nordansjö, 1978). Ein anderes Unternehmen, "System Svedlund", gibt eine Beschreibung der Arbeitsweise seines Aggregats "Dro-Planter", die hier auszugsweise wiedergegeben wird, um Versuche zu zeigen, auch auf hindernisreichem Gelände maschinell zu pflanzen:

"Die Pflanzorgane sind an Gleitschienen befestigt, so daß sie beim Pflanzen im Boden fixiert werden können, während die Maschine als solche vorwärts fährt. Ein Pflanzspieß bohrt ein Loch in den Bodenfleck, und die Pflanze wird über ein Rohr dem Pflanzspieß zugeführt. Wenn der Spieß die richtige Tiefe erreicht hat, öffnet er sich in zwei Hälften, wonach die Pflanze in das Loch fällt, und dort unter Druckluft so lange gehalten wird, bis der Spieß herausgezogen ist, während gleichzeitig zwei Nasen den Boden rund um die Pflanze verdichten. Die Gleitschiene wird angehoben und der Pflanzspieß rutscht nach vorn in eine neue Ausgangsstellung. Falls der Pflanzspieß beim ersten Versuch gegen ein Hindernis aufschlägt, z.B. einen Stein oder Stumpf, so daß er nicht die volle Einpflanztiefe erreicht, wird unmittelbar ein neuer Eindringversuch unternommen. Nach dem dritten Versuch geht der Spieß in die Ausgangsstellung zurück. Der gesamte Vorgang dauert 3 - 5 Sekunden. Die Pflanzmaschine hat eine Kapazität von 1200 Pflanzen pro Stunde und ein Gewicht von 4,5 t. Sie ist eines der ersten Geräte der Welt, mit dem man beim Fahren im Waldgelände kontinuierlich pflanzen kann."(-, Skogen, 1978, S. 57)

343.25 FORSTSCHÄDEN

Forstschädlingen, insbesondere Käfern, bietet die Massierung ausgedehnter Kiefern- und Fichtenwaldungen mit großen Kahlschlägen, denen natürliche oder künstliche Jungwüchse folgen, Lebensbedingungen, die ihre Vermehrung begünstigen.

Besonders schädlich ist in schwedischen Kiefern- und Fichtenjungwüchsen der Rüsselkäfer (Hylobius abietis). Vorzugsweise Fichtenstämme befällt von den Borkenkäfern der Buchdrucker (Ips typographus). Der Große Waldgärtner (Blastophagus piniperda) schädigt durch Triebfraß in erster Linie Kiefern.

Am wirksamsten werden diese Schädlinge, zumal die Rüsselkäfer, durch DDT-haltige Mittel bekämpft. Anfang der 70er Jahre war das Besprühen mit Pestiziden aus der Luft verboten. Die Folge war, daß junge Nadelholzpflanzen in großem Umfang beschädigt und von anfliegenden Pioniergehölzen, vor allem von Birken, zurückgedrängt wurden. Seit 1975 ist es nicht mehr erlaubt, die Pflänzlinge in gegen Rüsselkäfer sehr wirksame DDT-haltige Brühe zu tauchen. Diese Verbote führten in manchen Fällen zu einer mehrjährigen Schlagruhe und damit zu Zuwachsverlusten und Bodenverwilderung (Swedish Forestry, 1976).

Nachdem man zwei Jahre lang Erfahrungen mit dem Verbot von DDT gesammelt hatte, ergab sich in Mittel- und Südschweden für Kiefernpflanzen, die nicht mit DDT behandelt wurden, folgendes:

Dort, wo keine Bodenbearbeitung stattgefunden hatte, beliefen sich die Abgänge an Kiefernpflanzen auf 40 %; auf bearbeiteten Flächen betrugen die Abgänge nur 15 %. Auch wegen des Schutzes, den die Bodenbearbeitung gegen Rüsselkäfer gewährt, wurde 1975 auf 131 000 ha der Boden bearbeitet (Swedish Forestry, 1976)(1974: 112 000 ha (Swedish Forestry, 1975); 1973: 100 000 ha (Swedish Forestry, 1974)).

Durch die neue Anlockmethode werden die Borkenkäfer vielleicht besser unter Kontrolle zu halten sein.

343.251 WILDSCHÄDEN

In schwedischen Wäldern entstehen Wildschäden vor allem durch Elch- und Rotwild. Schon die Abschußzahlen von 55 000 Stück Elchwild und 61 000 Stück Rotwild für das Jagdjahr 1975/76 weisen auf hohe Bestände hin (Swedish Forestry, 1976). Als Folge milder Winter mit wenig Schnee waren die Wildbestände sehr hoch, als im Winter 1976/77 eine Bestandsaufnahme, in erster Linie vom Flugzeug aus, durchgeführt wurde (Markgren, 1978). 1978 wurden 95 000 Stück Elchwild erlegt; für 1979 wurde ein Abschuß von 110 000 bis 150 000 erwartet.

Die Bejagung des Elchwildes erfolgt in Schweden vorwiegend im Lizenzverfahren. Das Schwergewicht der Bejagung liegt beim Kälberabschuß, doch ist es bisher nicht gelungen, die Wildbestände angemessen zu reduzieren.

343.3 WALDVERBESSERUNGEN

343.31 DURCHFORSTUNG

Die für die Bestandespflege wie für die Holznutzung so wichtige Durchforstung in Handarbeit durchzuführen, ist wegen des Mangels an Arbeitskräften und Geldmitteln schwer möglich. Es droht daher in den schwedischen Wäldern eine durchforstungslose Wirtschaft. Die Durchforstung bereitet von allen waldbaulichen Maßnahmen die größte Schwierigkeit bei der Mechanisierung. Es ist daher nicht verwunderlich, daß 1974 nur 0,5 % und 1976 erst 3,3 % der Durchforstungen voll mechanisiert durchgeführt wurden. Man glaubt, 1984 auf ungefähr 50 % Mechanisierungsgrad kommen zu können (Hamilton, 1978).

Über die neuen Geräte und Maschinen wird u.a. in der zweisprachigen Sondernummer der Zeitschrift Skogen, die anläßlich der Münchener Ausstellung INTERFORST 1978 erschien, recht wirksam durch Bilder und Beschreibungen aufgeklärt.

Demnach werden schwächere Bestände durch ein besonderes Entästungswerkzeug, das mit einer speziellen Winde kombiniert ist, durchforstet; die Entnahme stärkerer Hölzer erfolgt mit einer Durchforstungsmaschine mit Teleskoparm, die einen Rückewegabstand von 20 m ohne vorhergehendes Winden erlaubt (-, Skogen, 1978, S. 14 u. 57).

343.32 FORSTDÜNGUNG

Eine der raschesten Auswirkungen hat die Düngung mit Stickstoff, die in Schweden fast ausschließlich in den Staatsforsten und den Wäldern der Industriegesellschaften erfolgt. 1976 wurden 160 000 ha mit 25 000 Tonnen Stickstoff von der Luft aus gedüngt; Hubschrauber beginnen die Flugzeuge zu ersetzen (Swedish Forestry, 1976).

Im Februar 1974 wurde von der Düngungssektion des Instituts für Forstverbesserung ein sich auf viele Versuchsergebnisse stützender Bericht über die Forstdüngung in Schweden vorgelegt, den R. Friberg verfaßte:
Torfböden wurden in so geringem Umfang gedüngt, daß nicht weiter darüber berichtet werden muß. Der Mineralbodendünger besteht ausschließlich aus Stickstoff, an dem es dem Boden mangelt, da der Abbau organischer Substanz und die damit verbundene Freigabe von Stickstoff wegen des kühlen Klimas nur langsam erfolgt. Zunächst wurde mit Harnstoff gedüngt, dann, seit Beginn der 70er Jahre, vorwiegend mit Ammonium-Nitrat. Man begann 1962 mit der Düngung; schon 1966 belief sich die jährliche Düngungsfläche auf über 100 000 ha. Empfohlen werden für Ammoniom-Nitrat 100 bis 150 kg Düngemittel je ha; gedüngt wird fast ausschließlich von der Luft aus.

Seit 1973 wurden im größeren Umfang erneute Düngungen auf bereits gedüngte Flächen vorgenommen. Die Intervalle zwischen den Düngungen variieren zwischen 5 und 8 Jahren. Raschere Wiederholung ergibt mehr Holz, verursacht aber auch höhere Kosten.

Die maximale Flächengröße an Mineralboden, die biologisch und technisch für die Düngung geeignet ist, beläuft sich auf 5 Mio ha. Bei jährlicher Düngung von 600 000 ha würde eine Mehrerzeugung an Holz von jährlich rund 10 Mio m^3 erfolgen.

Ein 1978 erschienener Bericht von H. Holmen zeigt, daß die Forstdüngung in Schweden noch zugenommen hat. 1977 wurden 188 806 ha gedüngt, was für dieses Jahr der Weltrekord gewesen sein soll. Von 1962 bis 1977 wurden 1,4 Mio ha Forstflächen gedüngt; das entspricht 6 % der Gesamtwaldfläche des Landes. Der Hauptanteil des gedüngten Forstareals befindet sich in Besitz des Staates und der Industriegesellschaften. Nur etwa 2 % der gedüngten Wälder gehören kleinen und mittelgroßen Waldbauern.

343.33 DRAINAGE

1974 wurden mittels Drainage 23 000 ha nasser Waldboden in ihrer Produktivität verbessert; 1975 waren es 25 000 ha (Swedish Forestry, 1976).

343.34 ANBAU AUSLÄNDISCHER BAUMARTEN

In jüngerer Zeit hat der Anbau ausländischer Baumarten in Nordschweden einen bemerkenswerten Erfolg erzielt. Man hofft, besonders durch den Anbau der nordamerikanischen _Pinus contorta var. latifolia_ die Ausfälle in der Holzerzeugung während der Jahrzehnte der ungeordneten Plenterwirtschaft wenigstens für Zellstoffholz teilweise ausgleichen zu können.

Über Pinus contorta schrieb J. Jentsch 1954:

"Eine der erst in den letzen Jahrzehnten in das Blickfeld von Anbauversuchen gerückten Holzarten ist Pinus Murrayana Balf., im folgenden kurz Murray-Kiefer+) bezeichnet.

Insbesondere war es der im Jahre 1928 erschienen Artikel von Prof. Dr. C. Metzger "Die Murraykiefer als Papierholzbaum", der auf die enorme Wuchsleistung dieser Kiefer des westlichen Nordamerika im Arboretum des finnischen Staatsrats A. F. Tigerstedt in Mustila (Finnland) aufmerksam machte: "Rasche-stes Jugendwachstum, bis 100 % größere Massenleistung in kurzem Umtrieb als die heimische Pinus sylvestris, dazu ihre für Zellstofferzeugung der Fichte gleichkommende Holzqualität und andere Vorzüge.""

Vor zwei Jahrzehnten begann die Svenska Cellulosa AB in Nordschweden mit Versuchen über Anbaumöglichkeiten von Pinus contorta var. latifolia (Hagner, 1970). Intensive Feldstudien wurden im natürlichen Areal der Kiefer mit kanadischen Spezialisten und Experten der Forstverwaltung der Gesellschaft durchgeführt; dabei stellte sich u.a. heraus, daß Pinus contorta wesentlich größere Zuwachsleistungen erreicht als Pinus sylvestris. Die Unterschiede zwischen den beiden Kiefernarten werden noch größer, wenn ohne Rinde gemessen wird, da P. contorta eine extrem dünne Rinde besitzt. Das Holz von P. contorta weist Eigenschaften auf, z.B. Faserlänge, die denen der schwedischen Zellstoffhölzer entsprechen.

+) Die Bezeichnung Murray-Kiefer für P. contorta var. latifolia ist nur in Deutschland üblich. Die Varietät murrayana gehört aber zu einer anderen Varietät von P. contorta, als die hier behandelte Varietät latifolia.

Es wurden Samenplantagen eingerichtet, um Saatgut hoher genetischer Qualität zu gewinnen. Aus Nordwestkanada wurden in einer dem Verwendungsgebiet in Schweden entsprechender Zone von 56° bis 63° N Propfreiser von Plusbäumen beschafft.

C. A. Schenk behandelt 1939 in seinem großen dendrologischen Werk eingehend Pinus contorta, die ihm aus Nordamerika bekannt war. Er hält sie wegen ihrer sehr dünnen Rinde für die feuerempfindlichste Holzart der USA, hält sie aber auch für die verjüngungsfreudigste Nadelbaumart.

Bis Ende 1976 wurden 65 000 ha, vor allem in Nordschweden, mit P. contorta bestockt (Swedish Forestry, 1976). Es ist aber nicht beabsichtigt, ihren Anbau unbegrenzt auszudehnen, weil ihre Überlegenheit nur als Zellstoffholz besteht; als Schnittholz bleibt sie hinter der einheimischen Kiefer und auch hinter der Fichte qualitätsmäßig zurück.

343.4 ERNTE UND TRANSPORT

Die im ganzen Bereich der Forst- und Holzwirtschaft Schwedens in den 60er Jahren mit Nachdruck einsetzende Mechanisierung war ebenso wie in Norwegen (Kap. 243.5) vor allem durch den Mangel an Waldarbeitern bedingt. Das Fällen und Aufarbeiten mit Handgeräten, das Rücken im Winter mit Pferden und das Triften im kalten Wasser waren Arbeiten, die bei Landleuten mancherorts wenig begehrt waren, zumal es die Leute vielfach in die Städte zog.

Die Mechanisierung wurde ferner durch die hohen Arbeitslöhne gefördert. 1975 wurden in der Staatsforstwirtschaft an Stelle von Stücklöhnen Festlöhne eingeführt, in der nördlichsten Landschaft Norrbotten sogar Monatslöhne. Diese besonderen Maßnahmen und der allgemeine Lohnanstieg führten von 1974 - 1976 zu einer Verdoppelung der Lohnkosten (Hamilton, 1978).

Die Waldarbeiterstunde wurde 1976 von 7 Ländern am höchsten in Schweden bezahlt, die Bundesrepublik lag an 4. Stelle.

Der von der National Federation of Swedish Forest Owners' Association seit 1974 herausgegebene Jahresbericht "Swedish Forestry" gab 1976 ein Bild von dem Ausmaß der Mechanisierung bei der Gewinnung und dem Transport der in diesem Jahr angefallenen 57 Mio m^3 marktfähigen Holzes:

Im Einsatz waren 1050 entwickelte Fällmaschinen, die etwa ein Drittel aller Fällungen durchführten. Die maschinelle Fällung wird durch die in Schweden gegenüber Mitteleuropa klimabedingt geringeren Stammstärken begünstigt. Für die Fällung stärkerer Stämme wird seit 1976/77 ein von der Motorsäge aufblasbarer pneumatischer Keil eingesetzt; dieses sogenannte Fällkissen soll mit seiner großen Hubkraft Fällkeile und Brechhebel entbehrlich machen und die Fallrichtung auf einfache Weise genau bestimmen lassen (-, Skogen, 1978; Reinecke, 1978).

Bei 43 % der gefällten Stämme wurde 1976 mechanisiertes Entästen durchgeführt (Hamilton, 1978).

5000 Traktoren wurden eingesetzt, um das Holz zu Lastkraftwagenstraßen zu bringen.

Drei Viertel des gesamten Waldgeländes liegt innerhalb eines Kilometers von einer Lastwagenstraße. Schweden besitzt ein Netz von 320 000 km solcher Straßen, von denen drei Viertel zu forstlichen Transporten genutzt werden. Jedes Jahr werden 3000 km Straßen für Lastwagentransporte gebaut.

85 % des Nutzholzes fuhr man 1975 mit großen Lastwagen direkt zu den Verarbeitungswerken oder zu Floßbindepunkten. 1976 waren 2300 Lastkraftwagen mit einer Tragkraft von durchschnittlich 31 Tonnen eingesetzt (Swedish Forestry, 1976).

10 % des Nutzholzes wurden per Eisenbahn zu den Werken transportiert.

Nur noch 5 %, d.h. etwa 3 Mio m^3, wurden 1975 auf 6 Flüssen getriftet. Außerdem wurden 4 Mio m^3 Holz an den Meeresküsten und auf den größeren Seen geflößt.

Den Personalabbau durch die Einführung rationeller Arbeitsmethoden in Schwedens größtem Forstbetrieb Svenska Cellulosa veranschaulicht eine von Forstdirektor S. Hagner 1979 veröffentlichte Tabelle. Danach verringerte sich die Zahl der Jahresarbeiter, die für die Erzeugung einer Million m^3 Holz benötigt wurden, von 1955 bis 1975 folgendermaßen:

Jahr	Anzahl	Rel. Zahl
1955	2895	100
1960	2364	82
1965	1300	45
1970	591	20
1975	343	12

Tab. 6: Anzahl benötigter Arbeitnehmer pro Jahr für die Bearbeitung 1 Mio m^3 Holz (Hagner, 1979)

344. LAGE DER SCHWEDISCHEN HOLZWIRTSCHAFT

344.1 STRUKTURELLE UND KONJUNKTURELLE BEEINFLUSSUNGEN

Schweden, das schon Anfang unseres Jahrhunderts vorübergehend der größte Holzexporteur der Erde war, spielte auch weiterhin eine große Rolle im Holzexport. Insbesondere war dies in den 60er und Anfang der 70er Jahre der Fall, als sich im Zuge der Mechanisierung der Fällung, der Aufarbeitung und des Abtransports des Holzes die Einschläge vergrößerten.

Die Stelle, die Schweden 1976 unter den zellstofferzeugenden Ländern einnahm, zeigt die folgende, von der FAO erstellte Tabelle:

	Mill. t
Vereinigte Staaten	41,1
Kanada	17,6
Japan	9,5
Schweden	8,4
Sowjetunion	8,2
Finnland	5,4
Frankreich	1,9
Bundesrepublik Deutschland	1,8
Norwegen	1,7

Tab. 7: Zellstofferzeugung 1976 in Mio t (FAO, 1976)

Schweden steht in der Zellstofferzeugung der Länder an vierter Stelle.

Im einzelnen beliefen sich die Ausfuhren im Jahre 1975, das holzwirtschaftlich nicht zu den besten zählte, auf:

Rundholz und Zellstoffschnitzel (fester Rauminhalt)	2,330 Mio m^3
Schnittholz und gehobeltes Holz	5,313 Mio m^3
Spanplatten, Furnierholz, Sperrholz	0,260 Mio t
Holzfaserplatten	0,214 Mio t
Zellstoff und Halbzellstoff	2,970 Mio t
Holzschliff	0,268 Mio t
Zeitungspapier	0,921 Mio t
Druck- und Schreibpapier, andere Papiersorten und Karton	1,983 Mio t

(Schwedisches Institut, 1976).

1975 zählte Schweden mit 25 % des Weltexportes von Papierfaserstoff, 12 % Nadelschnittholz sowie 14 % Papier zu den führenden Holzexportländern in diesen Bereichen.

1978 belief sich die schwedische Papier- und Pappeerzeugung auf 5,702 Mio t (HZB, 1979a).

Die Rolle, die der Forst- und Holzwirtschaft in Schwedens Gesamtwirtschaft zukommt, verdeutlichen folgende Daten:

- 300 000 der 4 Mio Beschäftigten (= 7,5 %) sind mit ihrem Arbeitsplatz direkt oder indirekt vom Wald abhängig. Werden die Familien hinzugezählt, so lebt jeder 13. Schwede vom Wald.
- Forst- und Holzwirtschaft erzeugen 10 % des Brutto National Produkts.
- Die Exporte erbringen etwa 21 % der Außenhandelseinnahmen (Splett, 1978).

Die große ökonomische Bedeutung der Forst- und Holzwirtschaft in Schweden wird von niemandem bezweifelt. Uneinigkeit besteht aber darüber, wie weit die Wälder in erster Linie oder gar ausschließlich Wirtschaftsobjekte sein sollen und wie weit auf ihre Ökologie und ihre Wohlfahrtswirkungen Rücksicht zu nehmen ist.

Um fundierte Entscheidungshilfen für eine gesetzliche Regelung zu erhalten, berief der Landwirtschaftsminister im Herbst 1973 eine Expertenkommission, die im Januar 1978 ein Abschlußgutachten "Wald für die Zukunft" vorlegte (Splett, 1978).

Der Beginn der Kommissionsverhandlungen stand gewiß unter dem Schock, den die eben abgeschlossene Reichsforstinventur durch die Feststellung verursacht hatte, daß die Wälder Schwedens zum erheblichen Teil überhauen sind oder falsch behandelt worden waren. Nach wenigen Jahren wird die inzwischen eingetretene Krise in der schwedischen Holzwirtschaft die Verhandlungen beeinflußt haben.
Die Probleme der Holzwirtschaft sollen hier zunächst besprochen werden.

Zu der Krise, die vor allem die Zellstoffindustrie traf, hatten verschiedene Umstände geführt.

- Die Erleichterungen bei der Holzgewinnung hatten zu erheblichen Überhieben verführt. Die Holzindustrie, die schon während der 60er Jahre expandierte wie nie zuvor (HZB, 1977a), tätigte in den letzten Jahren Investitionen, die einem zusätzlichen Verbrauch von 10 Mio m^3 entsprechen. Im Rekordjahr 1973/74 verbrauchte die Holzindustrie 84 Mio m^3. Die Forstuntersuchung von 1975 bezeichnete dies als einen bedeutenden Überverbrauch (HZB, 1977a), was in der Tat zutrifft, wenn man die große Lücke in der Altersklassenverteilung berücksichtigt (s. Abb. 4, S. 90).

Obwohl die Ergebnisse der Inventur wie ein Alarmschlag wirkten und die Gesetzgebung über den Rohstoffverbrauch verschärft wurde, war in der Holzindustrie eine Kapazitätsvergrößerung von nochmals etwa 10 Mio m^3 im Bau.

Nachdem Überhiebe nicht mehr erlaubt waren und da Holzimporte nur vorübergehend und in geringem Umfang möglich waren (Holzschnitzel aus den USA sowie Sturmholz aus Niedersachsen und der DDR), waren nach Dr. Kilander, dem Generaldirektor der Waldbesitzervereinigungen Schwedens, 25 % der Holzindustrie nicht ausgelastet und verursachten mit ihrer Unterhaltung Kosten (Kilander, 1978).

- Eine starke Belastung stellte auch die Verdoppelung der Arbeitskosten in den Jahren 1974 - 1976 sowie der Übergang vom Stück- zum Zeitlohn dar. Die Lohnkosten lagen in Schweden 20 % über denen in den USA (Hamilton, 1978).

- Ende 1974 ging das wirtschaftliche Wachstum in den USA und Westeuropa zurück; damit sank der Verbrauch an Papier und Pappe. Die schwedische Papierindustrie berührte 1975 sowohl in der Erzeugung als auch im Export den Felsgrund, hieß es in der Seemannssprache ausgedrückt in einem Bericht der National Federation of Swedish Forest Owners' Association (Swedish Forestry, 1976).

- Sehr stark wurde die schwedische Holzausfuhr, insbesondere der Zellstoffexport, durch die ständige Wechselkursverschlechterung des US-Dollars getroffen, mit dem der internationale Holzhandel abgewickelt wird. Zusätzlich ernst genommen wurde auch der Rückgang der kanadischen Währung, durch den der kanadische Dollar besonders konkurrenzfähig war.

- Die Preise für Erdöl und Erdgas, Benzin und sonstige Teibstoffe betragen in den USA nur einen Bruchteil derer in

Schweden. Die Löhne liegen im kiefernreichen Südosten unter dem amerikanischen Durchschnitt und damit erst recht weit unter denen in Schweden.

Die hochmechanisiert bewirtschafteten Flächen des größten Kieferngebiets im Südosten der USA befinden sich ähnlich wie in Schweden zum größten Teil im Besitz von Industriegesellschaften. In den USA wie in Schweden befassen sich manche Holzindustriegesellschaften auch noch mit anderen Aufgaben. In Schweden steht besonders die Holzwirtschaft vorn; solche Betriebe werden von einer Holzkrise stärker betroffen.

Zu der auf S. 82 eingehender behandelten schwedischen Industriegesellschaft Uddeholm gehören zwar neben den holzverarbeitenden auch andere Betriebe (Erzgrube, Stahlwerke und ein Chemiewerk), aber ihre Waldfläche von 365 000 ha war nicht groß genug, um ihre holzverarbeitenden Werke kontinuierlich mit Holz zu versorgen und so kam auch sie in finanzielle Schwierigkeiten.

1978 waren alle großen schwedischen Holzindustriegesellschaften bis auf zwei in finanzieller Bedrängnis; eine Gesellschaft hatte Bankrott erklärt.

Intakt war neben einer anderen Gesellschaft nur noch die größte aller schwedischen waldbesitzenden Industriegesellschaft, Svenska Cellulosa AB (SCA), die ihre Löhne nicht so stark erhöht hatte wie die Landesforstverwaltung.

1979 sprach sich der Leiter der SCA für einen europäischen Zollschutz gegen die nordamerikanische Zellstoff- und Papierindustrie aus (AFZ, 1979c). Stillegungen und Werksverkäufe wurden diskutiert und es wurde erörtert, die schwedischen Waldbesitzerindustrien in einer Dachgesellschaft zu vereinen (ZMP-Bericht, 1979).

Die durch die erste große Ölpreiserhöhung von 1973/74 weltweit ausgelöste wirtschaftliche Rezession vergrößerte auch die holzwirtschaftliche Krise in Schweden, das (im Gegensatz zu Norwegen) über keine Erdölvorkommen verfügt.

Die Holzwirtschaftskrise dauerte von 1974 bis Mitte 1978, also ungefähr so lange, wie die Wirtschaftsbaisse in der westlichen Welt. Die westeuropäischen Länder, die vor allem die Abnehmer der schwedischen Holzprodukte waren, traten als Großkäufer erst wieder auf, als die Gesamtwirtschaft expandierte. Die am Holzmarkt einsetzende Hausse hielt dann trotz der erneuten starken Ölpreiserhöhungen von mehr als 100 % das ganze Jahr 1979 hindurch an.

Über diesen konjunkturellen Erfolg werden in Schweden die strukturellen Schwierigkeiten in der Forst- und Holzwirtschaft nicht vergessen. Im Verhältnis zu den vielen neugebauten Holzindustriewerken besteht ein Holzmangel. Die Löhne und die Preise für Sachmittel (Chemikalien, Treibstoffe u.ä.) sind hoch.

Für die Steigerung der Holzerzeugung stehen die in Kap. 343. behandelten waldbaulichen Maßnahmen zur Verfügung, von denen die Stickstoffdüngung die raschesten Erfolge ermöglicht wie auch die genetischen Verbesserungen, die durchgreifende Änderungen bewirken, dafür aber erhebliche Zeit benötigen.

Zur besseren Ausnutzung der Bestände wird vielfach die Ganzbaumnutzung empfohlen, bei der alles von der letzten Triebspitze bis zu tiefsten Wurzel verwertet werden soll.

Die Herausnahme der Baumstubben würde größere Holzmengen ergeben. Sie würde aber auch den Boden stark beeinflussen, was in einigen Fällen sogar vorteilhaft wäre, in anderen aber unerwünschte Folgen haben könnte. Freiherr A. von Kruedener, der das bei der Fällung im Boden bleibende und dort zu Humus verrottende Wurzelwerk als Testament des Vorbestandes bezeichnete, würde gewiß Bedenken gegen eine grundsätzliche Ausrodung des Wurzelwerks gehabt haben.

Aussichtsreich erscheint ein in Schweden entwickeltes Rindentrocknungsverfahren, das entweder einen pulverisierten oder brikettierten Brennstoff liefert. Als Beispiel der Leistung wird angegeben:

"Eine mittelgroße Zellstoffabrik mit 300 000 t Jahresleistung verbraucht jährlich 700 000 t Holz (Trockengewicht), wovon wiederum 12 % oder 84 000 t (Trockengewicht) aus Baumrinde bestehen. Dies entspricht einer Brennstoffmenge von mehr als 25 000 m^3 Heizöl." (-, HZB 1979b).

Als möglicher Ausweg aus der Holzkrise waren staatliche Zuschüsse bzw. ganz- oder teilweise Überführung von Wald oder Industriewerken in Staatsbesitz im Gespräch. Die schwedische Regierung ließ zunächst mehr Ablehnung als Zustimmung erkennen und einige Regionalverbände der schwedischen Waldbesitzer lehnten ebenfalls die vorgeschlagenen staatlichen Eingriffe ab.

Immerhin wurde die Kockums-Gruppe, die einzige private schwedische Werft mit ihren anderen industriellen Aktivitäten, zu denen auch Forstmaschinen zählen, vom Staat übernommen (AFZ, 1979b).

Neuerdings sollen japanische Geldgeber ihr Interesse bekundet haben, in die Waldbesitzerkonzerne "einzusteigen". Gerade das könnte, meinte man, die schwedische Regierung doch noch veranlassen, selbst Zuschüsse oder Kredite bereitzustellen (HZB, 1979c).

Die Hoffnung auf staatliche Hilfe hat sich bereits einige Wochen später erfüllt. Allerdings haben die notleidenden

Waldbesitzerverbände - ein südwestschwedischer und ein nordschwedischer - keine Kredite bekommen, sondern sie haben Teile ihres Waldbesitzes für 1,1 Milliarden Kronen (460 Millionen DM) an den Staat verkaufen müssen (HZB, 1979d).

Der Reichsverband der Waldbesitzervereinigungen Schwedens, dem etwa 140 000 Mitglieder angehören, die mit mehr als 7 Mio ha etwa ein Drittel des gesamten schwedischen Waldgebiets besitzen, unternimmt große Anstrengungen, über das ihm gehörige Unternehmen DENDRO neue Technologien zu entwickeln (Kilander, 1978).

Es hat u.a. ein Verfahren zur Klassifizierung und Messung von Holz durch Röntgenstrahlen entwickelt, die außerdem Knorren und Fäulnisschäden erfassen. Erste Schätzungen lassen vermuten, daß allein in der schwedischen Industrie mit diesem Gerät 200 Mio Kronen (ca. 100 Mio DM) eingespart werden können.

Eine Tochtergesellschaft hat die Energiekrise zum Anlaß genommen, statt Öl sonst nicht verwertbare Holzchips für die Beheizung zu verwenden. 10 - 12 m^3 Holzchips ergeben eine Leistung von 1 m^3 Öl. In Schweden waren 1978 schon nahezu 500 Einheiten in Betrieb. Der Export hat bereits begonnen (Kilander, 1978).

Ihre zahlreichen technischen Neuentwicklungen auf forst- und holzwirtschaftlichen Gebieten führen die Schweden auf regelmäßigen Ausstellungen vor; ELMIA in Jönköping und INTERFORST in München (Mantau, 1979).

344.2 KONKURRENZ AUS ÜBERSEE

Die skandinavische und finnische Forst- und Holzwirtschaft sieht sich einer zunehmenden Konkurrenz von überseeischen raschwüchsigen Baumarten, insbesondere Kiefern der warmtemperierten Gebiete, ausgesetzt.

Eine Kiefer, die bereits im Begriff ist, ein Faktor im internationalen Holzhandel zu werden, ist die aus Kalifornien stammende (dort aber keine Rolle spielende) Pinus radiata. Als besonders raschwüchsige Holzart wird sie häufig in den warmtemperierten Gebieten der südlichen Hemisphäre angebaut. Seit den 60er Jahren werden von Neuseeland ständig große Mengen Radiataholz nach Japan verschifft. Von Chile aus gehen seit einigen Jahren Sendungen in europäischen Länder, darunter auch in die Bundesrepublik.

Aber auch von Kiefern, die in den Vereinigten Staaten selbst wachsen, droht den skandinavischen Ländern und Finnland Konkurrenz. Die USA erzeugten schon 1976 mit über 40 Mio t Zellstoff fast soviel Zellulose wie die gesamten anderen Länder. Ein Großteil dieser Produktion erfolgt im warmtemperierten Südosten der USA. Hier ist die moderne Holzwirtschaft eine junge Industrie; sie begann erst ab 1947 in großem Umfang Wälder aufzukaufen und hatte bereits 1974 97 Zellstoffwerke in Betrieb.

Die verarbeiteten Holzarten waren und sind meist schnellwüchsige Kiefern, die schon in 25 - 30jährigen Umtrieben Zellstoffholz liefern und in 50jährigen Schnittholz; im Süden überwiegen Pinus elliottii und P. palustris, mehr nördlich P. taeda und P. echinata. Die älteren der ausgedehnten Kiefernwälder sind meist Sekundärbestände, die sich nach dem Abzug der Baumwollplantagen und nach Aufgabe vieler Farmen eingestellt haben (Windhorst, 1979).

Die in Industriebesitz befindlichen Kiefernwälder des Südostens werden hochmechanisiert nachhaltig bewirtschaftet. Die mit Kiefern bestockten Farm- und sonstigen Privatwälder werden zwar genutzt, aber wegen der hohen Kosten nicht wieder aufgeforstet; auf den freigelegten Böden siedeln sich meist Laubhölzer an. In den USA wird befürchtet, daß der Ausfall der Kiefern in Privatbesitz in etwa drei Jahrzehnten zu einer Nadelholzverknappung führen könnte. In Skandinavien würde eine solche Entwicklung mit Erleichterung aufgenommen werden.

Daß auch im Nordwesten der USA die Absicht besteht, auf Kosten der skandinavischen Exporte stärker auf den westeuropäischen Markt zu drängen, zeigt eine am 23. November 1979 im Holz-Zentralblatt erschienene Notiz, die nachstehend wiedergegeben wird:

"Wachsender US-Export von Holzwaren nach Europa erwartet.

Die amerikanische Weyerhaeuser Inc., Tacoma (Wash.), das größte Holzindustrieunternehmen der Welt, rechnet mit steigenden US-Ausfuhren von Zellstoff und Holzerzeugnissen nach Europa für die Zukunft, da Skandinavien seine Zellstoffproduktion nicht entsprechend der wachsenden Nachfrage ausbauen könne. Nach Angaben des Vizepräsidenten Charles Bingham wachsen die Bäume in dem milden Klima des amerikanischen Nordwesten viel schneller als in Skandinavien nach. Weyerhaeuser sei bereit, auch mehr Halbstoffe nach Europa zu liefern, rechnet jedoch vor allem mit steigenden Lieferungen von Fertigwaren, insbesondere Papier. Nach Japan werde die Ausfuhr von Zellstoff und Nadelsperrholz zunehmen, da das Laubsperrholz aus Südostasien knapper und teurer werde. Japan könne aus Umweltgründen kaum noch Zellstoffabriken bauen." (HZB, 1979e).

35. PLANUNGEN FÜR SCHWEDENS FORSTWIRTSCHAFT

351. PRODUKTIONS- ODER WOHLFAHRTSWALD?

Das 1973 vom Landwirtschaftsminister in Auftrag gegebene und seit Januar 1978 vorliegende Gutachten "Wald für die Zukunft" geriet, wie vorauszusehen war, in den öffentlichen Meinungsstreit. In dem Sonderheft der schwedischen Zeitschrift Skogen (Der Wald) von 1978, Nr. 6, hat es der Forstreferent an der Botschaft der Bundesrepublik Deutschland in Stockholm, Forstdirektor Splett, unter dem Titel "Produktionswald oder Rekreationswald" in deutscher Sprache auszugsweise wiedergegeben.

Zur Wahl standen für jeweils 100 Jahre drei recht unterschiedliche Forstproduktionsprogramme zu Verfügung, als deren Ausgangsdaten die in der Reichswaldinventur 1968 - 1972 gewonnene Ergebnisse dienten.

Alternative 1 beschreibt eine den letzten Jahrzehnten entsprechende Forstwirtschaft. Der nach dieser Alternative nachhaltig mögliche Bruttoeinschlag beträgt pro Jahr 75 Mio stehende Vorratsfestmeter gleich 60 Mio Erntefestmeter ohne Rinde; das entspricht 85 % der gegenwärtigen Forstindustriekapazität.

Alternative 2 stellt an die künftige Forstwirtschaft beträchtlich höhere Anforderungen: wesentlich verbesserte Bestandesbegründungen und in gewissem Ausmaß Verwendung veredelten Saatgutes, Steigerung des Anteils von Pinus contorta an der Waldfläche in Nord- und Mittelschweden auf 14 %, schrittweise Ausdehnung der forstlichen Düngungsflächen von derzeit jährlich 150 000 ha auf 450 000 ha, Entwässerung von 1 Mio ha der Sumpfwaldfläche innerhalb der nächsten 20 Jahre sowie Trockenlegung von 1,3 Mio ha Moorfläche - erforderlichenfalls mit entsprechender Düngung - innerhalb der nächsten 40 Jahre.

Diese Alternative bietet eine stufenweise Anhebung des jährlichen Bruttoeinschlags auf schließlich 89 Mio Vorratsfestmeter, wobei sich die Nutzungen schon im nächsten Jahrzehnt auf 80 Mio Vorratsfestmeter im Jahr steigern ließen. Die Kapazitätsausnutzung der Forstindustrie würde dann 90 % erreichen.

Alternative 3 geht von einer Forstwirtschaft aus, die den allenthalben diskutierten Beschränkungen bei der Verwendung chemischer Forstschutzmittel, bei der Düngung und bei Entwässerungsmaßnahmen unterworfen ist. Folglich wird sich der Nadelholzanteil trotz mechanischer Eingriffe und Ausbesserungen von Insektenschäden zugunsten des Laubholzes verringern. Wegen Absatzschwierigkeiten bei Laubholz rechnet man auch mit abnehmender Intensität bei den Durchforstungen. Dies führt zu einer Senkung des jährlichen Bruttoeinschlages auf 69 Mio Vorratsfestmeter. Für die Forstindustrie bedeutete dies eine Kapazitätsauslastung von nur 75 %, wobei sie ihren Laubholzverbrauch zudem um etwa 30 % steigern müßte.

Alle drei Alternativen lassen die Möglichkeiten gesteigerten Rohstoffangebotes durch bessere Holzausnutzung (Ganzbaumverarbeitung) und Holzimport bewußt außer acht. Die ökonomische Nutzung von Stubben und dgl. könnte möglicherweise zusätzlich 7 - 8 Mio t Rohholz liefern; dem Holzimport allerdings mißt das Gutachten aus Kostengründen künftig wenig Bedeutung bei.

Von den ausgearbeiteten Alternativen entspricht nach Ansicht der Kommission nur die zweite der übergreifenden forstpolitischen Zielsetzung. Sie erfordert jedoch beträchtliche Investitionen sowie rationelle forstliche Arbeitsmethoden und setzt voraus, daß die Preise für forstwirtschaftliche Produkte auf ökonomisch akzeptablem Niveau gehalten werden können. Das Gutachten betont, daß eine Erhöhung der Einschläge erst erfolgen darf, wenn die vorgeschlagenen Waldpflegearbeiten die im Programm vorausgesetzten Wirkungen auch tatsächlich erzielen.

Als wichtigstes forstpolitisches Steuerungsmittel schlägt das Gutachten ein neues, in einigen Punkten schärferes Waldpflegegesetz vor, das auf die Sicherstellung der für die beabsichtigte Produktionssteigerung erforderliche Waldbehandlung abzielt. Dies soll erfolgen durch:

- Verpflichtung zur Wiederaufforstung samt entsprechender Kulturpflege nach Endnutzung und in Schadensfällen,
- Verpflichtung zum Umbau zu schütterer oder von den Baumarten her unbefriedigender Bestände,
- Verpflichtung zur Nutzung überalteter Bestände,
- verschärfte Anforderungen an die Baumartenzusammensetzung,
- Ausnutzung auch geringwüchsiger Standorte,
- vermehrte Pflanzung oder Saat in ausreichend engem Verband anstelle unbefriedigender Naturverjüngungen,
- Verbesserung des Pflanzenschutzes, der Pflanztechnik und der Jungwuchspflege,
- Verbot des Einschlages hiebsunreifer Bestände,
- Rationierung hiebsreifer Bestände,
- Anpassung der durchschnittlichen Nutzungsfläche an die Umtriebszeit,
- besondere Vorschriften für schwer verjüngbare Standorte und Schutzwaldungen,
- Erweiterung der Befugnisse der Forstaufsichtsbehörden,
- Verpflichtung zur Rücksichtnahme auf Erfordernisse des Naturschutzes,
- Vorbeugung von Insektenschäden.

Den Waldpflegeaufwand soll die Forstwirtschaft im Normalfalle selbst tragen. Um diese Selbstfinanzierung sicherzustellen, sollen die Waldbesitzer durch ein Gesetz zur Anlage eines besonderen Waldpflegekontos verpflichtet werden. Für die dort anzusammelnden Mittel für die Wiederaufforstungs- und Pflegemaßnahmen sollen Steuererleichterungen gelten.

Darüber hinaus sollte insbesondere die nordschwedische Forstwirtschaft aus vorwiegend regionalpolitischen Gründen gefördert werden.

352. WALDPFLEGEGESETZ VOM 7.6.1979

Schneller als zu erwarten war, wurde für Schweden ein neues Waldpflegegesetz erlassen, das zum 1.1.1980 in Kraft getreten ist. Von dem Gesetz liegt eine inoffizielle deutsche Rohübersetzung vor, die die Bundesstelle für Außenhandelsinformation in Köln 1979 im Druck zur Verfügung stellte.

Das Gesetz ist in 30 Paragraphen gegliedert, von denen hier die ersten 14 wiedergegeben werden:

"Allgemeine Vorschriften

§ 1 Waldboden ist samt den darauf stockenden Beständen durch sachgemäße Ausnutzung seines Holzproduktionsvermögens so zu bewirtschaften, daß er nachhaltig einen hohen und wertvollen Holzertrag abwirft. Bei der Bewirtschaftung sind Umweltbelange und andere allgemeine Interessen zu berücksichtigen.

§ 2 Unter Waldboden ist in diesem Gesetz gemeint
1. ein Standort, der sich für Holzproduktion eignet und nicht in nennenswertem Ausmaß für andere Zwecke verwendet wird,
2. ein Standort, wo zum Schutze gegen Sand- oder Erdrutsch oder zur Sicherung der Baumgrenze Wald stocken sollte.

Boden, der ganz oder größtenteils brach liegt, ist dagegen nicht als Waldboden anzusehen, wenn er auf Grund besonderer Gegebenheiten nicht für die Holzproduktion in Anspruch genommen werden soll.
Boden ist dann für die Holzproduktion als geeignet anzusehen, wenn er aufgrund herkömmlicher Erfahrung durchschnittlich mindestens 1 m^3 Holz pro Jahr und ha erzeugen kann.

§ 3 Dieses Gesetz steht einer Inanspruchnahme von Waldboden zu anderen Zwecken als denen der Holzproduktion nicht entgegen.

§ 4 Dieses Gesetz findet keine Anwendung, wenn es zu Vorschriften, die sich auf das Umweltgesetz (1964: 822) oder andere Gesetze stützen, in Widerspruch steht.

Begründung von Wald auf Waldboden

§ 5 Neuer Wald ist auf Waldboden anzulegen,

1. wenn nach dem Abtrieb oder als Folge einer Schädigung des Waldes die Fähigkeit des Standortes, Holz zu erzeugen, in nur unzureichendem Maße genutzt wird,
2. wenn der Erdboden brach liegt,
3. wenn der Wald so licht ist oder in so großem Maße aus standortsungeeigneten Holzarten besteht, daß der Zuwachs wesentlich unter dem möglichen liegt.

Maßnahmen gem. Absatz 1 sind bei den unter Ziff. 1 und 2 genannten Fällen unverzüglich und bei Ziff. 3 innerhalb angemessener Zeit zu ergreifen.

§ 6 Ist ein Waldbestand überaltet und wird die Fähigkeit des Standorts, Holz zu erzeugen, aufgrund von Fäule oder natürlichem Abgang in nur geringem Ausmaß genutzt, kann das Bezirksforstaufsichtsamt bestimmen, daß der Bestand eingeschlagen und ein neuer Wald angelegt wird.

§ 7 Bei Anlage neuen Waldes sind solche Verjüngungsmaßnahmen vorzunehmen, die notwendig sind, um einen nach Bestockungsgrad und sonstiger Beschaffenheit zufriedenstellenden nachwachsenden Bestand zu sichern.
Bezüglich Verjüngungsmethode, Bodenvorbereitung, Saat, Pflanzung, Pflege von Kulturflächen und anderer zweckdienlicher Maßnahmen werden von der Regierung oder der von ihr benannten Behörde Vorschriften erlassen.

§ 8 Erweist es sich aus waldpfleglichen Gesichtspunkten als erforderlich, kann die Regierung oder die von ihr benannte Behörde Vorschriften erlassen, die Verbote

aufstellen oder Bedingungen enthalten in Bezug auf

1. die Verwendung bestimmten Pflanzgutes einheimischen oder ausländischen Ursprungs bei Anlage von Wald,
2. Handel mit derartigem Pflanzgut.

Unter Pflanzgut sind Samen, Pflanzen, Stecklinge und andere Sorten von Vermehrungsmaterial, die zur Anlage neuen Waldes bestimmt sind, zu verstehen.

§ 9 Die Läuterung von Kulturflächen oder Jungbeständen ist vorzunehmen, wenn der Wald so dicht oder sonst von solcher Beschaffenheit ist, daß die Produktion wertvollen Bestandes wesentlich beeinträchtigt wird.
Bei Wald in annähernd durchforstungsreifem Alter kann das Bezirksforstaufsichtsamt in besonderen Fällen zustimmen, daß die Läuterung durch eine frühe Durchforstung ersetzt wird.

§ 10 Der Waldbesitzer ist für die Anlage und die Pflege neuen Waldes verantwortlich.

§ 11 Das Bezirksforstaufsichtsamt kann in bestimmten Fällen Ausnahmen von den Bestimmungen der §§ 5, 7 und 9 gewähren.

Nutzung von Wald auf Waldboden

§ 12 Die Holznutzung auf Waldboden darf auf keine andere Weise erfolgen als durch

1. eine der Entwicklung des Waldes förderliche Läuterung oder Durchforstung,
2. eine die Wiederverjüngung bezweckende Endnutzung.

§ 13 Die Endnutzung eines Bestandes ist erst zulässig, wenn er ein Alter erreicht hat, in welchem - bei Unterlassen des Einschlags - nur noch eine geringfügige Steigerung der Durchschnittsleistung erzielbar wäre.

Die Regierung oder die von ihr benannte Behörde erläßt Vorschriften über das frühest zulässige Endnutzungsalter, das für die verschiedenen Baumarten in den einzelnen Landesteilen auf Standorten unterschiedlicher Bonität gilt.

Das Bezirksforstaufsichtsamt kann in besonderen Fällen Ausnahmen von Absatz 1 gewähren.

§ 14 Der Waldbesitzer ist dafür verantwortlich, die Endnutzung so zu betreiben, daß eine ausgeglichene Altersklassenverteilung seiner Wirtschaftseinheit gefördert wird.

Die Regierung oder die von ihr ernannte Behörde erläßt Vorschriften darüber, welchen Flächenanteil seiner forstlichen Wirtschaftseinheit der Wald-

besitzer jährlich, ggf. auch periodisch, in der Endnutzung einschlagen darf.
In besonderen Fällen kann das Bezirksforstaufsichtsamt Ausnahmen von Absatz 1 gewähren."

Die Paragraphen 22 - 30 regeln die Aufsicht, die Verantwortung und den Widerspruch.

Das Gesetz gibt dem Waldbesitzer genaue Weisungen sowohl über die durchzuführenden Hiebe als auch über die zu unterlassenden:

- Nach § 9 besteht für den Waldbesitzer eine Läuterungs- und Durchforstungspflicht.

- § 12 verbietet die Holznutzung im Plenterbetrieb, auch wenn das Wort im Gesetz nicht benutzt wird.

Das auf bestem Sachverständnis beruhende, sehr forstfreundliche Gesetz gibt für die Behandlung des Waldbodens und des Waldes sowie für die Holznutzung klare Weisungen und stattet die zuständigen Behörden mit Vollmachten aus, um sie durchzusetzen.

353. KONZEPTE FÜR DIE WALDVERJÜNGUNG

Ein Dreivierteljahr nach der in Stockholm erfolgten Bekanntgabe des Gutachtens "Wald für die Zukunft" hielt auf dem Symposium "100 Jahre Forstwissenschaft in München" im Oktober 1978 Professor Sirén von der Universität Stockholm ein Referat "Konzepte und Praxis der Waldverjüngung in Skandinavien". Bot das Gutachten drei Alternativprogramme für die forstlichen Produktionsverfahren zur Wahl an, so stellte

Sirén zum Schluß seiner Ausführungen drei unabdingbare Forderungen für die Waldverjüngung in Skandinavien auf:

"Was die Waldverjüngungsarbeit betrifft, gilt es so schnell wie möglich eine Richtschnur zu erarbeiten. Betriebswirtschaftliche Motive fordern eine schnelle Hochmechanisierung. Im Gegensatz zu früheren Prognosen bin ich der Auffassung, daß alle Verjüngungsarbeiten innerhalb der konventionellen Forstwirtschaft vollmechanisiert werden können. Wo geländegängige Maschinen nicht vorwärtskommen, können fliegende Forstpflanzungsaggregate angewandt werden.

Die zweite Erscheinung mit Bedeutung für die Waldverjüngung betrifft die zukünftige Ausrichtung der Forstwirtschaft. Es ist allgemein bekannt, daß die kurzen Umtriebszeiten in den schnellwachsenden, faserholzproduzierenden Wäldern der Neuen Welt der Rentabilität der skandinavischen Forstindustrie bedrohen. So können Sulfatzellstoff, Kraftliner und Kraftpapier nicht mit den entsprechenden Erzeugnissen aus den Südstaaten der USA konkurrieren. Das Durchforstungsholz kann dadurch trotz weiterer Mechanisierung uninteressanter als bisher werden. Dies kann zu einer teilweisen Rückkehr zur Schnittholzproduktion mit langen Umtriebszeiten und einem Übergang zur qualitätsfördernden Saat bei der Wahl der Verjüngungsmethode führen oder zu einem weiten Pflanzverband in Verbindung mit beschäftigungsintensivem Aufästen.

Die dritte, für die skandinavische Forstwirtschaft bedeutungsvolle Erscheinung ist die Kanppheit an Energie. Sowohl Finnland wie besonders Schweden sind Großkonsumenten für Öl. Forstabfall kann ausgenützt werden, ebenso Schwachholz, soweit es die Ökonomie zuläßt. Die Energieausbeute aus der konventionellen Forstwirtschaft ist jedoch quantitativ unwesentlich. Es bedarf ganz anderer Lösungen, um der Abhängigkeit vom Öl entgegenzuwirken. Eine Möglichkeit stellen die sogenannten Energiewälder dar. Durch Ausnutzung der modernen ökophysiologischen Kenntnisse bei der Pflanzung von schnellwachsenden Baumarten in Verbindung mit kurzer Umtriebszeit ist es im Versuch gelungen, mehr als 20 Tonnen Holztrockensubstanz/ha und Jahr zu produzieren. Dies entspricht einem Wärmeenergiegehalt von ca. 8 - 10 Tonnen Öl. Nach meiner Beurteilung kann man um die Jahrhundertwende 5 - 10 Mio Tonnen des Ölimports durch auf eigenem Boden angebaute Energie ersetzten. Dieses Holz kann andererseits auch als Rohstoff für die laubholzverarbeitende Forstindustrie verwendet werden." (Sirén, 1978)

Von den hier behandelten drei "Erscheinungen mit Bedeutung für die Waldverjüngung in Skandinavien" ist die Hochmechanisierung des Kulturbetriebs im Fortschritt begriffen. Wenn vorstehend auf die Bestellung aus der Luft verwiesen wird, darf nicht übersehen werden, daß die Luftsaat, auf die man in den USA große Erwartungen gesetzt hatte, stark zurückgegangen ist. Zur Hochmechanisierung im Forstkulturbetrieb gehören die schnurgerade Reihe und der genau gleiche Abstand der Samen in der Reihe; beides von der Luft aus präzise durchzuführen, bereitet Schwierigkeiten.

Wenn der vorwiegend aus Kiefernholz gewonnene skandinavische und finnische Sulfatzellstoff, aus dem vor allem dunkles Kraftpapier (Packpapier) hergestellt wird, teurer ist als der amerikanische, muß es das Bestreben der skandinavischen Forst- und Holzwirtschaft sein, möglichst viel aus Fichtenholz gewonnenen hellen Sulfitzellstoff zu erzeugen und diesen zu hochqualifizierten Papieren und anderen hochwertigen Produkten zu "veredeln", wie es im skandinavischen Sprachgebrauch heißt.

Auch könnte die Anzucht qualifizierten Schnittholzes anstelle von nicht mehr rentablem Zellstoffholz treten. Bei den langen Umtriebszeiten der Bestände in den kühlen Zonen der Nordischen Länder würden jedoch lange Durststrecken geringer

Nutzungsmöglichkeiten durchzustehen sein, was besonders den vielen bäuerlichen Waldbesitzern schwerfallen würde.

Holz kann Öl in begrenztem Umfang als Treibstoff und zur Gewinnung sonstiger Energien ersetzen. Die Schaffung von Energiewäldern hat in standörtlich begünstigten Gebieten bereits begonnen. Wie begehrt Holz als Energie- oder Brennstofflieferant sein kann, zeigt sich daran, daß in Schweden in jüngster Zeit wiederholt Zellstoffholz seinem ursprünglichen Zweck entzogen und als Kraftstoff verwendet wurde. In der Presse wurden bereits gesetzliche Regelungen gefordert, die dies verhindern sollen.

4. FINNLAND

41. STANDORTS- UND BEVÖLKERUNGSVERHÄLTNISSE

411. GEOGRAPHIE UND TOPOGRAPHIE

Das 337 000 km^2 große Finnland reicht von etwas unter 60° N bis etwas über 70° N; etwa ein Drittel seiner Fläche liegt nördlich des Polarkreises. Finnland ist zum größten Teil ein felsiges und leicht hügeliges Tiefland. Die mittlere Höhe beträgt nur ca. 150 m; große Teile Westfinnlands liegen weniger als 20 m über dem Meeresspiegel. Finnland hat nur im Nordwesten Anteil am Skandinavischen Gebirge mit einer maximalen Höhe von 1328 m.

Eine Besonderheit ist die Finnische Seenplatte mit rd. 55 000 Seen, die 31 557 km^2 Wasserfläche bedecken; das sind 9 % der Landesfläche. Die Seen sind in der oben genannten Landesfläche einbegriffen. Die meisten finnischen Seen haben nur eine begrenzte Tiefe.

< Nach Norden steigt das Gelände vom Flachland zum Hügelland an; Moore und Sümpfe treten auf, die Zahl der Seen nimmt ab. Im äußersten Norden ist Tundra auf den Schwellen verbreitet, der nordische Nadelwald reicht jedoch bis zur Nordgrenze. >

Das Gelände Finnlands befindet sich in ständigem Aufstieg, der so stark ist, daß schon Hafenanlagen verändert werden mußten.

412. < BODEN

Im Spät- und Postglazial war fast ganz Finnland längere Zeit von der Eisstausee und von Frühstadien der Ostsee überflutet. Die Gletschermassen haben den Gesteinsuntergrund (Granit,

Gneis und kristalline Schiefer) abgehobelt und Senken ausgeschürft und das mitgeführte Gesteinsmaterial abgelagert. Die davon hinterlassenen feinkörnigen Sedimente eignen sich gut für den Ackerbau (Smeds, 1974), bedürfen mancherorts aber zuvor der Meliorierung. Die landwirtschaftliche Nutzfläche beträgt 2,81 Mio ha; das entspricht 9,2 % der Landfläche (Brockhaus, 1979). >

Finnland weist eine starke Vermoorung auf, die durch die schlechte Entwässerung bedingt ist (geringe Geländeneigung und undurchlässige Böden). Fast ein Drittel der Landesfläche ist mit Mooren und Sümpfen bedeckt, die zum Teil einen lockeren Baumschirm tragen.

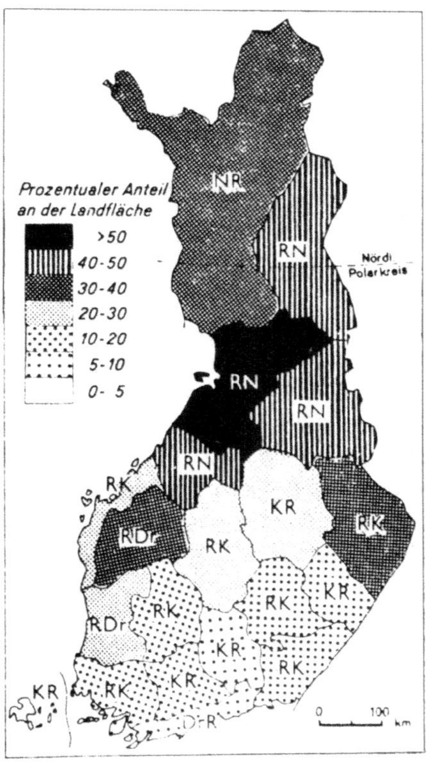

Abb. 5: Typen und Verbreitung der Moore in den Distrikten der finnischen Forstverwaltung nach dem Forstzensus 1951 - 53.
R = räme (Reiser-Moor)
K = korpi (Bruchmoore)
N = neva (Weißmoore)
Dr = Drainiertes Moor
(Smeds, 1974)

Es werden 4 natürliche Arten von Mooren unterschieden:

1. Nährstoffarme baumlose Weißmoore aus nässeliebenden Sphagnumarten. Sie bilden etwa 25 % der finnischen Moorfläche.

2. Nährstoffreiche Moore mit Braunmoosarten; meist mit lockerem Birkenwald. Sie bilden 3 % der Moorfläche.

3. Reisermoore mit dichtem Gebüsch aus Zwergsträuchern mit lichtem Kiefernwald darüber. Sie stellen 42 % der Moore.

4. Bruchmoore mit Farnen und Gräsern sowie einer Strauchschicht aus Fichten und Laubbäumen. Sie bilden 9,4 % der Moorfläche.

Genaueres über die Klasse der Moorwälder nach Cajander s. Kap. 442.21.

Am wenigsten vermoort mit höchstens 20 % ist Südfinnland; in Nord- und Mittelfinnland beträgt der Vermoorungsanteil bis über 50 %. Die drainierten Moore liegen in Süd- und Südwestfinnland.

413. KLIMA

< Obwohl mehr als ein Viertel der Landesfläche nördlich des Polarkreises liegt, hat Finnland durch des Einfluß des Meeres und des Golfstroms ein verhältnismäßig mildes Klima, durchschnittlich um 6° C wärmer als auf gleichen Breiten außerhalb Europas. Die mittlere Julitemperatur beträgt $14,5^{\circ}$ C, im Südteil des Landes $17,8^{\circ}$ C >, was auch den Anbau anspruchsvoller Kulturen gestattet (Weizen, Zuckerrüben u.a.). Die Winter sind durch kontinentale Einflüsse ausgesprochen kalt und schneereich; die das Land umgebenden Meerbusen (Bottnischer und Finnischer) frieren zwei bis 5 Monate zu.

Die Niederschläge sind gemäßigt (Helsinki 699 mm, Wasa 585 mm); am ergiebigsten fallen sie im Hoch- bis Spätsommer.

414. BESIEDLUNGSGESCHICHTE

Schon in neolithischer Zeit wurden im Südosten landwirtschaftliche Kulturen betrieben und dafür Wald gerodet. Die Finnen kamen erst viel später in den heute von ihnen besiedelten Raum. Sie gehören der finnisch-ugrischen Sprachengruppe an, die keine Beziehung zu indogermanischen Sprachen hat. Als Urheimat der Finnen wird ein Gebiet zwischen Wolga und Kama angesehen. Sie sollen zur Zeit der germanischen Völkerwanderungen in zwei Wellen in den heute finnischen Raum eingezogen sein, in den auch die Schweden einwanderten.

Im 12. Jahrhundert begann von Schweden aus im Südwesten Finnlands die Christianisierung. Finnland kam bald unter schwedische Herrschaft. In der napoleonischen Zeit wurde Finnland 1809 autonomes Großfürstentum innerhalb des russischen Reiches. 1917 erklärte sich Finnland als souveräner Staat.

Die Besiedlung Finnlands erfolgte erst verhältnismäßig spät. Die Steuerbücher, die während der Regierungszeit des Wasakönigs Gustav I. angelegt wurden, zeigen, daß Mitte des 16. Jahrhunderts nur die küstennahen Gebiete besiedelt waren, am dichtesten der fruchtbare Südwesten (Smeds, 1974).

Ausgedehnte Rodungen begannen um 1550, also noch während der Regierung Gustav I. Der Norden Finnlands wurde erst spät besiedelt; 1650 war er noch fast menschenleer. Die finnische Provinz Lappland hatte 1880 nur 40 000 Einwohner, 1960 aber schon 200 000 (Smeds, 1974).

Die Zahl der Einwohner der Republik Finnland betrug 1980 4,8 Mio, davon sind 92,4 % Finnen, 6,5 % Schweden und 3843 Lappen.

Während des Zweiten Weltkrieges verlor Finnland 13 % seiner Waldfläche (Smeds, 1974). Zwischen 1944 und 1958 wurden 350 000 ha Gelände zur Schaffung von Landwirtschaftsstellen für karelische Umsiedler, Soldaten u.a. urbar gemacht und in Kultur genommen, gingen also dem Wald verloren.

42. NATÜRLICHE BEWALDUNG

421. WALDVERBREITUNG

Die vorherrschenden Wälder haben folgende Hauptverbreitung (s. Abb. 6):

Kiefernwald: Nord- und Mittel-, aber auch Südfinnland

Fichtenwald: Süd- und Südwestfinnland

Birkenwald : Nord- und Südostfinnland

Kümmerwald : Nord- und Mittelfinnland

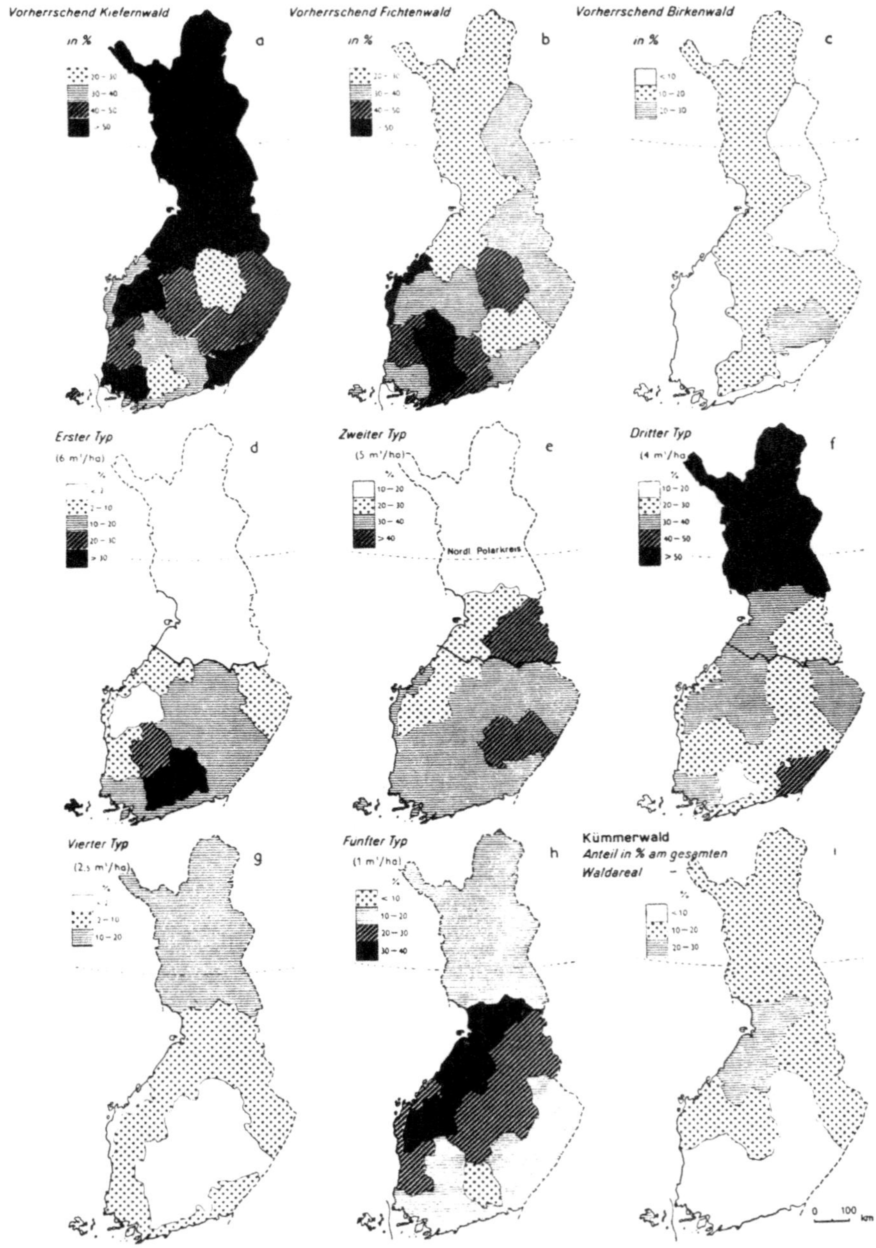

Abb. 6: Verbreitung vorherrschender Wälder in Finnland (Smeds, 1974, S. 180/181)

421.1 WALDFLÄCHE

Die Waldflächen Finnlands wurden für die Waldaufnahme von 1951 - 1953 folgendermaßen aufgegliedert:

Gesamtwaldfläche	21,874 Mio ha
Produktiver Wald	17,910 "
davon bestockt	17,784 "
Kiefer	8,901 "
Fichte	6,322 "
Birke	2,346 "
andere Laubhölzer	0,215 "
wenig produktiver Wald	3,964 "
Kiefer	3,060 "
Fichte	0,297 "
Birke	0,590 "
andere Laubhölzer	0,017 "

(Weltforstatlas, 1971)

421.2 HEIMISCHE BAUMARTEN

Von den drei nordischen Ländern Norwegen, Schweden und Finnland hat das letzte die artenärmste Gehölzflora. Buche und Hainbuche fehlen in Finnland ganz, von den Eichen kommt nur die Stieleiche vor und das nur im äußersten Süden.

Der stehende Holzvorrat mit Rinde beträgt für ganz Finnland 1,52 Mrd m^3. Davon entfallen auf

Pinus sylvestris	45 %
Picea abies	37 %
Betula sp.	16 %
andere Baumarten	2 %.

Der Jahreszuwachs beträgt für Finnland 57,4 Mio m^3. Davon entfallen auf

Pinus sylvestris	39 %
Picea abies	40 %
Betula sp.	19 %
andere Baumarten	2 %.

Der mittlere Jahreszuwachs pro Jahr und ha beträgt 2,9 m^3; von diesen entfallen auf Südfinnland 4,0 m^3 und auf Nordfinnland 1,4 m^3 (Annual Ring, 1977).

43. WALDVERNICHTUNG

431. VORSCHLÄGE FÜR DIE WALDWIRTSCHAFT IN FINNLAND VON DR. FREIHERR VON BERG

Finnland war jahrhundertelang schwedische Provinz und entbehrte auch in der Zeit, in der es von 1809 bis 1917 dem Russischen Reich als Großfürstentum angeschlossen war, der Selbständigkeit, die im forstlichen Bereich der Entwicklung förderlich ist. So war es bis zur Mitte des vorigen Jahrhunderts in Finnland noch nicht zu einer planmäßigen Waldbewirtschaftung und zur Bildung des dafür notwendigen Personalapparats gekommen.

Um Kenntnisse der damaligen forstlichen Verhältnisse in Finnland zu gewinnen und darauf fußend fundierte Vorschläge für forstliche Fortschritte unterbreiten zu können, unternahm der sächsische Oberforstrat Dr. Freiherr Karl Heinrich Edmund von Berg 1858 vom 10. Juli bis zum 12. August von Helsingfors aus eine bis in die Polarzone führende Bereisung. 1859 gab er eine in deutscher und schwedischer Sprache gedruckte Schrift über Finnlands Wälder heraus, die den Beginn der Forstwirtschaft in Finnland einleitete.

Karl von Berg wurde 1800 in Göttingen geboren, wo er auch einen Teil seiner Studien absolvierte. Nach dem Staatsexamen war er bei dem Berg- und Forstamt Clausthal angestellt. 1821 wurde er Hilfslehrer an der dort gegründeten Forstschule. 1830 wurde er als wirklicher Oberförster (Inspektionschef) nach Lauterbach im Harz versetzt.

1845 erhielt v. Berg einen Ruf als Direktor der Königl. Sächsischen Akademie für Land- und Forstwirte nach Tharandt (als Nachfolger von Heinrich von Cotta) mit dem Charakter eines Oberforstrates. Hier wirkte er bis 1866. Zugleich unternahm er ausgedehnte forstliche Studienreisen, u.a. nach Finnland, Skandinavien, Ungarn und das Banat. Er hat eine größere Zahl von Schriften und Beiträgen veröffentlicht und starb 1874 in Schandau (Hess, 1885).

431.1 ZUSTAND UND ZUKUNFT DER WÄLDER

In dem allgemeinen Teil seiner Schrift über Finnlands Wälder schreibt v. Berg, daß er darin alles zusammengestellt habe, was die Staatswälder des Großfürstentums betrifft. Es gibt nicht viel Vorteilhaftes, über das er berichten konnte:

"Eine Waldwirthschaft im forstlichen Sinne besteht in Finnland nicht. Wo man im Walde hauet, wird nur in Absicht auf den Holzgewinn, nicht zugleich in Hinblick auf den Wiederwuchs oder auf die Schonung des Vorhandenen operirt. Es ist das eine Plänterwirthschaft der allerverderblichsten Art, eine Waldwirthschaft, welche nur zu deutlich zeigt wie wenig der Werth der Wälder erkannt wird und wie viel wichtiger und verdienstlicher es erscheint, den Wald zu verwüsten, als zu erhalten und zu pflegen.

Bei dem Geschäft der Waldzerstörung, worin es die Finnen im Allgemeinen zu einer großen Fertigkeit gebracht haben, werden dieselben dann durch die ganz ungeregelte Beweidung, durch Swedjebruket (Brandrodungsfeldbau) und durch die über alle Maaßen nachtheiligen Waldbrände auf das Kräftigste unterstützt, oder vielmehr es werden diese drei als Mittel benutzt um den großen Zweck zu erreichen, den Wald zu verwüsten. In der Tat ist derselbe, soweit ich das Land gesehen habe, mit wenigen Ausnahmen vollständig erreicht.

Die Zahl der besseren, geschonten Wälder ist verschwindend klein gegen die große Masse der verwüsteten oder ganz zerstörten, sie finden sich eben genügend vor, um zu beweisen, daß der Boden und das Klima Finnlands keine Hindernisse darbieten, um gut geschlossene Wälder zu erziehen.

Daneben hat man sich nicht begnügt, das vorhandene Holz zu vernichten und die Entwicklung des Nachwuchses zu erschweren oder ganz zu verhindern, man hat auch an vielen Orten durch das widederholte Abbrennen sehr nachtheilig auf den Boden gewirkt und die Productionskraft desselben wesentlich verschlechtert."

Weiter berichtet v. Berg, daß es meilenweit um die Sägewerke oder an flößbaren Gewässern unmöglich war, einen nicht ausgeplünderten Staatswald zu finden.

Für die Staatswälder "im Polarkreise" fordert v. Berg besondere Beachtung. Selbst dort könnten noch gute wertvolle Nutzhölzer erzogen werden, wenn man die Umtriebszeit nicht unter 250 Jahre setzt.

Seine Betrachtung über die Wälder im Norden Finnlands schloß von Berg:

"Die Folgen der Nichtbeachtung der Wälder im hohen Norden, an der Grenze des Baumwuchses zeigen sich erfahrungsmäßig dadurch, daß dieser stets weiter nach Süden herabgedrückt wird, daß an die Stelle des Waldes unculturbare und unwirthliche Fjällar treten. Der Wald allein sichert in jener nördlichen Breite die Möglichkeit des Ackerbaues und die Wohnlichkeit der Gegend. Die durch die Entwaldung herbeigeführte Verschlechterung des Klimas wirkt aber weiter, weil sie krebsartig um sich frißt, immer fortschreitend sich über größere Flächen verbreitet."

Im mittleren und südlichen Teil Finlands, schlug von Berg vor, sollten die Grenzen der Staatsforsten gegen die Bauernwälder durch 5 Klafter breite holzleere Streifen getrennt werden, die zugleich dem Feuerschutz dienen sollten.

Die Bewirtschaftung der finnischen Staatsforsten sollte nachhaltig sein; jedoch erschien es von Berg zu früh, eine genaue Massentaxation vorzunehmen. Eine einfache Flächenwirtschaft sollte vorerst genügen, "indem man als Grundprinzip feststellt, jährlich nur eine Fläche abzuschlagen, welche sich aus der Division der Umtriebszeit in die Waldfläche ergibt."

Natürliche Verjüngung sollte die Regel sein, dafür müßten einzelne Samenbäume stehenbleiben (z.B. 15 - 20 Kiefern auf ein tunnland = 4936 m^2).

Genaue Anweisungen wurden für die Führung und Kontrolle eines Wirtschaftsbuches gegeben. Zum Schluß des Kapitels über die Waldwirtschaft riet von Berg, statt der damals allein verwendeten holzverschwendenen Axt die Säge zu benutzen.

431. ORGANISATION DES FORSTPERSONALSTABES UND FORSTLICHE BILDUNG

Früher wurdenen abgedankte Offiziere in der Forstwirtschaft eingesetzt. Von Bergs Stellungnahme: "Als eine Nebenbeschäftigung kann die Forstwirthschaft heute nicht mehr betrieben werden."

Für die Forstverwaltung sah er folgende Gliederung vor:

Forstdirektion,
Inspektionsbeamte,
das verwaltende oder wirtschaftende Personal
(Forstmeister),
das Schutz- oder Hilfspersonal.

Für das Personal der drei ersten Kategorien sollte eine wissenschaftliche Ausbildung verlangt werden. Für das Forstschutz- und Hilfspersonal war zunächst keine fachschulmäßige Ausbildung vorgesehen; sie erfolgte aber einige Jahre später.

Selbständigkeit der Forstverwaltung gegenüber den Provinzgouverneuren und direkte Unterstellung unter den Senat hielt v. Berg für angebracht. Er setzte sich sehr für eine angemessene Besoldung der Forstbeamten ein:

"Alles dieses kann nur gemildert werden, wenn die pecuniäre Lage dem Forstmann eine freie Bewegung gestattet, er sich z.B. durch Haltung von Tagesblättern und sonstiger Literatur einige geistige Nahrung zu verschaffen im Stande ist."

Über die forstliche Bildung und den Unterricht sowie über den Bau der geplanten Forstlehranstalt in Evo, deren Bauplatz besucht wurde, äußerte sich von Berg eingehend. Da unter seiner Leitung das neue Akademiegebäude in Tharandt gebaut wurde, besaß er besondere Erfahrung in der Planung solcher Bauten. Er forderte, daß die Lehrer genügend Zeit für Übungen bekämen und daß bei der Abgangsprüfung nach der zweijährigen Ausbildung die Eleven auch eine praktische Probearbeit anfertigen sollten.

Die Anregung zum Bau der Waldakademie Evo hatte der Finne Dr. h.c. G. Blomqvist gegeben, der in Tharandt studiert hatte. Er leitete das Institut dann drei Jahrzehnte und galt als "Vater der finnischen Forstwissenschaft" (Lönnroth, 1969).

Behandelte der erste allgemeine Teil des Berichtes, den von Berg über Finnlands Wälder gab, vor allem die Verhältnisse in den Staatswäldern, so befaßte sich der zweite besondere Teil mit Themen, die auch für die übrigen Wälder Finnlands wichtig erschienen.

431.3 WALDBRÄNDE

Mit großer Entrüstung berichtete von Berg über die häufigen und ausgedehnten Waldbrände. Als wichtige Schäden der Waldbrände führte er die Vernichtung einer großen Masse wertvollen Holzmaterials und hoffnungsvollen Nachwuchs auf. Den Zerstörungen des Humus durch Waldbrände maß v. Berg besondere Bedeutung bei:

"Auf allen mehr trockenen Böden und wo die Felsschicht dicht unter der Oberfläche liegt, welche Verhältnisse sich in Finnlands Wäldern häufig noch dazu auf vorherrschendem Sande finden, wirkt wiederholtes Brennen durchaus zerstörend auf die Humusschicht. Der Boden bleibt lange Jahre hindurch unfähig, Waldbäume zu tragen, erst nach und nach ersetzt die Natur den Verlust durch Verwesung der Moose und genügsamen Kräutern."

Als Ursachen der Waldbrände gab von Berg an:

- Gleichgültigkeit der Bevölkerung, die den Wald als Feind der Kultur betrachtet und seine Zerstörung für ein verdienstliches Werk.

- Unvorsichtigkeit im Umgang mit Feuer, z.B.:

  "Die Gewohnheit, zum Theil auch die Nothwendigkeit sich im Walde gegen die Mücken zu schützten, verlangen, daß beim Aufenthalt im Walde ein Feuer angemacht werde. Der Reisende, der Jäger, Fischer, die Vieh hütenden Kinder und dergleichen mehr zünden Feuer an, gehen fort, ohne es zu löschen, ein wenig Wind und ein großes Unheil ist fertig."

- Die Absicht, die Weide zu verbessern.

- Die Brände des Waldfeldbaus, die in den anstoßenden Wald einbrennen.

- Aus Bosheit.

Möglichkeiten, das Interesse der Bauern am Wald zu heben und ihnen den Waldwert bewußt zu machen, könnten nach v. Berg durch die Ackerbauschulen erfolgen sowie in Schulen und durch die Geistlichkeit.

431.4 DAS HOLZTEERBRENNEN

Von den wenigen Export - Artikeln, die Finnland dem Welthandel bieten konnte, war der Baumteer, der nur von Kiefern gewonnen wurde, mit am wichtigsten. Jährlich wurden für den auswärtigen Handel etwa 150 000 Tonnen exportiert, davon allen 40 - 80 000 Tonnen von Uleäborg aus. Der Geldwert mag etwa 600 000 Silberrubel betragen haben. Da nur schwache, ca. 35 - 45 Jahre alte Kiefern für die Teergewinnung verwendet wurden und von diesen nur Teile der Stämme, war die Teergewinnung eine sehr holzverschwenderische Waldnutzungsart. Die Zahl der Kiefernstämme, die jährlich für die gesamte Teerproduktion Finnlands benötigt wurde, gab v. Berg mit 5,6 Mio Stämmen an. Über entsprechende Daten in Schweden s. Kap. 332.

Die Verfahren der Gewinnung von Baumteer waren in den einzelnen Gebieten unterschiedlich. Wo beim Teerbrennen das Austreiben des Harzes aus dem Holz in Gruben erfolgte, zog ein erheblicher Teil des Teers in die Grubenwände ein, was zu Verlusten führte und außerdem die verkitteten Böden stark schädigte. Am rentabelsten war das Teerbrennen von Abfallholz in eisernen Öfen.

Der wiederholte Aushieb ausschließlich von Kiefern für das Teerbrennen führte in Osterbotten sichtlich zur Umwandlung vieler Kiefernwälder in Fichtenbestände.

Holzteer wurde seit dem Altertum in erster Linie zum Dichten von Holzschiffen verwendet. Als im vorigen Jahrhundert eiserne Schiffe zunehmend die hölzernen verdrängten, verlor der Holzteer seine Bedeutung. Für die Kiefern fand die sich gleichzeitig entwickelnde Holzindustrie zahlreiche nützlichere Verwendungen, die Wald und Boden nicht so devastierten.

431.5 EINZÄUNUNGS- UND BRENNHOLZ

In Finnland wurden in besonders großem Umfang Äcker und Wiesen durch Einzäunungen gegen Eindringen fremden Viehs geschützt sowie zum Verhindern des Verlaufens des eigenen. Die Schäden waren einmal aufgrund des großen Holzverbrauchs bedeutsam und wurden zum anderen dadurch erhöht, daß das Material von jungen Stämmen genommen wurde, weil diese leichter zu transportieren und zu spalten waren. Als Beispiel für das Ausmaß der Holzverwendung in etwas späterer Zeit mögen hier einige Zahlen angegeben werden:

"In den zwei Pfarrsprengeln Kuhmoniemi und Sotkamo (Amtsbezirk Kajana) wurden 1907 bei einer Einwohnerzahl von 16 283 jährlich 192 590 fm Brennholz verbraucht, das sind pro Kopf 11,8 fm. Die Einzäunungen der Anwesen haben eine Länge von 14 670 km, deren Ausbesserung jährlich 127 955 fm Holz erfordert, d.s. pro Kopf 7,9 fm. Im ganzen treffen also auf den Kopf jährlich 19,7 fm Brennholz- und Zaunholzverbrauch. Dazu kommt noch das Holz für die Unterhaltung der Häuser." (Endres, 1922).

Der Export von großen Mengen schwachen Nutzholzes und von Brennholz über den Ladogasee nach Petersburg und anderen Orten in Rußland und auch nach Schweden verursachte die große Waldverwüstung am Finnischen Meerbusen um Wyborg.

431.6 BRANDRODUNGSFELDBAU

Die als Swedjebruket bezeichnete Form des finnischen Brandrodungsfeldbaus war eine der primitivsten, bei der ohne gründliche Bodenbearbeitung und ohne animalischen Dünger ein- oder mehrmals Getreide in den durch die Asche abgebrannter Wälder vorübergehend angereicherten Böden angebaut wurde. Im Gegensatz zu Deutschland, wo im Röderwald nur die Zweige und die organische Bodendecke verbrannt wurden, während das Holz neben dem Getreide wichtigste Ernte war, wurde das Holz im finnischen Brandrodungsfeldbau nicht verwertet. In allen finnischen Staatswäldern war der Brandrodungsfeldbau genehmigungspflichtig.

431.7 HOLZHANDEL

Die 1859 erschienenen Ausführungen von Bergs über die Holzwirtschaft in Finnland enthalten keine Zahlenangaben. Man glaubte, die Holzwirtschaft dadurch regeln zu können, daß die Sägemühlen nur zu bestimmten Zeiten schneiden durften; eine Maßnahme, die von Berg für falsch hielt, dem eine Aufhebung der Schneidezeiten und eine freie Konkurrenz im Holzhandel für die Holzwirtschaft förderlicher erschienen, vorausgesetzt, daß die Privatwälder genügend beaufsichtigt würden.

432. NACHTEILIGE EINGRIFFE IN DIE WÄLDER BIS ZUR MITTE UNSERES JAHRHUNDERTS

432.1 WALDBRÄNDE

Über die nachteiligen Einwirkungen der Waldbrände wurde bereits vorstehend berichtet. Die Angaben wurden aber nach der Mitte des vorigen Jahrhunderts genauer. Das gilt besonders für die Flächen der Waldbrände.

Vor allem in den wertvollen Kiefernwäldern Finnlands richteten die Waldbrände große Schäden an. Zon und Sparhawk schreiben 1923, daß es nicht übertrieben sei, festzustellen, daß es keine Wälder in Finnland gäbe, die nicht zu einer oder anderer Zeit abgebrannt wurden.

Während mancher Jahre erreichten die Waldbrände enorme Ausmaße. So wurden 1868 ca. 65 000 ha durch Feuer devastiert; 1883 waren es ca. 55 000 ha und 1896 ca. 68 000 ha. Da die Großbrände in einer Zeit ausbrachen, in der die stärkste Nutzung der Wälder einsetzte, dürften die Feuer in erster Linie durch menschliche Einwirkungen entstanden sein.

432.2 BRANDRODUNGSFELDBAU

In Finnland wurde früher in großem Umfang Brandrodungsfeldbau betrieben. Dafür wurde der aufstockende Baumbestand abgetrieben; nachdem das Holz im gleichen oder nächsten Jahr ausgetrocknet war, wurde es zusammen mit der organischen Bodendecke in Brand gesetzt. Der durch die Asche gedüngte, oft auch aufgelockerte Boden wurde dann landbaulich bestellt. Bei der Getreidesaat wurde Roggen bevorzugt, daneben wurde Gerste und Hafer verwendet; ferner wurden Rüben und Buchweizen angebaut.

Nach ein- oder mehrmaliger Beerntung wurde die Fläche verlassen, die sich durch Anflug oder Stockausschlag wieder bewaldete. Der erneute Abtrieb erfolgte am frühesten bei fünfjährigem Weißerlenstockausschlag bzw. - wurzelbrut, lag aber meist bei etwa zwei bis drei Jahrzehnte alten Beständen.

In seiner 1915 erschienenen großen Arbeit "Der Einfluß der Brandwirtschaft auf die Wälder Finnlands" schätzte Heikinheimo die Ende des 18. bis Anfang des 19. Jahrhunderts brandwirtschaftlich genutzte Fläche für ganz Finnland auf 4 Mio ha. Er schrieb weiter:

"Noch verhältnismäßig spät hat der Brandrodungsfeldbau in Finnland einem großen Teil des Landes einen bedeutenden Teil seiner Getreideproduktion geliefert, und noch eben (d.h. 1915) wird sie in einigen Kirchspielen recht allgemein betrieben."

Die Holzartenzusammensetzung der neuen Bestände auf Brandrodungsgelände hing von vielen Faktoren ab:

- den Baumarten in der Nähe der Verjüngungsfläche,
- der unterschiedlichen Samenerzeugung der Baumarten,
- der Verbreitungsfähigkeit der Samen,
- der Stockausschlagfähigkeit,
- den Bodenverhältnissen u.a. mehr.

Die Skala der Verjüngungsbereitschaft begann mit der Weißerle, der Birken folgten; diesen schloß sich, zumal auf sandigen Böden, die Kiefer an und als letzte auf humiden Standorten die Fichte. Besonders auf wiederholt abgebrannten Flächen breiteten sich in manchen Teilen Finnlands, besonders im Südosten, ausgedehnte wenig wertvolle Weißerlengehölze aus (Zon und Sparhawk, 1923). Heikinheimo (1915) beschreibt 25 Arten teils reiner, teils gemischter Typen von Brandwäldern.

Die Brandrodungswirtschaft war schon durch Forstordnungen von 1647 und 1664 allgemein verboten und nur dann zugelassen, wenn sie zum Erhalt von ständigem Acker- oder Weideland vorgesehen war. Auch dann mußte das Laubholz ein Mindestalter von 30 Jahren und das Nadelholz von 40 Jahren erreicht haben.

Die Wechselbrandwirtschaft erforderte viel Arbeit, obwohl das Holz im allgemeinen nicht genutzt wurde. Nach den landwirtschaftlichen Ernten wurde vielfach noch eine Zeitlang Gras geschnitten oder Vieh geweidet. An manchen Stellen wurden solche Nutzungen Jahrhunderte hindurch betrieben.

Bei den durch Feuer entstandenen Wäldern sind also zwei Gruppen zu unterscheiden:

1. Flächen, die mit Wäldern verschiedener Altersklassen bestockt waren, in denen durch Blitze oder menschliche Einwirkungen Feuer entstanden. Aus dem Anflug der übrig gebliebenen Bäume gingen gleichaltrige, geschlossene und gleichmäßig wachsende Bestände hervor, aus denen sich die besten und wertvollsten Nadelwaldflächen Finnlands entwikkelten.

2. Die selten älter als 15 bis 35 Jahre werdenden Wechselbrandwälder, aus denen nach dem letzten Hieb kaum Wertholzbestände hervorgingen. Die Schäden in den Wechselbrandwäldern übertrafen daher insgesamt die der Brände in den natürlichen Wäldern.

432.3 RENTIERSCHÄDEN

Nach Zon und Sparhawk (1923) werden jungen Kiefern im Norden Finnlands oft erhebliche Schäden durch Rentiere zugefügt. Auf der Suche nach Moos und Flechten ziehen die Rentiere von einem Platz zum anderen und zerstören auf großen Gebieten die Kiefern, nicht durch Verbeißen von jungen Kiefern, die sie ebenso wie Gras nicht mögen, sondern weil sie die kleinen, oft schon älteren Kiefern zertrampeln.

44. <u>WALDBEWIRTSCHAFTUNG IM 20. JAHRHUNDERT</u>

441. WALDBESITZKLASSEN

Die Verteilung der finnischen Wälder nach Besitzergruppen in Prozenten des Areals sowie des jährlichen Zuwachses zeigt Tabelle 8. Die Daten entstammen der Abschäzung der Waldvorräte, die in den Jahren 1936 - 1938 vorgenommen wurde.

	in % des Areals der Wälder	in % des jährlichen Zuwachses
Staat	37,0	20,9
Gemeinden	1,5	2,1
Kirchengemeinden	1,0	1,4
Industriegesellschaften	7,9	10,7
Privatpersonen	52,5	64,9
Gesamt	100,0	100,0

Tab. 8: Verteilung der finnischen Wälder nach Besitzergruppen 1936 - 1938 (Saari, 1943)

Der <u>Staatswald</u> nahm mehr als ein Drittel des Waldareals ein; sein jährlicher Zuwachs betrug aber nur ein Fünftel des Gesamtzuwachses. Wie meist in den nordischen Wäldern sind Boden und Klima des Staatswaldes auch in Finnland unterdurchschnittlich. Vor allem durch die Umwandlung von Staatswald in landwirtschaftliches Gelände verminderte sich seine Fläche auf besseren Standorten von rd. 8 Mio ha im Jahre 1880 auf 5 Mio ha im Jahre 1900. Seitdem war man aber im Staatswald auf Erhaltung und Vergrößerung bedacht. Zum einen wurden im südlichen und mittleren Finnland Waldflächen aufgekauft und zum anderen wurden "Staatsparkwaldungen " genannte Forstreservate ausgeschieden, in denen keine Ansiedlungen mehr vorgenommen werden durften. 1911 gab es fast 2 Mio ha dieser Reservate.

Das staatliche Forstwesen unterstand der Generaldirektion der Forsten in Helsingfors, unter der 10 Lokalinspektionen mit 95 Revieren arbeiteten. 1862 wurde das höhere Forstlehrinstitut in Ewois errichtet.

Für die Nichtstaatswaldungen, zu denen 9,8 Mio ha trockener Waldboden gehörten, gab es bis 1912 fast keine Forstgesetzgebung. Erst das dann erlassene Forstgesetz enthielt detaillierte Regelungen. Zur Unterstützung des Gouvernementforstamtes wurde in jeder Landgemeinde ein Gemeindeforstamt gewählt (Endres, 1922).

Zu den Nichtstaatswaldungen zählten die Wälder von meist bäuerlichen Privatpersonen, die gut die Hälfte der finnischen Wälder besaßen, die fast zwei Drittel des Zuwachses erbrachten.

Industriegesellschaften besaßen damals 7,9 % des Waldareals und erzielten 10,7 % des Zuwachses. Saari schrieb 1943:

"Die sich auf ungefähr 2 Mill. ha belaufenden Wälder der Industriegesellschaften, welche in der Hauptsache den Holzindustriegesellschaften gehören, sind im allgemeinen sehr gut gepflegt. Da ihre Aufgabe darin besteht, einen Teil des Holzbedarfs für große und teuere Fabriken zu befriedigen, ist es verständlich, daß der eigene Vorteil der Industrie zur nachhaltigen Behandlung der Wälder führt. So läßt sich sagen, daß diese Waldfläche fast vollständig unter einer gut geregelten Forstwirtschaft steht und daß die Einschläge im allgemeinen nach einem auf der Nachhaltigkeit fußenden Nutzungsplan vorgenommen werden."

Ein Vergleich der Tabelle 8 mit einer neueren von 1977 zeigt die Verluste des Staatswaldes durch Gebietsabtretungen an Rußland und Landabgabe an Umsiedler nach dem II. Weltkrieg:

	Fläche %	stehender Vorrat %	Zuwachs %
Staat	23,6	19,5	12,4
Gemeinden u.a.	3,7	3,7	3,3
Industriegesellschaften	7,4	6,0	6,4
Privatpersonen	65,3	70,8	77,9
Gesamt	100,0	100,0	100,0

Tab. 9: Forstbesitzverteilung in Beziehung zu Fläche, Vorrat und Zuwachs in Finnland 1977 (Annual Ring, 1977)

442. FORSTWIRTSCHAFT BIS MITTE DES 20. JAHRHUNDERTS

442.1 WALDZUSTANDSERFASSUNG

Wenn man sich der weiten Waldverwüstungen erinnert, die v. Berg 1859 so verurteilt hat, ist man überrascht zu erfahren, daß bei den Finnlandreisen deutscher Forstleute 1929 die "fabelhaft willigen Naturverjüngungen" Aufsehen erregten (Rebel, 1926). Der finnische Professor Cajander fragte auf einer Exkursion Rebel und die anderen deutschen Forstleute:

"Wodurch unterscheiden sich Süd-, Mittel- und Nordeuropa?"

Er gab sich dann selbst die Antwort:

"In Südeuropa ist es schwer, nach Waldabtrieb wiederaufzuforsten; in Mitteleuropa gelingt es, soweit die Natur versagt, auf künstlichem Wege fast immer; in Nordeuropa verjüngt stets die Natur."

"Und tatsächlich, das erste und zweite stimmt, das dritte in Finnland ebenfalls und zwar überall, auch auf trockenstem Grund, nach größten Devastationen. Solch riesige Abholzungen, wie Amerika erdulden muß - bis zu 600 ha an einem Fleck -, hat nun zwar Finnland nicht aufzuweisen; 100 ha ist da schon der Superlativ. Aber im Gegensatz zu Amerika scheint es, man könne den finnischen Wald nicht derart verwüsten, daß er sich nicht doch wieder verjünge." (Rebel, 1926)

Rebel führt für die Verjüngungsfreudigkeit eine Reihe von Gründen an, von denen hier einzelne genannt werden:

- Geologisch ist das Land jung. Der Granit ist meistens grobkörnig. Durchschnittlich trocken genug, verdämmendes Gras nicht aufkommen zu lassen und doch hinreichend nährstoffreich, vor verjüngungshinderlicher Trockentorfbildung oder starker Verheidung bewahrt zu bleiben, eignet ihm die Fähigkeit, Keimlinge leicht und reichlich aufkommen zu lassen.

- Das Klima Finnlands hat, zumal in Süd- und Südwestfinnland, stark ozeanischen Einschlag; im Innern verdunsten 34 000 Seen und ungezählte Moore.

- Die Nitrifikation ist größtenteils gut. Außerhalb der Weidezäune, an den Bahn- und Wegdämmen, überall, wo der Boden etwas verwundet worden war, stehen dicht und hoch die Stengel des schönen Weideröschens - des besten Nitrifikationsweisers.

- Nirgends wuchert in Finland die Heide derart wie bei uns.

- Ein Versagen der Naturverjüngung wegen zu starken Graswuchses ist in Finnland nur ausnahmsweise zu beklagen.

Um die Entwicklung der Holzvorräte zu erfassen, wurden 1922 bis 1923 und 1936 bis 1938 Linienabschätzungen nach schwedischem Muster durchgeführt. Der stehende Holzvorrat betrug bei der ersten Aufnahme 1588 Mio m^3 mit Rinde und bei der zweiten 1560 Mio m^3.

In den Jahren 1923 bis 1938, also zwischen den beiden Reichswaldabschätzungen, wurde im Jahresdurchschnitt ein Holzabgang von 41,8 Mio m^3 ohne Rinde ermittelt, dem ein jährlicher Zuwachs von 45,7 Mio ^{3} gegenüberstand (Saari, 1943).

Die Beurteilung des Zustandes der finnischen Wälder hinsichtlich ihres Altersklassenaufbaus war dagegen kritisch. 1948 erließen sechs namhafte finnische Forstleute, darunter E. Appelroth, H. Heikinheimo und R. Sarvas, einen Aufruf, in dem sie sagten, daß der Zustand der finnischen Wälder weit davon entfernt wäre, zufriedenstellend zu sein. Die (ebenso wie im benachbarten Schweden, Kap. 342.3) angewendeten unregelmäßigen Plenterungen seien reine Dimensions- und Sortenhiebe gewesen, die keine waldpfleglichen Gesichtspunkte kennen.

Appelroth schrieb:

"Der Wald kann nicht wie ein Perpetuum mobile funktionieren: derart, daß die Menschen nur Starkholz ernten, während die Natur es im gleichen Takt mit nachwachsenden Bäumen ersetzt." (Hassenkamp, 1955)

442.2 DAS AKADEMISCHE STUDIUM UND DIE FORSTWISSENSCHAFT IN FINNLAND

Schon 1862 wurde in dem entlegenen Waldgebiet von Evo von dem Forstwissenschaftler A.G. Blomqvist, der in Tharandt studiert hatte, eine Forstakademie gegründet. Er hat die Forstlehranstalt drei Jahrzehnte geleitet und anerkannte Monographien über die Haupholzarten verfaßt.

1907/08 war der Doktor der Philosophie und der Botanik, A.K. Cajander, Leiter des Forstinstituts Evo; er überführte die Forstlehranstalt an die Universität Helsinki. In Evo absolvierten während des 46jährigen Bestehens 300 Forstleute das Studium, in Helsinki, wo auch die Möglichkeit zum Promovieren besteht, bis 1969 2574.

Eine 1909 von Cajander gegründete "Forstwissenschaftliche Gesellschaft in Finnland" gab und gibt eine Publikationsreihe "Acta Forestalia Fennica" heraus, die in ihren vielen Bänden sehr reiche Forschungsergebnisse enthält; über die zunächst meist in deutscher, später vorwiegend in englischer Sprache gefaßten ausführlichen Zusammenfassungen wurden die Befunde auch in anderen Ländern bekannt. Ähnliches gilt von der 1917 ebenfalls von Cajander ins Leben gerufenen "Forstliche Forschungsanstalt in Finnland" mit der Publikationsreihe "Communicationes Instituti Forestalis Fenniae." (Lönnroth, 1969)

442.21 CAJANDERSCHE WALDTYPEN

Etwa 5 Jahrzehnte nach den Vorschlägen des Freiherrn von Berg (s. Kap. 431.) setzten forstwissenschaftliche Aktivitäten ein, die vor allem von A.K. Cajander ausgingen.

Der 1879 in Südwestfinnland geborene Aimo Kaarlo Cajander begann 1896 das Studium der Botanik an der Universität Helsinki und legte dort mehrere Prüfungen ab. 1906 absolvierte er das Forstmeisterexamen am Forstinstitut Evo. 1907 und 1908 war er stellvertretender Direktor dieses Instituts. Er führte mehrere Studienreisen durch, darunter eine nach Ostsibirien und mehrere nach Mitteleuropa. Als der höhere Forstunterricht durch die Initiative Cajanders 1908 nach Helsinki verlegt wurde, war er dort zunächst Lektor für Waldbau und von 1911 bis 1934 Professor.

Er gründete 1909 die Forstwissenschaftliche Gesellschaft. Die 1917 erfolgte Gründung der Forstlichen Forschungsanstalt war sein Verdienst; verschiedene seiner Reisen in Europa zielten mit darauf ab, Anregungen für die geplante Forstliche Forschungsanstalt zu gewinnen.

Cajander war Generaldirektor der Forstdirektion. Wiederholt war er Ministerpräsident und Minister verschiedener Ressorts. In internationalen Forschungsinstitutionen war er sehr aktiv. Die Zahl der Ehrungen in verschiedenen Ländern war ungewöhnlich groß (-, Intersylva, 1943).

Cajanders größter Verdienst war die Entwicklung des Systems der Waldtypen. Er schrieb 1943:

"Zweck der Waldtypen ist einzig und allein die Waldstandortsklassifizierung auf eine exaktere, objektivere, sicherere, natürliche und allgemeine Grundlage zu bringen."

Cajander übergab wenige Tage vor seinem Tod 1943 eine letzte Ausfertigung seiner Ausführungen über Wesen und Bedeutung der Waldtypen dem Vertreter der Zeitschrift Intersylva zur Veröffentlichung. Da niemand seine Absicht besser zum Ausdruck bringen kann als der Verfasser, soll hier ein Teil davon zum Abdruck kommen.

Im letzten Abschnitt seines großen Aufsatzes "Wesen und Bedeutung der Waldtypen" schrieb Cajander:

"Bei forstlichen Forschungen ist es insbesondere wichtig, daß der Standort der miteinander zu vergleichenden Versuchsobjekte gleichwertig ist. Auch im praktischen Waldbau ist eine naturgemäße Einteilung der Standorte unbedingt notwendig, denn jede Verschiedenheit der Standorte erheischt gewissermaßen ihren besonderen Waldbau. Auch für eine große Anzahl von statistischen Erhebungen sowie für forsttaxatorische Zwecke ist eine rationelle Standortseinteilung unerläßlich.

Die Waldstandortsbonitierung muß nach einheitlichen Gesichtspunkten geschehen. Da die üblichen Bonitierungsverfahren in Finnland einst weder den Bedingungen der Forstwissenschaft noch denjenigen der forstlichen Praxis entsprachen, war es notwendig, eine andere geeignete Grundlage für die Standortsbonitierung zu suchen. Dabei schienen die Pflanzengemeinschaften der Wälder, in zweckmäßiger Weise zusammengefaßt, ein Mittel zu einer einheitliche Waldstandortsbonitierung darzubieten. So wurde von dem Verfasser die Bonitierung der Standorte auf Grund der Waldtypen und die Waldtypentheorie entwickelt.

Zu ein und demselben Waldtyp werden alle Waldungen gerechnet, deren Vegetation sich im angehenden Haubarkeitsalter und bei annähernd normalem Schlußgrad des Baumbestandes durch wesentlich gemeinsame Artenzusammensetzung und denselben ökologisch-biologischen Charakter auszeichnen. Ferner gehören hierzu alle diejenigen, deren Vegetation sich von dem so definierten Typ nur in solchen Merkmalen unterscheidet, die - z.B. infolge des verschiedenen Alters des Baumbestandes, durch Hauung, Einführung einer anderen Holzart usw. - nur als vorübergehend oder zufällig, jedenfalls nicht als bleibend zu betrachten sind.

Bleibende Unterschiede bedingen einen neuen Waldtyp, wenn die Unterschiede bezeichnend genug erscheinen, oder einen Untertyp, wenn die Unterschiede weniger wesentlich, aber doch von Bedeutung sind.

Die Waldtypen werden nach irgendeiner für sie mehr oder weniger charakteristischen Pflanzenart benannt, wobei außerdem noch aus dem lateinischen Namen dieser Pflanzenart hergeleitete verkürzte Bezeichnungen angeführt worden sind, z.B. CT = Calluna-Typ (Heidekrauttyp)."

Abschließend wird hier das in Finnland gebräuchliche Waldtypensystem mit seine 5 Klassen und zugehörige Typen in letzter Fassung wiedergegeben (Cajander, 1943).

1. Die Klasse der <u>Heidewälder</u>

Der Hauptcharakter der Vegetation mehr oder weniger xerophil. Flechtenvegetation beinahe immer vorhanden, auf den trockensten Heiden als zusammenhängender Teppich. Die Moosvegetation beinahe in umgekehrtem Verhältnis zur Flechtenvegetation, Kräuter und Gräser spärlich. Reiser meistens reichlich, die meisten deutlich xerophil. Sträucher sehr wenig (Wacholder, gewisse Weiden).
Waldbildend erscheint im allgemeinen nur die Kiefer, seltener irgendeine andere Holzart.
Die Humusschicht dünn, auf den trockensten Heiden sehr unvollständig.

Flechtentyp, Cladina-Typ (ClT). Hauptsächlich in Nord-Finnland.

Heidelbeerflechtentyp, Myrtillus-Cladina-Typ (MClT). In Nordfinnland.

Heidekrauttyp, Calluna-Typ (CT). Am häufigsten in der Südhälfte Finnlands.

Krähenbeer-Preißelbeertyp, Empetrum-Vaccinium-Typ (EVT). In Nord-Finnland.

Krähenbeer-Heidelbeertyp, Empetrum-Myrtillus-Typ (EMT). In Nord-Finnland.

Preißelbeer-Typ, Vaccinium-Typ (VT). Am häufigsten in der Südhälfte Finnlands.

2. Die Klasse der <u>frischen moosreichen Wälder</u>

Der allgemeine Charakter der Vegetation mehr oder weniger mesophil.
Für die Waldtypen dieser Klasse ist im allgemeinen charakteristisch ein reichlicher bzw. ununterbrochener Moosteppich (Hylocomium-, Dicranum- u.a. Arten). Bedeutung der Flechten gering. Kräuter und Gräser mäßig vorhanden, in den der folgenden Klasse sich nähernden Typen bedeutend reichlicher als in der vorigen Klasse. Die Reiservegetation ist ziemlich reichlich bzw. reichlich, meistens hauptsächlich Heidelbeere. Waldbildend treten alle relativ anspruchslosen Holzarten (Fichte, Birke, Kiefer u.a.) auf, edlere Laubhölzer finden sich hauptsächlich nur in solchen Typen, die der folgenden Klasse nahestehen, desgleichen anspruchsvollere Sträucher.
Die Humusschicht gut entwickelt, im allgemeinen mehr oder weniger rohhumusartig.

Dickmoostyp, Hylocomium-Myrtillus-Typ (HMT). In Nord-Finnland.

Heidelbeertyp, Myrtillus-Typ (MT). Am häufigsten in der Südhälfte Finnlands.

Sauerklee-Heidelbeertyp, Oxalis-Myrtillus-Typ (CMT). Hauptsächlich in der südlichen Hälfte Finnlands.

Pyrola-Typ (PyT). In Süd-Finnland.

3. Die Klasse der <u>Hainwälder</u>

Der allgemeine Charakter der Vegetation mehr oder weniger hygrophil.

Die Flechten ohne Bedeutung (ausgenommen als Epiphyten). Die Moosvegetation im allgemeinen knapp, aber artenreich. Reiser fehlen oder sind meistens sehr spärlich. Gräser und Kräuter reichlich und artenreich; reichlich dünnblättrige Arten. Sträucher können ziemlich reichlich sein.

Storchschnabeltyp, Geranium-Typ (GT). Vorzugsweise in Nord-Finnland.

Geranium-Dryopteris-Typ (DT). Vorzugsweise in Nord-Finnland.

Sauerklee-Majanthemumtyp, Oxalis-Majanthemum-Typ (OMaT). Der häufigste Hainwaldtyp Süd-Finnlands.

Farntyp, Filices-Typ (FT). Hauptsächlich in der Südhälfte Finnlands.

Sanicula-Typ (ST). Auf den Ålands-Inseln.

Aconitum-Typ (AT). Vorzugsweise in Ladoga-Karelien.

Vaccinium-Rubus-Typ (VRT). Wie der vorige.

Lychnis-diurna-Typ (LT). Meeresuferhaine in der Südhälfte Finnlands.

4. Die Klasse der Bruchmoorwälder

Der allgemeine Charakter der Vegetation mehr oder weniger mesophil bis hygrophil.
Die Menge der Moosvegetation verschieden, variierend von spärlicher, aber artenreicher bis zu ununterbrochener, aber artenarmer; vertreten sind relativ anspruchsvolle Weißmoosarten (Sphagnum strictum, Sph. squarrosum, Sph. Wulfi u.a.) und gewisse Bärenmoosarten (vor allem Polytrichum commune) in verschiedenen Mengenverhältnissen sowie in den ergiebigeren Typen eine sogar große Anzahl verschiedener anderer Laubmoose (Mnium, Hypnum, Dicranum u.a.).
Der Wald wird von Fichte oder Laubhölzern gebildet, die Kiefer tritt sehr zurück.
Die Bruchmoorwälder treten auf solchem Moorboden auf, welcher ziemlich bzw. sehr nährstoffreich ist und wo sich das Wasser

mehr oder weniger in Bewegung befindet.
Man kann von diesen Wäldern eigentlich zwei Unterklassen unterscheiden:

- eine anspruchsvollere, ergiebigere - in Finnland seltenere -,welche den Hainwäldern entspricht und wo die Moose artenreicher, aber individuenärmer sind, die Gras- und Kräutervegetation bedeutend ist und die Laubhölzer (u.a. oft auch die Schwarzerle und sogar die Esche) wenigstens in bedeutendem Grade vermischt auftreten,
- eine dürftigere, weniger anspruchsvolle - in Finnland sehr häufige -, welche sich durch eine reichlichere, aber artenärmere Moosvegetation, spärlichere Gras- und Kräutervegetation sowie oft ziemlich reichliche Heidelbeere auszeichnet und wo die Fichte am häufigsten bestandesbildend auftritt.

Eine bedeutende Anzahl Waldtypen.

5. Die Klasse der <u>Reisermoorwälder</u>

Die Vegetation hat einen mehr oder weniger deutlich xerophilen Charakter.
Die Moosvegetation in den typischen Reisermoorwäldern ununterbrochen, aber in den nässeren unvollständiger. Sie besteht hauptsächlich aus wenig anspruchsvollen Weißmoosarten (Sphagnum fuscum, Sph. recurvum, Sph. acutifolium u.a.) nebst einigen anderen anspruchslosen Moosarten (Aulacomium palustre, Polytrichum strictum u.a.). Flechten, besonders Rentierflechten (außerdem Baeomyces ichmadophilus u.a.) findet man in gewissen Typen einigermaßen. Die Reiser sind gewöhnlich reichlich (Ledum palustre, Cassandra calyculata, Myrtillus uliginosa, Calluna vulgaris, Betula nana u.a., in einigen Typen, welche sich den Bruchmooren nähern, Heidelbeere verhältnismäßig reichlich). Gräser und Kräuter spärlich (Eriophorum vaginatum, Rubus chamaemorus, Drosera rotundifolia u.a.).

Die Hauptholzart ist die Kiefer; in abweichenderen Typen findet man auch die Fichte und die Birke eingesprengt und ausnahmsweise sogar vorherrschend.
Die Reisermoorwälder schließen sich an die Heidewälder an. Man findet sie auf magerem bzw. sehr magerem Torfboden. Das Grundwasser ist ziemlich stagnierend.

Dem in Finnland gebräuchlichen Waldtypensystem ist ein Beitrag zur Kenntnis der Waldtypen Deutschlands angefügt. Cajander hatte die Unterlagen 1906 - 1907 auf Studienreisen in Deutschland gesammelt. Die Gegenüberstellung der Systeme in beiden Ländern macht die Unterschiede leicht sichtbar. Die Waldtypenlehre hat die Kenntnisse der Beziehungen zwischen Boden und Bodenpflanzen, Sträuchern und Bäumen auch über die speziellen Systeme hinaus allgemein stark vermehrt.

Zu den Anhängern der Waldtypenlehre, darunter auch der Cajanderschen, zählt Professor K. Rubner, der in Schrift und Lehre wiederholt hervortrat. In einer Bilanz, die er 1934 zog, schrieb Rubner über den Cajanderschen Waldtyp:

"Der Cajandersche Waldtyp hat als auffallendstes Kennzeichen das Fehlen der Holzart, es gehören also alle Fichten-, Kiefern-, Birken- und Erlenbestände (nur diese Holzarten kommen urwüchsig bestandesbildend in Finnland vor) zum nämlichen Waldtyp, wenn sie die nämliche Untervegetation aufweisen. Ein zweiter wichtiger Punkt ist der, daß se Untervegetation nur die primären Standortsfaktoren zum Ausdruck bringen soll, nicht die durch besondere Bestandesverhältnisse oder den Menschen hervorgerufenen standörtlichen Veränderungen, wie sie Bestandesalter, Geschlossenheitsgrad, Weide, Streunutzung, Rohhumusansammlung durch standortswidrige Holzart ergeben.

Dazu ist zu sagen, daß, je weiter nach N zu, desto geringer der Einfluß der Holzart auf den Bodenzustand und damit auf die lebende Bodendecke zu werden scheint. Denn einmal nimmt der in Mitteleuropa noch so erhebliche Unterschied der Beschirmung des Bodens durch verschiedene Holzarten ab, weil im allgemeinen die Wälder weniger dicht geschlossen sind, andererseits können aber die Lichtholzarten Kiefer und Birke im Bestand dichter zusammentreten, als es bei uns der Fall ist. Ferner sind die Wälder im N (von den einförmigen Kiefernheiden abgesehen) vielfach gemischt, und endlich bildet sich auf dem im N weithin recht gleichartigen diluvialen Boden die Wurzelschicht der genannten Holzarten mehr oder weniger gleichmäßig aus; jedenfalls sind die bei uns oft erheblichen Unterschiede zwischen Flach- und Tiefwurzlern dort in viel geringerem Maße ausgeprägt.

Alles in allem herrscht im N im Vergleich zu mitteleuropäischen Verhältnissen eine weit größere Stabilität des Standorts vor. Dieser von uns schon lange betonte Unterschied[1] findet neuerdings durch die Untersuchungen von Tamm[2] seine wissenschaftliche Bestätigung auch in Schweden; der Genannte stellt sich durch diese Erkenntnis von der weitgehenden Unveränderlichkeit der nordschwedischen Waldtypen an die Seite des finnischen Forschers Aaltonen[3] und damit auf die Cajanders." (Rubner, 1933/34)

---

1) Rubner, K.: Die Bedeutung der Waldtypen für den deutschen Wald. Silva 1922.

2) Tamm, O.: Studien über Bodentypen und ihre Beziehungen zu den hydrologischen Verhältnissen in nordschwedischen Waldterrains. Mitt. d. Forstl. Versuchsanst. Schwedens, Heft 26. 1930/31.

3) Aaltonen, V.T.: Über den Einfluß der Holzart auf den Boden. Comm. Instituti forest. Fenniae 17, 1932.

Hatten in Cajanders letzten und größten Werk "Wesen und Bedeutung der Waldtypen" die forstlichen Komponenten das Übergewicht, so zeigen die vielen wichtigen Veröffentlichungen den Pflanzengeographen in Cajander. Einige Titel mögen dies belegen:

1902: Über die Westgrenzen einiger Holzgewächse Nordrußlands.

1903: Beiträge zur Kenntnis der Vegetation der Alluvionen des nördlichen Eurasiens.

1904: Studien über die Vegetation des Urwaldes am Lena-Fluß.

1921: Zur Kenntnis der Einwanderungswege der Pflanzenarten nach Finnland.

Einige Reflexionen über die Entstehung der Arten.

Ein pflanzengeographisches Arbeitsprogramm in Erinnerung an Johan Petter Norrlin.

1922: Zur Begriffsbestimmung im Gebiet der Pflanzentopographie.

1923: Der Anbau ausländischer Holzarten als forstliches und pflanzengeographisches Problem.

Über die Verteilung des fruchtbaren Bodens in Finnland und über den Einfluß dieser Verteilung auf die wirtschaftlichen Verhältnisse im Lande.

1925: Der gegenseitige Kampf in der Pflanzenwelt.

443. INTENSIVIERUNG UND MECHANISIERUNG DER FORSTWIRTSCHAFT WÄHREND DER LETZTEN JAHRZEHNTE

443.1 FORSTPFLANZENZÜCHTUNG

1947 wurde in Finnland eine Stiftung für Forstpflanzenzüchtung gegründet, die alljährlich größere Tätigkeitsberichte veröffentlicht.
Der älteste mit zur Verfügung stehende Bericht über das Jahr 1965 zeigt, daß intensiv gearbeitet wurde. Die Stiftung hatte in diesem Jahr 208 635 DM erhalten. Im Laufe des Jahres wurden 15 neue Plusbestände ausgewählt: 12 Kiefernbestände, zwei Fichtenbestände und ein Erlenbestand.

Der Zugang an Plusbäumen betrug 819. Tab. 10 listet die Anzahl der einheimischen Plus- und Spezialbäume am Ende des Jahres 1965 auf:

Plusbäume am 31.12.1965

Holzart	Süd-	Mittel- Finnland	Nord-	Zusammen
Kiefer	711	752	791	2254
Fichte	847	131	156	1134
Lärche	227	31	31	289
Birke	364	89	10	463
Erle	73	6	3	82
Espe	213	12	14	239
Andere Laubbäume	133	2	1	136
Andere Nadelbäume	390	1	1	392
Zusammen	2958	1020	1007	4989

Tab. 10: Anzahl Plusbäume in Finnland, Stand 1965
(Stiftung Forstpflanzenzüchtung in Finnland, 1965)

Die Stiftung informiert über Auswahl von Bäumen und Beständen, Sammlung von Saatgut, Pflanzenanzucht, Samenplantagen, Kreuzungen, Stecklingsversuche und ihre Aufklärungsarbeiten.

Der Bericht von 1978 enthält erste Ernteergebnisse der Kiefer (Pinus sylvestris); 1977 wurden 855 Kilo und 1978 über 1000 Kilo Plantagensaatgut geerntet. In Zukunft kann mit einer erheblichen Steigerung der Erntemenge gerechnet werden, da in den 3000 ha finnischer Samenplantagen über 1 Mio reifer Stecklinge von 6200 Plusbäumen wachsen.

Die nächste Aufgabe ist die Auswahl der besten 400 - 600 Klone nach bestimmten Verwendungszwecken wie z.B. "high sawlog quality seed". Ferner ist geplant, weitere Generationen von Plantagensaatgut zu erfassen.

Von der Fichte (Picea abies) lieferte 1978 nur die Nord- und Mittel- Finnland Hybride Plantagensaatgut.

Die Birken (Betula verrucosa und B. pubescens), die in Plastikhäusern aufgezogen werden, lieferten reichlich Saatgut für verschiedene Zwecke. Der Großanbau von Birken ist jedoch bemerkenswert stark zurückgegangen; dies wird begründet mit den starken Schäden, die Elche verursachen. Die Zahl der Elche wird in Finnland auf 120 000 Stück geschätzt - der höchste in Finnland je erreichte Wildstand.

443.2 ANZUCHT VON FORSTPFLANZEN

Die Anzucht erfolgt auch in Finnland zum Teil im Paperpot - Verfahren, dessen Urform über die finnische Forstmaschinenfirma Lännen Sokeri Oy aus Japan eingeführt wurde (-, AFZ, 1971b). Die Pappen werden in verschiedenen Größen raumsparend als zusammengefaltete Bögen geliefert. Im Gewächshaus werden sie zu wabenartigen, topfförmigen Gebilden auseinandergezogen. Mit Hilfe von Spezialmaschinen können in 8 Stunden 300 000 - 400 000 solcher Töpfe mit Torf und Erde gefüllt und eine Einkornsaat durchgeführt werden.

Im zeitigen Frühjahr durchgeführte Saaten können bis Ende Juli 8 - 10 cm hohe auspflanzbare Pflänzchen ergeben. Bei Sommersaat und Überwinterung im Treibhaus sind die Pflanzen Mitte Juni des nächsten Jahres zur Auspflanzung bereit.

Die besten Ergebnisse mit der Paperpot - Methode werden mit der Kiefer erzielt. Die Fichte hat die schlechtesten Aussichten, da den kleinen Pflanzen auf unkrautwüchsigen Böden der Erstickungstod droht (-, AFZ, 1971a).

443.3 BODENBEARBEITUNG, DRAINAGE

Die Walderneuerung erfordert auch in Finnland umfangreiche Bodenbearbeitungen, die sich jedoch aufgrund der Geländestruktur zum großen Teil von denen in Schweden unterscheiden. Sind dort Steine und Felsen die Hindernisse bei der Forstkultur , so sind es in Finnland Moore und vermoorte Gebiete. Deren Drainage setzte in den staatlichen Forsten 1908 ein; im Privatwald wurde erst 1929 nach Erlaß des ersten Waldverbesserungsgesetzes mit den Entwässerungsarbeiten begonnen (Raitasuo, 1966). Bis zum 1.11.1966 wurden 2,27 Mio ha Moor und vermoorter Waldboden trockengelegt; diese Fläche entspricht 32 % des Drainageprojektes. 68 % sind noch zu bewältigen; davon kommen nach ihrer Bodenqualität nur 2,8 Mio ha als Holzboden in Betracht.

Die in den finnisch sprechenden Gebieten tätige Zentralforstgesellschaft TAPIO beaufsichtigt 14 Grundverbesserungsdistrikte; hinzu kommen zwei Distrikte in schwedisch sprechenden Gebieten. Die Gesellschaft beschäftigte 1966 178 Förster und Forstakademiker (Raitasuo, 1966).

Die notwendigen Mittel werden über Obligationen des Ausschusses für die Finanzierung der Forstwirtschaft, MERA, beschafft, da im regulären Haushalt nicht genügend Mittel zur Verfügung stehen.

Nach einer Vorausberechnung soll bei voller Durchführung des Drainageplans der Zuwachs von 41,3 Mio m^3 im Jahre 1965 auf 122,3 Mio m^3 im Jahre 2015 gesteigert werden (Raitasuo, 1966).

Die Drainage war 1965 in höherem Grade maschinell durchführbar als alle anderen Arbeitsformen im Bereich der Forstwirtschaft. 1954 betrug der Anteil maschinell vorgenommener Drainage nur 2 %; 1965 dagegen schon 99 %. In der Leistung des Jahres 1965 sind 50 400 km neue Entwässerungsgräben enthalten, aus denen ca. 30 Mio m^3 Erde entfernt wurden. Über die darauf folgenden Arbeiten und die dabei aufgetretenen Schwierigkeiten heißt es:

"Die Ausweitung der Drainagetätigkeit ist in Finnland eine reine Kostenfrage. Durch die Mittel im Rahmen des MERA-Programms wie auch vor allem in Nordfinnland durch zu diesem Zweck freigegebene Beschäftigungsmittel scheint sich für dieses Problem eine positive Lösung anzubahnen. Die Drainagekosten sind trotz des laufend ansteigenden Kostenniveaus ständig gesunken und betragen jetzt in der nördlichen Landeshälfte 40 - 70 Fmk per Hektar und in der südlichen Landeshälfte entsprechenderweise 100 - 130 Fmk.

Ein komplizierteres Problem als die eigentliche Drainage bildet die dringliche Verwirklichung der Waldpflanzungs- und Bestandespflegearbeiten auf den entwässerten Moorflächen. Unverzüglich im Anschluß an die Drainage müßte das folgende waldbauliche Programm verwirklicht werden: Kultur von Kiefer und Fichte auf insgesamt 1 075 000 ha; Jungwuchsläuterungen auf 300 000 ha und Verbesserungshiebe in Beständen von

2 100 000 ha (Heikurainen, 1964). Mit Ausnahme der Pflegearbeiten in jungen Beständen ist es noch nicht gelungen, diese Teilaufgaben so erfolgreich zu finanzieren, daß das gesamte Drainageprojekt seine eigentliche Tragweite erreicht hätte. In der nächsten Zeit muß deshalb auch vor allem auf die Pflege der entwässerten Moorwälder gedrängt werden." (Raitasuo, 1966)

In dem alljährlich erscheinenden Jahresbericht Annual Ring, der von Forestry and Forest Industries in Finnland herausgegeben wird, werden für 1974 an Drainageleistungen angegeben:

Länge der Gräben :	54 500 km
Drainierte Fläche:	193 500 ha

443.4 DÜNGUNG

Bei der Düngung steht Finnland mit einem Gesamtforstdüngungsareal bis einschließlich 1977 mit über 2 Mio ha an der Spitze der Länder der Erde (Rydin, 1978).

Über die Aufteilung der Düngungsflächen auf die drei Fennoskandischen Länder und die verschiedenen Böden nach dem Stand von 1975 gibt die nachstehende Aufstellung Auskunft:

	ha	Prozent der Waldfläche
auf Mineralböden:		
Schweden	157 000	0,7
Finnland	131 000	0,7
Norwegen	3 000	0,04
auf Torfböden:		
Schweden	1 000	
Finnland	113 000	
Norwegen	2 000	

Tab. 11: Gedüngte Flächen im Jahre 1975 (Rydin, 1978)

Das große Düngungsareal Finnlands beruht demnach auf den weiten Torfbodenflächen.

443.5 WALDBAULICHE ZIELE

Es wurden genaue waldbauliche Ziele definiert, nachdem die Auswertung der dritten, das ganze Land umfassende Linientaxe (1951 - 1953) ergab, daß der Einschlag über dem Zuwachs lag (47 Mio m^3 gegenüber 46 Mio m^3) (Kuusela, 1966). Das Planungskomitee für die Forstwirtschaft erstellte ein Programm, das als wichtigste Maßnahmen im Hinblick auf eine Leistungssteigerung des Gesamtvorrats vorsah:

"- Der Schwerpunkt der Einschläge sollte von übermäßig lichtenden Hieben in wüchsigen Beständen auf Verjüngungshiebe in alten und z.Zt. leistungsschwachen Beständen verlegt werden;
- der Anteil des minderwertigen Laubholzes in den Beständen sollte vermindert werden;
- den künstlichen Verjüngungen sollte im Rahmen der Bestandesgründung eine wichtigere Rolle als bisher eingeräumt werden, wenn man auch der Meinung war, daß die Verjüngung auch weiterhin in der Hauptsache auf natürlichem Wege geschehen muß;
- durch Drainage sollte zielbewußt der Ertrag der Holzvorräte auf Torfböden erhöht werden.

Als wichtigste jährlich angestrebte Arbeitsziele für den Zeitraum 1963 - 1972 waren angegeben:

- Räumung von Schlagflächen zum Zweck natürlicher Verjüngung	211 000 ha
- Waldbodenbearbeitung	41 000 ha
- Bestandesbegründung durch Saat	56 000 ha
- Bestandesbegründung durch Pflanzung	66 000 ha

Insgesamt durch Saat und Pflanzung	122 000 ha
- Jungwuchs- und Dickungs- sowie Stangenholzbestandespflege	196 000 ha
- Drainage von Torfböden	121 000 ha
- Instandsetzung alter Drainagegräben	11 000 km."

(Kuusela, 1966)

Nach dem Jahresbericht "Annual Ring" wurden 1975 folgende Maßnahmen durchgeführt:

- Saat und Pflanzung	121 400 ha
- Behandlung von Jungbeständen	510 000 ha
- Forstdüngung	244 000 ha
- Baumschulfläche	814 ha

Die Fläche künstlich angebauter Wälder beträgt in Finnland 2,6 Mio ha, davon wurden 120 000 ha 1977 angelegt (Jyrkinen, 1979).

443.6 HOLZERNTE UND WALDSTRASSENBAU

In den letzten Jahren betrug der Einschlag etwa 50 Mio m^3 (Annual Ring, 1984). Um 1965 wurden 40 Mio m^3 eingeschlagen; davon verbrauchte die Forstindustrie etwa 60 % (Kantola, 1966). Ein Viertel dieser Holzmasse stammte aus staatlichen und industrieeigenen Wäldern. Das restliche aus Privatwäldern gelieferte Holz kam von ca. 300 000 Waldbesitzern, deren mittlere Waldeigentumsgröße 30 bis 40 ha betrug und etwa auch noch heute beträgt.

Die Heranschaffung des Holzes an die Ferntransportwege war in Finnland zumal in den Kleinbesitzgebieten ein besonderes Problem, das durch rationelle Benutzung des Straßennetzes und des dichten provisorischen Winterwegenetzes gelöst wurde.

Bis zur Mitte unseres Jahrhunderts standen genügend Waldarbeiter und die nötigen Pferde für den Nahtransport zur Verfügung. Die ständig steigende Industrialisierung und der Einzug von Maschinen in die Landwirtschaft führte zu einem schnell wachsenden Angebot von Landwirtschaftstraktoren für den Waldarbeitsgebrauch. Gleichzeitig traten an die Stelle von Saisonwaldarbeitern ganzjährig beschäftigte Waldfacharbeiter. Einige Zahlen mögen das Vordringen von Maschinen bei der Waldarbeit belegen:

Während der 50er Jahre wurden nur 50 000 Motorsägen nach Finnland importiert, während allein in der ersten Hälfte der 60er Jahre etwa 200 000 Motorsägen eingeführt wurden; von 1950 bis 1965 sank die Zahl der im Walde eingesetzten Pferde von 410 000 auf 180 000 und umgekehrt stieg die Anzahl der Traktoren von 15 000 auf 140 000; 1952 wurden bei den holzverarbeitenden Betrieben 20 % der Holzmengen mittels Bahn angeliefert, 1964 waren es nur 11 %; bei der Flößung beliefen sich die entsprechenden Prozentzahlen auf 64 und 49 (Kantola, 1966).

Der Anteil des geflößten Holzes hatte also abgenommen, aber immer noch entfiel auf ihn die größte Transportleistung. Die natürlichen Flößwege Finnlands wurden früher auf 40 000 km geschätzt (vergl. Abb. Flößwege 1959 in Smeds, 1974). Heute ist die Strecke weit geringer, aber die verbliebenen Flößwege waren begradigt und vertieft worden und dadurch leistungsfähiger. Früher benötigte man oft zwei Sommer, um das Holz vom Hiebsplatz an den Bestimmungsort zu bringen; heute kommt man mit einer Floßsaison aus. Schwierig ist das Flößen wegen der vielen Seen. Vom Flößen von Einzelstämmen ist man zum Flößen von gebündeltem Holz übergegangen (Smeds, 1974). Die Mechanisierung von Holzeinschlag und -transport war Mitte der 60er Jahre noch in vollem Fortschritt; einer der Hauptantriebe war der Anstieg der Löhne.

Vom 1978 beförderten Rohholzvolumen wurden 39 % per LKW, 39 % auf dem Wasserwege und 22 % per Bahn transportiert. Mit Hilfe einer aus neun Eisbrechern bestehenden Flotte konnten seit 1971 auch die Häfen im Norden des Bottnischen Meerbusens den ganzen Winter über offen gehalten werden (Bundesstelle für Außenhandelsinformationen Nr. 320/79).

Ein genügend ausgebautes Straßennetz ist die Voraussetzung jeder zum großen Teil maschinell betriebener Forstwirtschaft. Bis Ende des Jahres 1965 waren in Finnland 12 400 km Waldwege gebaut (Raitasuo, 1966). Der Jahresbericht "Annual Ring 1976" gibt für 1974 den Bau von 2305 km Straßen für Motorfahrzeuge an.

Die Technik im Waldwegebau paßt sich dem Gelände an:

Im finnischen Seengebiet und im hügeligen Gelände Lapplands werden schwere Raupenschlepper eingesetzt, die die Räumung der Trasse, die Erdschnitte und die Aushebung der Seitengräben ausführen und den Fahrbahnkörper formen. In den offenen Ebenen verwendet man eine Grabmaschine, die damit beginnt, die Seitengräben auszuheben und das dabei anfallende Material auf die Fahrbahn kippt. Damit wird das nötige Erdreich für die Formung des Straßenkörpers billig gewonnen. Die Planierung erfolgt entweder mit einem Rad- oder mit einem Raupentraktor, der mit einer hydraulisch lenkbaren Planierungsplatte ausgerüstet ist (Raitasuo, 1966).

Im Waldstraßenbau waren 1965 ungefähr 100 schwere Raupenschlepper, 100 leichte Traktoren und 300 Grab-, Lade- und Transportmaschinen eingesetzt. Die Waldstraßenbauten wurden nicht mehr als Einzelmaßnahmen durchgeführt, sondern möglichst im Rahmen von Grundverbesserungsprojekten, die alle Arten von Bodenarbeiten umfaßten, wie z.B. Drainage, Kulturarbeiten auf entwässerten Mooren u.a. (Raitasuo, 1966).

443.7 FORSTMASCHINEN UND FORSTGERÄTE

Die Finnen besitzen ein besonderes Geschick, durchdachte, leistungsfähige und ergonomisch sehr ausgereifte Forstmaschinen für Aufforstung, Bestandespflege, Holzernte und Holzferntransporte zu konstruieren, die sich auch unter schwierigen

Klima- und Geländeverhältnissen bewähren. Die Forstmaschinen werden nicht nur im eigenen Lande verwendet, sondern auch im großen Umfang exportiert.

Vom Polarkreis bis zu den Tropen arbeiten finnische Forstmaschinen in mehr als 20 Ländern. Der Exportwert belief sich 1976 auf "60 000 Mill. DM" (wohl 60 Mio DM). 34 Hersteller auf dem Gebiet Forst- und Holzindustrie haben sich zu einer Exportzusammenarbeitsgruppe im Rahmen von Finnlands Außenhandelsverband vereinigt.

Von forstlichen Maschinen interessieren besonders die Pflanzmaschinen und Waldpflüge sowie Fäll- und Transportmaschinen. Der finnische Forstmaschinenexport geht vor allem nach Schweden und Frankreich sowie nach östlichen Teilen Nordamerikas.

Von finnischer Seite wird in reich und gut bebilderten sowie mit technischen Angaben versehenen z.T. fast buchartigen Broschüren für die Maschinen geworben. In deutschen Forstzeitschriften wie der Allgemeinen Forstzeitschrift und den Forstpflanzen (Zentralblatt für Forstpflanzen und Forstkulturen) sowie im Holz-Zentralblatt wird laufend über die finnischen Forstmaschinen berichtet und auf den Fachmessen sind sie auch in der Bundesrepublik (München) nicht zu übersehen.

Neben der Maschinenherstellung wird die Anfertigung von Forstgeräten emsig betrieben. Immer wieder werden neue Konstruktionen von Pflanzgeräten angezeigt, deren Leistung nach amtlicher Prüfung mitgeteilt werden. Ähnliches gilt für zahlreiche Geräte, die die Holzernte erleichtern sollen.

444. LAGE DER FINNISCHEN FORST- UND HOLZWIRTSCHAFT

444.1 ENTWICKLUNG DER HOLZWIRTSCHAFT

Holzwirtschaft und Holzexport begannen in Finnland trotz der günstigen Wasserwege gegenüber Norwegen und Schweden erst verhältnismäßig spät, setzten dann aber in der 70er Jahren des vorigen Jahrhunderts umso entschiedener in großem Umfang in planvoll organisierten Holzindustriewerken mit Maschinen hoher Qualität ein. Einen der Belege dafür bietet ein kurzer Auszug aus einem ausführlichen Bericht, den der bayerische Geheimrat Dr. Karl Rebel 1926 über seine Eindrücke von finnischen Sägewerken lieferte:

"Wer über Finnland, ganz im allgemeinen, nicht forstlich, spricht oder schreibt und es unterläßt, der holzverarbeitenden finnischen Holzindustrie Erwähnung zu tun, der gleicht einem, der in Rom war und die Peterskirche übersehen hat.

Mein Begleiter, Prof. Dr. Schenk - Darmstadt, der beste Kenner Amerikas, staunte immer wieder und immer mehr, je weiter sich ihm die gigantische Größe und das raffinierte Detail dieser Sägewerke erschloß.

Bei dem der Reise vorangegangenen Briefwechsel schrieb ich gegenüber einem vorläufigen Programm, das den Besuch einer Reihe solcher Werke vorgesehen hatte: "Meine Sterne sind Waldbau und Forsteinrichtung." Aber als ich in Kemi hoch oben am bottnischen Meer die stattliche Säge Vetsiluoto sah, wurde ich kleinlaut und gab klein bei mitsamt meinen Sternen. Die waren da überstrahlt von einer Großzügigkeit, einem Wagemut, einer Organisationsleistung, einer technischen Höhe, wie ich ähnliches noch nicht gesehen habe. Schenck sagte, "so weit ist Amerika noch nicht"."

444.2 STRUKTURELLE UND KONJUNKTURELLE BEEINFLUSSUNGEN

Die hier beigegebene kleine Tabelle 12 zeigt für Schweden und Finnland manche Ähnlichkeiten in den Produktionsgrundlagen:

	Waldfläche in Mio ha	Bewaldung %	Waldfläche pro Kopf in ha	Bruttozuwachs m^3 mit Rinde/ha
Schweden	23,5	51	2,9	3,0
Finnland	21,7	71	5,3	2,6
Norwegen	6,8	21	2,0	2,5

Tab. 12: Grundlagen der Holzerzeugung in den Nordischen Ländern (Schreiber, 1979)

In der zweiten Hälfte der 70er Jahre hatte die schwedische Holzwirtschaft mit erheblichen Schwierigkeiten zu kämpfen. Auch in Finnland war die Lage nicht gut, aber schon 1977 besserten sich die Bruttogewinne bei den finnischen Gesellschaften deutlich, während sie sich bei den schwedischen weiter drastisch verschlechterten (-, AFZ, 1979d). Nicht ohne Auswirkungen wird es gewesen sein, daß in Schweden, wo Arbeitermangel bestand, die Löhne mit zu den höchsten der Welt zählten. Da in Finnland dagegen Arbeitslosigkeit herrschte, dürften die Löhne dort niedriger gewesen sein.

Seit dem Frühjahr 1979 herrschte infolge der allgemeinen Hochkonjunktur im Westen auch für die schwedischen und finnischen Hölzer und Holzprodukte starke Nachfrage bei guten Preisen - ein weiteres Beispiel dafür, wie die Holzwirtschaft und damit auch die Forstwirtschaft vom allgemeinen Geschehen abhängig sind.

Ein Gutachten über die Aussichten für Finnlands Holzveredelungsindustrie (-, HZB, 1979f) gibt an positiven Faktoren an:

Finnland besitzt heute bereits ein im internationalen Vergleich hohes Veredelungs-Know-How. Hinzu kommt, daß die finnischen Holzarten sich besonders gut für hochwertige Holzveredelungsprodukte wie Furniere und Spezialpapiere eignen. Ein weitere wesentlicher Faktor ist der relativ geringe Transportabstand zu den wichtigsten europäischen Verbrauchsländern, der Kostenvorteile bietet.

Als negativer Faktor wird vor allem die Konkurrenz der sehr wüchsigen überseeischen Zellstoffholzarten anerkannt. Die finnische Holzveredelungsindustrie weist dem Gutachten zufolge eine besorgniserregende Verschuldung auf.

Als Maßnahmen zur Stärkung der künftigen Konkurrenzposition werden u.a. generelle Anhebung des Veredelungs- und Spezialisierungsniveaus sowie Aufstockung des Forschungs- und Entwicklungsaufwandes genannt (-, HZB, 1979f).

5. SOWJETUNION (TAIGA)

51. < STANDORTS- UND BEVÖLKERUNGSVERHÄLTNISSE

511. GEOGRAPHIE UND TOPOGRAPHIE

Der mit 22,4 Mio km^2 flächengrößte Staat der Erde erstreckt sich über 172 Längengrade (mehr als 9000 km) und 45 Breitengrade (ca. 4500 km) und nimmt etwa 15 % der gesamten Festlandfläche ein.

Das Zusammenfallen großer geologischer und morphologischer Strukturen erlaubt die Gliederung der Sowjetunion in die natürlichen Großräume:

- Osteuropäisches Flachland (rd. 4 Mio km^2, im Mittel 142 m ü.M.)
- Westsibirisches Tiefland (rd. 2 Mio km^2, im Mittel 120 m ü.M.)
- Mittelsibirisches Bergland (rd. 3,5 Mio km^2, im Mittel 480 m ü.M.)
- Ostsibirisches Gebirgsland (rd. 3 Mio km^2)
- Ferner Osten (rd. 3,1 Mio km^2)
- Gebirge Südsibiriens (rd. 1,4 Mio km^2)
- Mittelasien (rd. 3,3 Mio km^2)

sowie Randlandschaften (Harms Erdkunde, 1966).

Das Osteuropäische Flachland wird durch den über 2400 km meridional verlaufenden Ural, der im Norden eine Höhe von 1895 m erreicht, vom Westsibirischen Tiefland getrennt. Gebirge mit Höhen bis maximal 7495 m nehmen etwa 30 % der Landesfläche ein. Mit Gletschern und Inlandeis bedeckt sind 72 000 km^2. Ca. 2,8 Mio natürliche Seen bedecken 556 000 km^2 (ohne das Kaspische Meer) (Brockhaus, 1979). Sümpfe und Sumpfböden machen 2,1 Mio km^2 des Landes aus. Davon liegen rd. 0,6 Mio km^2 im europäischen und 1,5 Mio km^2 im asiatischen Landesteil; die Hälfte der Sumpfböden befinden sich in der Tundrazone (Steinberger u. Göschel, 1979).

Der in der Sowjetunion als Taiga bezeichnete boreale Nadelwaldgürtel verläuft im nördlichen Eurasien von den Wäldern Finnlands bis zum Ochotskischen Meer über 6000 km durch die ganze UdSSR. Im Westteil beträgt die Breite des Nadelwaldgürtels etwa 1000 km; im Ostteil zwischen Jenissej und Lena erreicht er mehr als das Doppelte. In Spannweite und Geschlossenheit wird die Taiga von keiner anderen Gehölzformation übertroffen.

Die Taiga durchzieht von Westen nach Osten folgende Großlandschaften:

- Osteuropäisches Flachland (westlich des Urals)
- Westsibirisches Tiefland (östlich des Urals)
- Ostsibirisches Bergland (Lenagebiet)
- Ferner Osten (teilweise unter Einfluß des Ochotskischen Meeres.

Im Osteuropäischen Flachland wechseln ausgedehnte Niederungen mit flachen, 500 m nie übersteigenden Höhenzügen.

Das Westsibirische Tiefland zwischen Ural und Jenissej ist eines der größten Tiefländer der Erde. Quartäre Ablagerungen, vom pleistozänen Eis und durch Erosion und Akkumulation von Ob, Irtysch und Jenissej gestaltet, bilden die einförmige Oberfläche, die aufgrund geringer Neigung und geringer Verdunstung bei hohem Grundwasserstand und in der nördlichen Hälfte auch wegen Dauerfrostböden weitgehend versumpft ist.

Östlich des Jenissej steigt mit einer steilen Stufe das sich bis zur Lena erstreckende Mittelsibirische Bergland an, ein von tiefen, cañonartigen Flußtälern zerschnittenes Schichtstufenplateau, das im Norden vom Nordsibirischen Tiefland unterbrochen wird.

Östlich der Lena bilden mächtige Gebirgsbögen und Massive bis zur pazifischen Wasserscheide das Ostsibirische Gebirgsland, das im Westen und Norden Tiefländer miteinschließt.

Im Amur- und Küstenland des Fernen Ostens wechseln mezozoische Mittelgebirge mit Tiefländern und isolierten Senken (Harms Erdkunde, 1966 u. Brockhaus, 1979).

512. BODEN

In der humiden borealen Zone bilden sich auf jedem Muttergestein Podsolböden aus. Sie sind umso ausgeprägter, je basenärmer das Ausgangssubstrat ist (Walter, 1979).

In der nördlichen Taiga, die von der Polarregion bis etwa zum 60. Breitengrad reicht, sind dies Gley- und Humuspodsole, Podsole und Sumpfpodsole; besonders im Nordteil treten zusätzlich Torfsümpfe und Humus-Torfsümpfe sowie Alluvialböden auf (vergl Abb. 8, Kap. 52.). Die Böden werden gebildet von jungquartären Ablagerungen auf paläo- und mezozoischen Sedimenten, hauptsächlich Geschiebemergel und -lehme, Schmelzwassersande, Hochflutlehme und Moore.

In der südlichen Taiga verbreitert sich die Bodenzone von Osten nach Westen. An ihrem Aufbau sind überwiegend jung- und mittelpleistozäne Geschiebelehme und -mergel sowie Schmelzwassersande beteiligt, ferner Moore und nacheiszeitliche Hochflutlehme. Der vorherrschende Bodentyp ist hier der Rasenpodsol (Koordinationsausschuß der Osteuropa-Institute, 1974).

512.1 DAUERFROSTBODEN

Rund 10 Mio km^2 oder 47 % der Landesfläche werden von Dauerfrostböden eingenommen. Davon liegen 6 Mio km^2 in Sibirien.

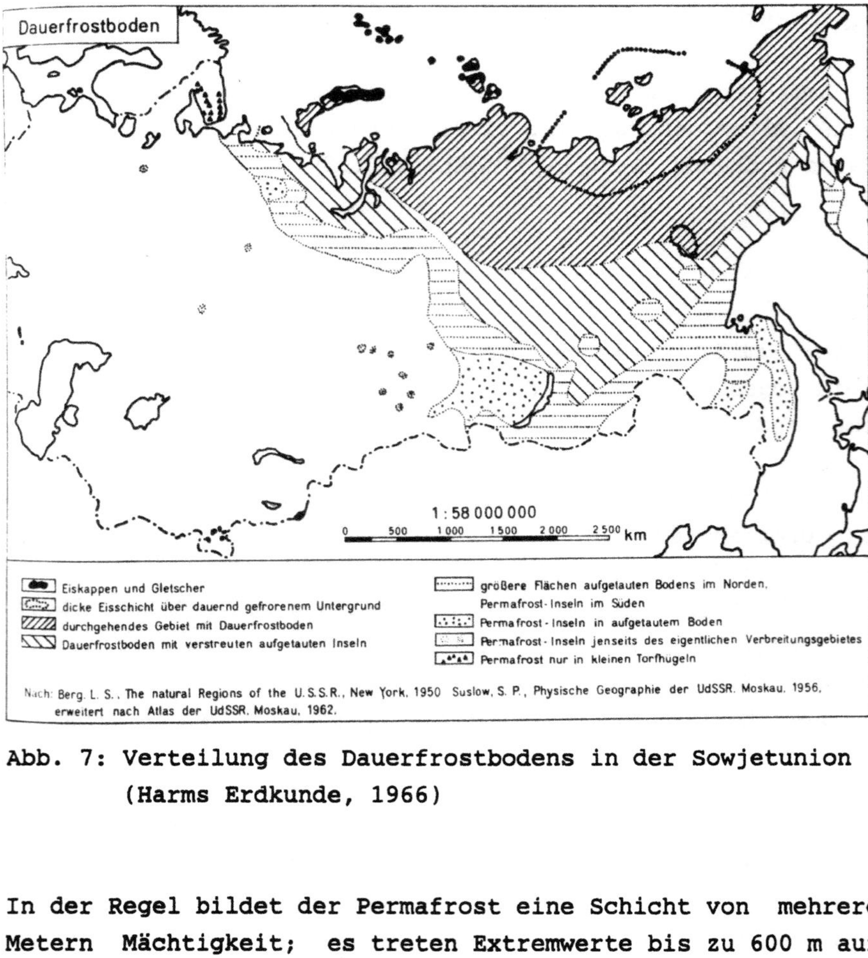

Abb. 7: Verteilung des Dauerfrostbodens in der Sowjetunion (Harms Erdkunde, 1966)

In der Regel bildet der Permafrost eine Schicht von mehreren Metern Mächtigkeit; es treten Extremwerte bis zu 600 m auf. Im Sommer tauen die oberen sog. Aktivschichten auf. In Nadelwäldern ist diese tauende Schicht etwa 2 bis 2,5 m mächtig, in Sumpfgelände 1 m und in Torfmooren nur 50 cm dick (Harms Erdkunde, 1966).

513. KLIMA

Der größte Teil der Sowjetunion liegt in der gemäßigten Klimazone Eurasiens, nur der äußerste Norden gehört zur arktischen und subarktischen, Teile des Südens zählen zur subtropischen Klimazone.

Extreme, von Westen nach Osten zunehmende Kontinentalität mit warmen, oft heißen Sommern und langen, kalten Wintern ist für große Teile des Landes bestimmend. Die Sommertemperaturen sind in den westlichen Landesteilen allgemein kühler als in den östlichen. Die höchsten Juli-Mitteltemperaturen verzeichnet der Süden Turkmeniens mit 28° C. Die Temperaturmittel des Januar nehmen von Südwesten nach Nordosten ab. Sie erreichen in Jakutien mit -50° C die tiefsten Werte.

Die mittlere Jahrestemperatur beträgt in Sibirien überall weniger als 0° C, im Nordosten sogar -18° C. Die Temperaturmittel der wärmsten und der kältesten Monate unterscheiden sich um 35 bis 68° C. Die mittleren Julitemperaturen liegen hier bei 23° im Süden und 5° im Norden, die mittleren Januartemperaturen bei -16 bis -20° in Südwestsibirien und -40 bis -48° im Nordosten, wo Extremwerte von -70° auftreten. Die Auswirkungen der großen Kälte werden durch die nur geringe Luftbewegung gemildert.

Die Jahresmenge der Niederschläge in den Ebenen nimmt von der Ostsee (600 - 700 mm) nach allen Richtungen ab und steigt erst wieder an der Küste des Fernen Ostens auf 500 - 900 mm. Die Tundrazone ist mit 100 - 250 mm niederschlagsarm (Brockhaus, 1979).

514. BESIEDLUNGSGESCHICHTE

Schon in der Altsteinzeit war der Süden des Osteuropäischen Flachlands vom Neandertalmenschen bewohnt. Während der Jungsteinzeit lebte in Osteuropa eine Ackerbau und Viehzucht betreibende Kultur. Zentren des Kupferbergbaus lagen während der Bronzezeit im südlichen und mittleren Ural. Die Kultur der Skythen, Reitervölker Südrußlands, erreichte um 600 - 300 v.Chr. ihre höchste Entfaltung.

Slawen, aus den Gebieten westlich des Dnjepr und östlich der Weichsel kommend, besiedelten das obere und mittlere Flußgebiet des Dnjepr und der Düna sowie das Gebiet des Ilmensees (Brockhaus, 1979). Im 6. Jahrhundert können sie aufgrund ihrer Ausbreitung deutlich als westliche, südliche und östliche Gruppe unterschieden werden. Sie lebten im Wald und am Steppenrand. Zwischen dem 5. und 9. Jahrhundert breiteten sie sich nach Norden aus und besiegten oder verdrängten die finnisch-ugrischen Stämme, die in den Tälern der nördlichen Flüsse lebten. Normannen, die erstmals im 7. Jahrhundert in den Flußmündungen an der Ostsee erschienen waren, unterwarfen im 9. Jahrhundert die slawischen Stämme und vereinigten sie zum ersten russischen Reich, dem Reich von Kiew.

Im 10. Jahrhundert wichen die Russen vor einfallenden Nomaden weiter nach Norden in die Wälder aus. Innerhalb eines Jahrhunderts waren sie über den Ural bis zur Mündung des Ob vorgedrungen. Zu dieser Zeit betrieben die Bauern Wanderhackbau und nutzten den Wald zur Jagd und zum Sammeln von Bienenwachs und Honig (Harms Erdkunde, 1966).

Anfang des 13. Jahrhunderts wurden die russischen Fürstentümer von den Mongolen Dschingis-Khans überrannt, die fast 150 Jahre lang herrschten. Nach der Machtabschwächung der Khane übernahm Moskau 1480 die Führungsrolle. Auf kulturellem

und rechtlichem Gebiet floß mongolisches Gedankengut in die Regierungsform ein. Dazu gehörte neben der autokratischen Machtstellung des Fürsten die "Unterwerfung der Welt unter den Nutzen des Staates"(Harms Erdkunde, 1966). Es wurde der Übergang vom Wanderhackbau zur Dreifelderwirtschaft verfügt und die Leibeigenschaft der Bauern eingeführt, die erst 1861 wieder aufgehoben wurde.
Iwan III. (1440 - 1505) und seine Nachfolger suchten alle Teile des Kiewer Reiches unter der Moskauer Herrschaft zu vereinigen. Iwan IV. (1530 - 1584), der Schreckliche, nahm 1547 den Zarentitel an. Er begann, die tatarischen Fürstentümer im Osten zu annektieren und leitete die Unterwerfung Sibiriens ein (s. Kap. 514.1). Peter I. (1689 - 1725) begründete die "Petersburger Periode" (1703 - 1917), während der das russische Reich gewaltig expandierte.

Seit etwa 1890 stand Rußland in einem Prozeß beschleunigter Industrialisierung. Die Spannungen, die durch die sozialen und wirtschaftlichen Veränderungen entstanden waren, entluden sich in der Revolution von 1917.
Heute ist die Sowjetunion, amtlich Sojus Sowjetskich Sozialistitscheskich Respublik, abgek. SSSR (Union der Sozialistischen Sowjetrepubliken, abgek. UdSSR), ein Bundesstaat mit 15 Unionsrepubliken.

Die Bevölkerungszahl stieg von 15 Mio im 18. Jahrhundert auf 40 Mio zu Anfang des 19. Jahrhunderts und auf über 100 Mio im Jahre 1897. Die Volkszählung von 1959 ergab eine Gesamtbevölkerung von 208,8 Mio und eine jährliche Wachstumsrate von 1,7 % (Harms Erdkunde, 1966). 1980 betrug die Einwohnerzahl 264,5 Mio. Sie verteilt sich auf über 100 Völker und Volksgruppen; den Hautteil stellen Russen (52,4 %), Ukrainer (16,1 %), Usbeken (4,7 %) und Weißrussen (3,6 %) (Brockhaus, 1983). Über die Hälfte der Bevölkerung lebt in Städten (Harms Erdkunde, 1966).>

514.1 DIE EROBERUNG SIBIRIENS

Während die russischen Gebiete westlich des oberen Urals in Regierung, Verwaltung und Wirtschaft schon früh - noch vor dem Ende des Mittelalters - europäischen Vorbilden nachzuahmen suchten, wurde der riesige Raum zwischen Ural und Stillen Ozean im 16. Jahrhundert von einer Reihe eingeborener Jägerstämme sowie von Tataren, Mongolen und Türkleuten spärlich bevölkert; die Herrschaft über Sibirien, das nur ein Bruchteil der heutigen Fläche ausmachte, übte damals ein Tatarenkhan namens Kutschum aus.

Einer der aktivsten Männer im moskowitischen Bereich war der Kaufmann Anika Stroganoff (1497 - 1570), der im Westural durch Salzbergwerke und -siedereien zu großem Reichtum gekommen war. Wichtig war auch der Handel, den er mit Kaufleuten von der Ostseite betrieb, wo man sich mit Zobelpelzwerk befaßte. Zobel in großer Zahl gab es nur in Sibirien und nicht in Rußland (s. Karte in Buchholz E. u. G., 1963, S. 113). Sibirien war aber für Russen nicht zugänglich. Stroganoff knüpfte daher vom Ural aus Beziehungen zu den Jägerstämmen des westlichen Sibiriens an, wo besonders schöne Zobel in großen Mengen in dem sagenhaften Land Mangazeja lebten. Die Felle wurden dann dem Zaren in Moskau als Abgaben zugeleitet, der dafür Stroganoff Gelände zur Errichtung von Eisenhütten und anderes zugestand.

Nach einem Bericht des englischen Gesandten beschäftigten die Stroganoffs Ende des 16. Jahrhunderts etwa 10 000 Mann mit der Gewinnung und der Abfuhr von Salz und mit dem Einschlag und Abtransport von Holz, das bei der Eisenverhüttung verwendet wurde (Semjonow, 1975).

Von dem großen, schönen Holzhaus der Stroganoffs, das 1565 in Solwytschegodsk erbaut wurde und der Familie 233 Jahre lang als Wohnhaus diente, existiert ein Bild, das dem 1954 in

Berlin erschienenen Buch von Juri Semjonow "Sibirien, Eroberung und Erschließung" beigegeben ist.
Daß Stroganoff nicht nur arbeitete und Handel trieb, wird auch dadurch belegt, daß er die größte russische Privatbibliothek besaß.

Um 1570 bildete sich in Südrußland eine Kosaken-Räuberschar, die Unruhe verbreitete. Als der Zar eine größere Truppenmacht gegen sie aussandte, zog unter Führung des Kosaken Ermak ein Teil der Bande nach Norden ab und erschien 1575 in den Stroganoffschen Besitzungen.

Entgegen der allgemeinen Erwartung nahm ein Enkel des inzwischen verstorbenen Anika die Kosaken liebenswürdig auf. Er brachte immer wieder das Gespräch auf die einmaligen Schätze an Zobel und anderem Pelzwerk im benachbarten Sibirien, bis sich Ermak verpflichtete, die Tataren zu unterwerfen und die Beute mit den Stroganoffs zu teilen, die die nötigen Geldmittel, Waffen und Proviant stellen sollten.

Nach Überquerung des Urals und einigen Vorgefechten fand oberhalb der Mündung des Tobol in den Irtysch 1581 die große Schlacht zwischen Ermak und dem Tatarenkhan Kutschum statt, die mit der totalen Niederlage der Tataren endete. Die dabei eroberte Festung Isker, die Residenz Kutschums, erhielt den Namen Sibir.

Ermak meldete dem Zaren den Sieg und schickte ihm 2400 Zobelfelle (in der Handelssprache 60 Zimmer = Bündel zu je 40 Stück); er erbat Verzeihung seiner früheren Verbrechen. Der Zar gewährte sie und ernannte Ermak zum Statthalter Sibiriens.

Kutschum zog sich zurück, verlor aber seinen Gegner nicht aus den Augen. In einer Herbstnacht des Jahres 1584 überfiel er das Lager der Kosaken, von denen nur wenige entkamen. Ermak soll ertrunken sein, weil ihn sein schwerer Panzer am Schwimmen hinderte.

Mehrmals wurde Ersatz und Nachschub nach Sibirien geschickt. Es dauerte aber drei Jahre, bis wirklich Hilfe eintraf. Damals kam der Woiwode Tschulkow mit 500 Mann, Pferden und Kanonen. Diese Truppe beseitigte bald die Widerstände. Die Meldung nach Moskau und die darauf folgende Antwort lauteten:

"Nach der Gründung der Stadt Tobolsk und ihrer Erklärung zur Hauptstadt Sibiriens durch den Nachfolger Ermaks, Woiwode Tschulkow, schickte dieser eine Meldung nach Moskau, daß Sibirien bis zum Ob und Irtysch mit allen seinen Fürsten, Sultanen und Häuptlingen in seiner Macht sei. Man dankte in Moskau für die angenehme Nachricht und stellte Tschulkow anheim, jährlich Felle von 200 000 Zobeln, 10 000 Silberfüchsen und 500 000 Eichhörnchen zu liefern." (Buchholz, E. u. G., 1963)

Das russische Reich dehnte sich schnell nach Norden und Osten aus: 1628 erschienen die Kosaken schon an der Lena; 1632 entstand Jakutsk. Im gebirgigen und dichter bevölkerten Süden erfolgte das Vordringen langsamer: erst 1646 waren sie am Baikalsee.

1697 entdeckte der Kosakenführer Atlassow als östlichstes Gelände die Halbinsel Kamtschatka, die er für Rußland in Besitz nahm. Im Jahre 1700 reiste er nach Moskau und übergab Peter I. 3200 Zobelfelle, die von Kamtschadalen als Tribut beigebracht waren.

An den Flüssen Ob, Irtysch und Tobol sowie anderswo waren befestigte Niederlassungen (ostrogi) als Stützpunkte errichtet. Die auf Erkundung befindlichen Scharen waren oft nur klein. Sie hielten sich meist an Flußläufen der Taiga auf, die sie mit flachen Holzkähnen befuhren. Ihre Hauptaufgabe war, Pelze zu beschaffen. Sie fanden es einfacher, die Pelztiere nicht zu bejagen, sondern die Zobelfelle den einheimischen Jägervölkern als "jasak" (Tribut) abzunehmen. Die Eintreibung des Jasaks, der auf 11 Zobel für jede erwachsene Person festgesetzt war, wurde vom Moskauer Staat als Naturalabgabe formell eingeführt. Im Tauschhandel hatten sich gewisse Maße etabliert; so hatte ein Jakute für einen Kupferkessel mit soviel Zobelfellen zu bezahlen, wie der Kessel Felle faßte.

E. und G. Buchholz urteilten 1963 über die Eroberung von Sibirien:

"Es ist ohne Beispiel in der Weltgeschichte, mit welcher Schnelligkeit und Hast das riesige Sibirien erobert wurde. Keine reguläre Armee bewerkstelligte diese Annexion, sondern eine halbwilde, abenteuerliche Kosakenhorde. Von Raub- und Gewinnlust getrieben, kühn und vor keiner Gefahr zurückschreckend, ergossen sich ihre Trupps über das Land, hier durch Mord und Gewalt, dort durch List und Geschenke das Land gewinnend und nur selten auf ernsten Widerstand stoßend."

Die Eroberung Sibiriens war so voll dramatischer Ereignisse, daß es kein Wunder ist, daß sie wiederholt in Büchern behandelt wurde. In der Bundesrepublik lagen und liegen Bücher von Juri Semjonow vor, die von 1937 bis 1975 immer wieder neu aufgelegt wurden, die letzten im Econ Verlag, Düsseldorf, unter dem Titel "Sibirien, Schatzkammer des Ostens".

Zur Verwaltung Sibiriens wurde in Moskau 1637 ein Ministerium für sibirische Angelegenheiten geschaffen; 1822 folgten ein Generalgouvernement und drei Gouvernements.

Im 18. und 19. Jahrhundert wurden u.a. politische Gefangene und unerwünschte Leibeigene nach Sibirien deportiert. Freiwillige Siedler kamen besonders nach den Goldfunden Anfang des 19. Jahrhunderts. Eine sehr starke Zuwanderung brachte die Transsibirische Eisenbahn, deren Bau von 1892 - 1905 dauerte. 1974 hat der Bau einer zweiten West-Ost-Bahn begonnen, die den Baikalsee nördlich umläuft ("Baikal-Amur-Magistrale" = BAM). Im Zuge der unter Stalin stark geförderten Industrialisierung hielt die Industrie auch in Sibirien Einzug. Eine dem Buch von Buchholz (1961, S. 78) beigegebene Karte zeigt, wie gerade in Sibirien der Landbau seit 1914 weiter nach Norden, zum Teil bis über den Polarkreis hinaus vorgedrungen ist.

Die Bevölkerung Sibiriens zählte 1977 22,5 Mio Einwohner (Brockhaus, 1979); mehr als drei Fünftel davon lebten in Städten. Inzwischen haben sich unter dem Einfluß der Erdöl- und Erdgasaktivitäten sowie anderer Industrien in Westsibirien eine Anzahl neuer Städte mit mehr als Hunderttausend Einwohnern entwickelt.

Trotz dieser Ballungsbauten sind weite Gebiete im Norden und Nordosten nahezu menschenleer (ein Einwohner auf 50 km^2) (Brockhaus, 1983).

Die Menschenleere Sibiriens hat der in St. Petersburg 1815 geborene und 1894 in Livland gestorbene Asienforscher und Zoologe Dr. A.Th. von Middendorff, der im Auftrag der Kaiserlichen Akademie der Wissenschaften zu St. Petersburg 1843 und 1844 eine Forschungsreise in den äußersten Norden und Osten Sibiriens durchführte[+)], in einem einzigen Satz anschaulich zum Ausdruck gebracht:

[+)] Noch frühere und längere ergiebige Forschungsreisen in Sibirien hat der in Tübingen 1709 geborene und 1755 gestorbene Botaniker Johann Georg Gmelin im Auftrag der Zarin unternommen.

"Die endlosen Waldungen der Einöden Sibiriens durchwandernd, legen wir oft Hunderte von Meilen zurück und schauen dennoch wochen-, ja monatelang nach einer einzigen menschlichen Spur aus, obgleich das über den Boden ausgebreitete Schneetuch uns alles ‚Getier, bis auf die kleinste Maus, verrät, das nur irgend, und sei es auch vor längerer Zeit, unsere Wege gekreuzt hat."

52. NATÜRLICHE BEWALDUNG

521. WALDVERBREITUNG

Die riesigen Flächen der weiten russischen Ebenen lassen eine in nordsüdlicher Richtung thermisch und in westöstlicher vor allem hydroklimatisch bedingte Vegetationsgliederung von einmaliger Deutlichkeit erkennen.

Vereinfacht ist die Folge der Zonen von Norden nach Süden: Arktische Kältewüste, Tundrazone, Waldzone, Steppenzone, Halbwüsten- und Wüstenzone (Abb. 8).

Die Waldzone gliedert sich, wiederum vereinfacht, in die boreale Nadelwaldzone = Taiga im engeren Sinn, gemischte Nadel-Breitlaubwälder, Breitlaubwälder innerhalb der Waldsteppenzone.

Die borealen Wälder der Taiga nehmen 90 % der Bewaldung der ganzen Sowjetunion ein. Rund 80 % aller Wälder der UdSSR liegen in Sibirien (Brockhaus, 1979). Die sibirische Taiga erstreckt sich vom Ural bis zum Pazifik über etwa 5000 km.

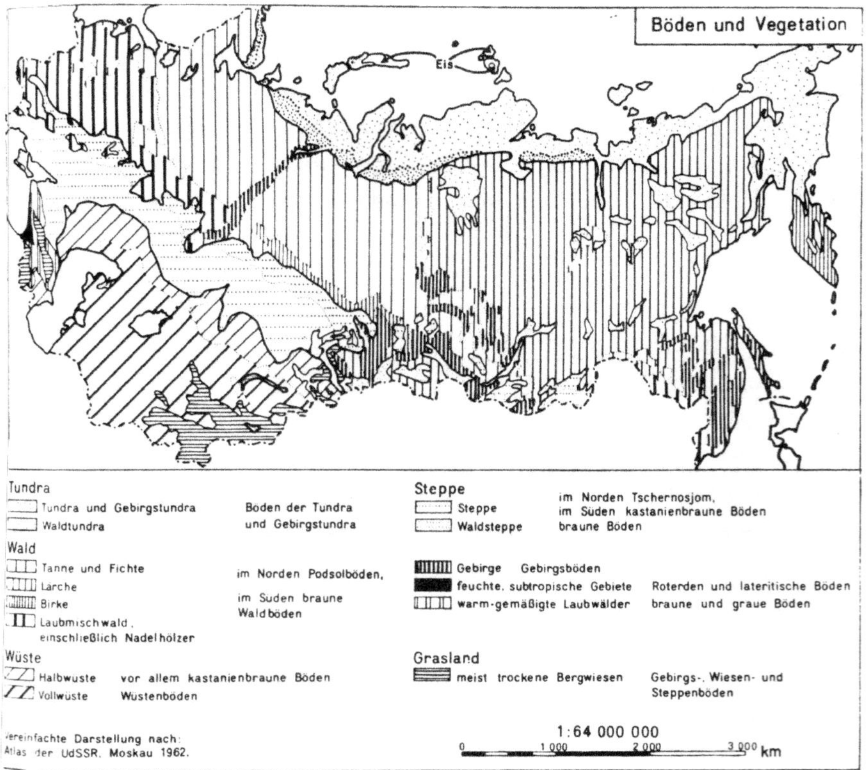

Abb. 8: Verbreitung der Vegetation und der Böden in der Sowjetunion (Harms Erdkunde, 1966)

Von West nach Ost bewirkt die zunehmende Kontinentalität, die durch abnehmende Niederschläge und immer strenger werdende Winter gekennzeichnet ist, eine unterschiedliche Zusammensetzung der Nadelwälder.

Im europäischen Rußland werden, abgesehen vom äußersten Nordosten, die Nadelwälder nur von Pinus sylvestris und Picea abies gebildet, die je nach Standorten oder anthropogenen Einwirkungen dominieren.

In Westsibirien, das an der Leeseite des Urals beginnt und im Osten bis etwas jenseits des Jenissej reicht, bildet die dunkle Taiga die natürliche Bewaldung, die vor allem aus der unserer Fichte nahestehenden Picea abies, var. obovata sowie der sibirischen Tanne (Abies sibirica) und der sibirischen Arve = Zirbelkiefer (Pinus cembra ssp. sibirica) besteht. Durch Brände und Kahlschläge hat sich der Anteil von Pinus sylvestris und Larix sibirica vergrößert. In Westsibirien wird die Taiga, zumal in der Obniederung, weithin durch Moore ersetzt, die auf den schlecht drainierten Böden des Tieflandes besseres Gedeihen finden als Wälder (s. Algvere, 1966, Karte S. 84 sowie Karte in Buchholz, 1961, S.31).

Ostsibirien ist der am stärksten bewaldete Teil der UdSSR; es beginnt etwas östlich des Jenissej und erstreckt sich vor allem über das Lenagebiet. Hier erreichen die Wintertemperaturen Tiefstwerte bis zu -70° C; die Böden liegen im Dauerfrostgebiet. Die Sommer sind sonnig und warm, aber kurz. Die Jahresniederschläge erreichen nur 150 - 200 mm; zwischen Jakutsk und Werchojansk fallen zuweilen nur 50 - 100 mm pro Jahr.
Das extrem kontinentale Ostsibirien deckt sich mit dem Verbreitungsgebiet von Larix dahurica, die zum größten Teil die Bestockung ausmacht und in Ostsibirien in höheren und nördlicheren Lagen wächst als jede andere Baumart. Die Fichte fehlt hier gänzlich (Buchholz, 1961; Walter, 1974 u. Schmidt-Vogt, 1977).

522. HEIMISCHE BAUMARTEN

Die Verteilung der Baumarten in den Wäldern, die den forstlichen Behörden der Sowjetunion unterstellt sind, zeigt die von Professor von Maydell zusammengestellte Tabelle 11. Diese Tabelle enthält nicht nur Angaben über die Baumarten, die in der Taiga stocken, sondern auch solche aus anderen Waldformationen, die aber nur einen geringen Bruchteil der Gesamtwaldfläche bilden.

Baumart	Flächenanteil Mio ha	%	Vorratsanteil Mrd m^3	%
Nadelhölzer				
Kiefern	108,0	16,4	14,3	19,1
Fichten	80,6	12,2	12,2	16,4
Tannen	11,8	1,8	2,2	2,9
Lärchen	251,5	38,0	26,7	35,6
Zirbeln	37,3	5,6	6,6	8,9
Juniperus seravshanica	0,4	0,1	-	-
Zusammen	489,6	74,1	62,0	82,9
Harte Laubhölzer				
Eichen	9,4	1,4	0,9	1,1
Buchen	2,5	0,4	0,5	0,7
andere	12,3	1,9	0,7	1,0
Zusammen	24,2	3,7	2,1	2,8
Weiche Laubhölzer				
Birken	87,9	13,3	7,1	9,5
Aspen	17,6	2,7	2,2	2,9
Erlen	2,4	0,4	0,2	0,3
Linden	2,4	0,3	0,3	0,4
Pappeln	0,8	0,1	0,1	0,1
andere	0,7	0,1	-	-
Zusammen	111,8	16,9	9,9	13,2
Übrige Holzgewächse	2,0	0,3	0,2	0,3
Gesträuche und Weidengehölze	32,9	5,0	0,6	0,8
Insgesamt	660,5	100,0	74,8	100,0

Tab. 11: Baumartenverteilung in den forstlichen Behörden unterstellten Wäldern (Maydell, 1972)

Die Tabelle zeigt die Sonderstellung der Lärchen in der Sowjetunion mit 251,5 Mio ha Lärchenwaldfläche und 35,6 % des gesamten Holzvorrats. Da die weitaus größten Vorkommen - Larix dahurica in Ostsibirien - noch nicht erschlossen sind und Lärchenholz nicht flößbar ist, spielt das Holz der Hauptbaumart des Landes im Export nur eine minimale Rolle. Das Gebiet von Larix dahurica reicht östlich bis Kamtschatka (Algvere, 1966, Karte S. 51 u. S. 52).

Das Verbreitungsgebiet von Larix sibirica erstreckt sich über den größten Teil Westsibiriens bis zum Baikalsee und an die Lena; seine Westgrenze reicht bis in das europäische Rußland hinein nahe Wologda (Maydell, 1972 u. Walter, 1974).

An zweiter Stelle stehen Kiefern, bei denen in der Tabelle keine Arten (außer Zirbelkiefern) ausgeschieden werden. Bei den Kiefern handelt es sich vorwiegend um Pinus sylvestris, die einen hohen Anteil an dem exportierten Schnittholz hat. Die Kiefern weisen ihr größtes Vorkommen in der europäischen Taiga auf (Algvere, 1966, Karte S. 43).

Die Fichte (Picea abies) steht an dritter Stelle der Nadelhölzer. Sie kommt besonders in der Taigazone des nordosteuropäischen Fichtengebiets in der gleichen Art wie in Skandinavien und Finnland vor. In Sibirien, wo das Vorkommen der Fichte bis zum Pazifik reicht, ist sie durch die Varietät obovata vertreten, die in den Zapfen Unterschiede gegenüber der in Europa beheimateten Fichtenart aufweist (Algvere, 1966, Karte S. 48 u. Schmidt-Vogt, 1977, Karte S. 26).

Die sibirische Tanne (Abies sibirica Ledeb., syn. A. pichta Forb.) kommt sowohl in Sibirien als auch im nordöstlichen Europa vor. Ihr Areal ist das größte einer Tanne in Eurasien. Eine Arealkarte findet sich in H. Walter (1974, S. 56). Die Süd- und Westgrenzen der Areale von Abies sibirica und Larix sibirica fallen vielfach zusammen, doch reicht das Vorkommen der Tanne nicht so weit nördlich wie das der Lärche. Die Tanne wünscht frische, nährstoffreiche und gut drainierte Böden; sie hat ein tief- und weitstreichendes Wurzelsystem und ist ziemlich sturmfest.

Sibirische Tanne (Abies sibirica) und die Fichte (Picea abies bzw. P. abies, var. obovata) bilden oft Mischbestände. Die Tanne ist sehr schattenertragend und wächst daher vielfach im Unterstand. Leider ist ihr Holz nur von geringem Wert und für Bauzwecke nicht verwendbar (Algvere, 1966).

Die fünfnadelige Zirbelkiefer oder Arve (Pinus cembra, var. sibirica) stockt vor allem in Sibirien. Hier hat sie ein geschlossenes Areal, das von der südlichen Lena über das Jenissej- und Obgebiet reicht; im Westen reicht ihr Vorkommen bis ins europäische Rußland. Eine Arealkarte findet sich in H. Walter (1974, S. 54).

Die Arven in Rußland sind hochwüchsiger als die in den Alpen. Sie kommen mehr als Mischholz als in großen Reinbeständen vor und wachsen sowohl auf den Gipfeln hoher Berge als auch in feuchten Tälern und auf Sümpfen und Bruchböden. Sie können bis zu 500 Jahre alt werden und gelten als wertvollste Holzart Sibiriens. Sie liefern leichtes Holz für die Furnier- und Sägeindustrie sowie für die Bleistiftproduktion.

Der Verzehr von Arven- oder Zirbelnüssen ist in Sibirien sehr beliebt; aus einem Teil der Ernte wird industriell Öl gewonnen. Von einem Hektar 80 bis 150jährigem Arvenwald können 100 - 200 kg Nüsse geerntet werden; aus einer Tonne Nüsse können 200 kg Öl gewonnen werden (Algvere, 1966).

Die Zirbelkiefer ist nicht nur durch Insektenfraß besonders bedroht, sondern ist auch der brandanfälligste Baum Sibiriens. Da die schweren Zirbelnüsse ungeflügelt oder kaum geflügelt sind, fällt Windverbreitung aus und es kann sehr lange dauern, bis mit Hilfe von Eichhörnchen (Squirrel, Feh) oder von Vögeln, vor allem Tannenhäher) wieder ein neuer Zirbelkiefernwald entsteht; dies ist besonders dann zweifelhaft, wenn der Boden nach einem Brand verwildert.

Während Lärchenholz zu schwer ist, um geflößt zu werden, kann das leichte Zirbenholz ohne menschliches Zutun von Nordrußland bis nach Island durch die Strömung gedriftet werden. 1960 sah ich an nordsüdlich verlaufenden Stränden Nordislands im Strandgut öfter Zirbenstämme, darunter auch bearbeitete Bloche. Die Isländer nennen das Zirbenholz, das sie zur Tischlerei verwenden, lindifura = Lindenkiefer, weil das Holz dem der Linde ähnelt (Hesmer, 1961).

Von weichen Laubhölzern kommen die <u>Birken</u> in der Taiga weitaus am häufigsten vor. Ihre Nutzung liegt jedoch erheblich hinter den Möglichkeiten zurück. Bei Birkenreinbeständen handelt es sich meist nicht um ungestörte, natürliche Vorkommen, sondern um Folgebestände nach Waldbränden, Insektenkalamitäten oder Kahlschlägen.

Betula verrucosa ist im europäischen Rußland und in Sibirien sehr verbreitet. Betula pubescens reicht noch weiter nach Norden und bildet dann die Waldgrenze gegen die Tundra.

Von den <u>Pappeln</u> ist die Aspe (Populus tremula) am wichtigsten. Sie kommt besonders im europäischen Rußland und Sibirien vor; nach Osten reicht ihr Areal bis Wladiwostok. Nach Norden kommt die Aspe in verschiedenen Gebieten bis 70° vor; sie muß demnach sehr frosthart sein. Es ist aber sehr schwierig, alte Aspen zu finden, die wirklich gesund sind.

53. ENTWICKLUNG DER FORSTWIRTSCHAFT IN ZARISTISCHER ZEIT

Nach langer Mongolenherrschaft wurde 1480 der Moskauer Staat gebildet, in dem 1613 die Dynastie Romanow an die Macht kam. Die Verlagerung der Reichshauptstadt nach Petersburg durch Peter d. Gr. um 1700 führte zu einer engeren Verbindung mit Westeuropa.

Schiffsverkehr von Westeuropa mit Nordrußland hatte schon mit der 1553 erfolgten Landung eines englischen Expeditionsschiffes, das einen nördlichen Seeweg nach China suchte, in der Dwina-Mündung des Weißen Meeres begonnen. Hier wurden 1584 ein Fort und ein Stapelplatz errichtet, auf dem an Walderzeugnissen gewiß vor allem Pelze, Holz, Teer, Pottasche, Wachs und Honig angeboten wurden gegen Textilien, Waffen, Eisen- und Glaswaren und anderem aus Westeuropa (Semjonow, 1975). 1616 erhielt der Platz den Namen Archangelsk. 1716 legten hier bereits 185 ausländische Schiffe an. Da dann Peter I. den Ostseehafen St. Petersburg sehr begünstigte, gingen die Umschläge in Archangelsk zeitweilig zurück.

Peter I. hatte zumal aufgrund des großen Holzbedarfs für seine Schiffsbauten ein größeres Interesse an der Forst- und Holzwirtschaft als irgend einer seiner Vorgänger und Nachfolger. Durch die von Peter I. 1722 erlassene Oberwaldmeisterinstruktion wurden Waldmeisterstellen an den wichtigsten Punkten entlang der russischen Flüsse zur Organisation des Forstwesens und der Anzucht von "Schiffbauwäldern" geplant (Buchholz, 1963). Als Peter 1725 starb, hinterließ er Rußland eine Flotte von 48 großen Linienschiffen sowie 787 Galeeren und kleinere Einheiten; alle Schiffe waren aus Holz gebaut (-, Der Spiegel, 2.6.1980, S. 124).

531. LÄRCHENPFLANZUNG BEI RAIVOLA

Die forstlichen Maßnahmen beschränkten sich nicht nur auf den Waldschutz, sondern umfaßten auch den Anbau von Larix sibirica westlich von Petersburg und nahe des Kriegshafens Kronstadt im Osten des Finnischen Meerbusens. Die Lärchenaufforstung, die nahe des Dorfes Raivola entstand, hatte außerordentlichen Erfolg. 1925, während der kurzen Zeit, die Raivola zu Finnland gehörte, hielt Dr. Lauri Ilvessalo aus Helsinki vor der Deutschen Dendrologischen Gesellschaft, die eine Finnlandreise unternahm, im Lärchenwald bei Raivola einen Vortrag, aus dem hier einige Auszüge gebracht werden, und zwar vor allem solche, die wörtliche Texte von Fokel enthalten. (Der Name des deutschen Forstmeisters, der den Lärchenwald bei Raivola anlegte, wird verschieden geschrieben: teils mit F oder V sowie mit ck oder k).

Da in dem 1926 veröffentlichten Vortrag von Dr. Ilvessalo von ihm verfaßte Partien mit solchen von Forstmeister Fokel wechseln, wurden die von Ilvessalo mit einem einfachen Anführungszeichen gekennzeichnet und die von Fokel mit einem doppelten.

'Die ersten Anfänge dieses ersten Kulturwaldes des Nordens reichen zurück bis zum Jahre 1738. Zar Peter der Große hatte für Rußland eine neue Waffe, eine Kriegsflotte geschaffen, für deren künftigenBedarf die Beschaffung guten Bauholzes notwendig erschien. Es wird erzählt, daß er schon zu diesem Zwecke die Anlage eines Lärchenwaldes in der Umgegend der Kronstädter Werft geplant hatte. Der Gedanke wurde jedoch erst unter Kaiserin Anna+) verwirklicht.

+) Kaiserin Anna Iwanowna, Tochter Peters d. Gr., regierte von 1730 - 1740.

Die Anlegung des Lärchenwaldes wurde dem deutschen Forstmeister Fokel anvertraut. In seinem "Berichte über die nordrussischen Wälder, versehen mit verschiedentlichen Bemerkungen und Anweisungen für deren Pflege", ein Werk, das nach dem Tode des Verfassers auf Veranlassung des Admiralitätskollegiums aus dem deutschen Manuskript ins Russische übersetzt und im Drucke veröffentlicht wurde, beschreibt er die Entstehung dieses Waldes, des jetzigen Lärchenwaldes von Raivola, folgendermaßen:'

"Da das Reichs-Admiralitätskollegium verfügt hatte, Lärche in der Gegend des 61. Breiten- und des 53. Längengrades zu säen, und aus der Stadt Archangelsk für den Zweck Samen beschafft worden waren, die jedoch meiner Beobachtung nach allzu warm aufbewahrt worden waren, so beschloß ich als erstes, den gemachten Fehler einigermaßen mit Hilfe von Wärme und Feuchtigkeit zu korrigieren, damit die Samen sogleich im ersten Sommer keimten und die Keime gut Wurzel schlugen; zu diesem Zweck verfuhr ich folgendermaßen:

Nachdem ich Ende April am Saatplatze angelangt war, verfertigte ich ziemlich viele, kleine, flache Tröge, die ich in eine Grube auf einen sonnigen Abhang setzte, wo die Samen vor kalten Winden geschützt waren. Als jedoch warme Tage kamen, vermengte ich die Samen mit guter Erde, füllte die Tröge mit dieser Mischung, wobei ich jedoch nicht 3 cm Tiefe überschritt, und spritze jedesmal Wasser darauf, wenn die Erde von der Sonne trocken geworden war, jedoch so sparsam, daß die Erde nicht mit den Samen zu Klumpen vermengt werden konnte. Nachts und bei kalten Winden bedeckte ich die Gruben und Tröge, bei warmen Wetter aber deckte ich sie wieder auf und mengte tagtäglich die Erde durcheinander, damit diese und die Samen weich würden, nicht allzu feucht und nicht allzu trocken.

Indessen bestimmte ich zwecks Aussaat der Samen die Umgrabung von zwei Flächen, von denen die eine, die vor einem Jahr geschwendet (= abgebrannt), uneben und stellenweise recht trocken war. Um aber zu verhindern, daß mir der für die Aussaat passende Zeitpunkt entging und um schneller mit der Sache ins Reine zu kommen, ließ ich, nachdem ich diese Stelle als die beste erkannt hatte, die Roggenstoppeln auf dem Felde genügend tief umpflügen, und da Samen, die auf die obige Weise behandelt worden sind, gewöhnlich nach 10 - 12 Tagen keimen, säte ich sie, damit sie nicht vor der Zeit keimten, in das umgepflügte Land jeden 5. bis 8. Tag, nachdem sie mit der Erde vermengt worden waren, und ordnete an, daß sie mit der Egge leicht zu bedecken waren.

Die andere Fläche war besser, aber vor einigen Jahren war auch sie geschwendet und schon mit Wald, Gebüsch und Gras bedeckt, daß es unmöglich gewesen wäre, sie in so kurzer Zeit ohne große Beschwerden zunächst zu roden und dann für die Aussaat vorzubereiten; deshalb ließ ich das Gras mähen und das Gebüsch verbrennen und ließ diese ganze Fläche westostwärts in Furchen von 2 Fuß Breite aufhacken; zwischen den Furchen wurde bloßes Land von 2 Fuß Breite gelassen, teils um die Arbeit zu beschleunigen, teils damit das auf den Zwischenräumen dieser Furchen wachsende Gras die ausgesäten Samen schütze, sobald diese infolge der Sonnenwärme angefangen hätten zu keimen. Als ich aber bemerkte, daß Regen im Anzug war, säte ich die mit der Erde vermengten Samen und eggte sogleich danach die Furchen um und war so ca. den 20. Mai fertig.

Die Arbeit gelang so gut, daß die Samen bereits im ersten Sommer äußerst gut keimten. Auf einer Besichtigung des Saatortes nach 5 Jahren waren die jungen Lärchenpflanzen auf der ersteren Fläche 4 Fuß hochgewachsen und schützten sich mit ihren Ästen gegen den Sonnenbrand, auf der anderen Fläche aber, die gefurcht worden war, waren viele Lärchen zu Boden getreten und vertrocknet und der Wuchs war viel schwächer als auf der ersteren Stelle, da, wie ich zu hören bekam, einmal eine Herde Dragonerpferde in die Umzäunung eingelassen worden war.

Die erwähnten Aussaaten geschahen Mai 1738 und diese Aufzeichnungen habe ich August 1743 angelegt."

'So hatte Fokel den Grund gelegt für den Lärchenbestand, aus dem im Verlauf der Jahre der stolzeste Wald des Nordens und einer der bedeutendsten Kulturwälder Europas herauswuchs.

Der Staatsforst von Raivola liegt zu beiden Seiten des Flusses Lintulanjoki und umfaßt 100,93 ha, wovon 18,40 ha reine Lärchenbestände und 3,13 ha Mischbestände von Lärche, Kiefer und Fichte. Die Lärchen sind alle sibirische Lärche (Larix sibirica).

Der Lärchenwald bei Raivola ist nicht nur wegen seines hohen Alters und seiner Flächenausdehnung weit bekannt, sondern auch wegen der imponierenden Dimensionen und der beträchtlichen Kubikmassen der Bestände. Die größte beobachtete Höhe beträgt 42 m, der stärkste Brusthöhendurchmesser 93 cm.

Lärchen mit einer Höhe von 40 - 41 m bei einem Brusthöhendurchmesser von 50 - 70 cm kommen im Walde häufig vor. Die größte Kubikmasse pro Hektar hat Abteilung I, nämlich 1040 Festmeter (Schaftholz mit Rinde); Hierzu kommt noch die Kubikmasse des Fichtenunterwuchses ca. 100 fm pro Hektar. An der holzreichsten Stelle dieser Abteilung betrug die Kubikmasse der Lärchen im Jahre 1921 sogar 1636 fm pro Hektar.

Vergleichsweise sei gesagt, daß in den finnischen Kiefern- und Fichtenbeständen auch bei den fruchtbarsten Waldtypen nur selten eine 600 fm pro Hektar übersteigende Kubikmasse angetroffen wird. Diese hat laut bisher bekannter Daten nie 700 fm überstiegen. Abteilung I in ihrer Gesamtheit, besonders jedoch ihre Nordostecke, ist Finnlands und wahrscheinlich sogar ganz Nordeuropas holzreichster Bestand.'

Forstmeister Fokel hat sich nicht nur mit der Schaffung des Lärchenwaldes von Raivola große Verdienste erworben; er hat sich außerdem durch ausgedehnte Reisen in den Wäldern Nordrußlands besondere Kenntnisse verschafft. Die darüber verfaßten Berichte erschienen der Admiralität so wertvoll, daß sie die Übersetzung ins Russische und den Druck veranlaßte. So kam 1766 in Petersburg nach dem Tode von Fokel das erste Forstlehrbuch in russischer Sprache heraus. Sein Titel lautet: "Die Beschreibung des natürlichen Zustandes der in den nördlichen russischen Ländern wachsenden Wälder nebst verschiedenen Bemerkungen und Anleitungen, wie solche anzubauen sind" (Buchholz, 1963; Abdruck des Titelblattes in Buchholz, 1961, S. 4).

532. WALDVERWÜSTUNGSPERIODE; WALDSCHUTZGESETZ 1888

Die Nachfolgerin Peters d.Gr. bestätigte zunächst die von diesem erlassenen Forstordnungen; bald mußte sich aber die Regierung dem Druck des Adels beugen und die Forstbehörden auflösen. 1782 wurde jede Aufsicht über den Privatwald eingestellt. Von der Waldverwüstungswelle verschont blieben nur die dem Staat und der Krone gehörenden schwach besiedelten und wenig zugänglichen nördlichen Waldgebiete.

Nach der Bauernbefreiung, die 1861 erfolgte, setzte ein verstärkter Verkauf von Wäldern adliger Großgrundbesitzer an Kaufleute ein. Von 1877 bis 1905 nahm der Waldbesitz der Kaufleute auf Kosten des Adels um 33 Prozent zu. Die Kaufleute erwarben den Wald meist aus spekulativen Motiven zur baldigen Abholzung.

Eine neue Waldverwüstungswelle erfolgte im Zusammenhang mit dem Eisenbahnbau und dem Industriewachstum, insbesondere der Ausdehnung der Sägeindustrie. 1893 erschien in Berlin ein von Friedrich von Arnold verfaßtes und vom Berliner Holz-Comptoir herausgegebenes größeres Buch "Rußlands Wald", das sich eingehend mit den schlechten Gepflogenheiten beim Holzverkauf befaßt.

Mehr als ein Jahrhundert lang herrschte rücksichtslose Waldverwüstung, bis Alexander III. am 4. April 1888 ein umfassendes Waldschutzgesetz erließ.

Das Waldschutzgesetz besteht aus 47 Artikeln und galt für das ganze europäische Rußland, abgesehen von einigen namentlich aufgeführten Waldgebieten. Ihm unterlagen alle Wälder, in wessen Besitz sie auch sein mochten.

Die Schutzwälder dienten:

- um Dünen zu binden oder ihre Ausbreitung zu hindern, um flößbare Ströme, Kanäle, Wasserreservoirs gegen Versandung zu schützen
- zum Schutze von Ortschaften, Straßen, Eisenbahnen, landwirtschaftlich genutzten Flächen gegen Sandwehen;
- zum Schutz der Ufer gegen Abspülen, Unterwaschen, Eisbeschädigung;
- zum Schutz von Bergen und Hängen gegen Abspülen und Abschwemmen durch Schneewasser etc.

Für die Schutzwälder wurden die Kosten der Betriebspläne aus der Staatskasse bezahlt.

In dem Buch "Rußlands Wald" von F.v. Arnold ist der Text der 47 Artikel wohl vollständig aufgeführt. Guse hat in der Zeitschrift für Forst- und Jagdwesen 1891 eine etwas gestraffte Fassung veröffentlicht, aus der die Artikel 22 bis

47, die die Waldschutzbehörden behandeln, hier wiedergegeben werden:

"Die Waldschutzbehörden

Art. 22 bis 24. Die oberste Aufsicht führt die Forstabteilung des Ministeriums der kaiserlichen Güter, die Aufsicht in jedem einzelnen Gouvernement ein Waldschutzkomitee durch Vermittlung der kaiserlichen Forstbeamten, der Polizei-, Kreis- und Gemeindebeamten.

Art. 25. Präses des Waldschutzkomitees ist der Gouverneur. Es besteht aus dem Adelspräsidenten, dem Gerichtspräsidenten, dem Chef der kaiserlichen Güterverwaltung (Präsidenten der Finanzdirektion), einem Revisor (Forstmeister), einem höheren Rechnungsbeamten, dem Vorsitzenden der Provinzialverwaltung (Landesdirektor) und zwei von dem letzten zu wählenden Privatwaldbesitzern. Über die Vertretung der Mitglieder sind besondere Bestimmungen getroffen. Handelt es sich um Wälder, die zur Erhaltung der Flüsse dienen, so muß der Chef des Kommunikationswesens hinzugezogen werden.

Art. 26. Beschlußfähig ist das Komitee, wenn wenigstens der Vorsitzende, ein Vertreter der Finanzdirektion, der Adels- und Gerichtspräsident und der Landesdirektor oder deren Vertreter anwesend sind.

Art. 27. Die Prozesse des Komitees führt die Lokalverwaltung der kaiserlichen Güter.

Art. 28. Die Revisoren (Forstmeister) überwachen die vom Komitee mit der Beaufsichtigung der Gemeinde- und Privatforsten beauftragten Personen.

Art. 29. Das Komitee entscheidet über die Erklärung eines Waldes zum Schutzwalde, genehmigt die Umwandlung von Wald in

Acker etc., entscheidet über das Vorliegen einer Devastation, bestätigt die Wirtschaftspläne für Nichtschutzwälder, bestimmt die Frist und die Kosten der Wiederaufforstung, zieht die Schuldigen zur Rechenschaft, ordnet die Aufsichtsmaßregeln an.

Art. 30. Die Anträge auf Erklärung eines Waldes zum Schutzwalde gehen an das Komitee durch die Provinzial-, Kreis- oder Wegebauverwaltung.

Art.31 bis 37. Ehe ein Wald zum Schutzwalde oder für devastiert erklärt wird, hat eine Untersuchung durch kaiserliche Forstbeamte stattzufinden, zu welcher der Besitzer vorgeladen wird, aber nicht zu erscheinen braucht. Er erhält Abschrift der entstehenden Verhandlung, gegen die er binnen 30 Tagen beim Komitee vorstellig werden kann. Nach Ablauf dieser Frist erfolgt die Entscheidung, zu welcher der Besitzer abermals vorgeladen wird, um etwaige Erklärungen abzugeben. Der erfolgte Beschluß wird dem Besitzer in gesetzlicher Form mitgeteilt und öffentlich bekannt gemacht. Dient der betreffende Wald zur Erhaltung der Flüsse etc., so wird der Eigentümer nicht zugezogen, sondern lediglich vom Ausfall der Untersuchung benachrichtigt.

Art. 38. Die gefaßten Beschlüsse sind für den Besitzer vom Tage der Zustellung ab bindend.

Art. 39. Die Wirtschaftspläne werden von kaiserlichen Forstbeamten aufgestellt, vom Komitee bestätigt.

Art. 40. Die ministerielle Instruktion über die Aufstellung kann verlangen: Kartierung der Grenzen, Flächenberechnung, Bestandsbeschreibung, Bestimmung der Größe und der die natürliche Verjüngung sichernde Art des Hiebes.

Art. 41. Die Entscheidung über Umwandlung in Acker etc. kann ohne örtliche Untersuchung erfolgen, falls kein Grund vorliegt, den Wald zum Schutzwalde zu erklären.

Art. 42. Das Komitee verteilt die Aufsicht über die Wälder unter die Organe der Forstverwaltung, Polizei und Bauerngerichte, bevollmächtigt bestimmte Beamte zu strafrechtlichen Verfolgungen und erläßt für die Aufsichtsbeamten eine Instruktion.

Art. 43, 44. Beschwerden über Beschlüsse des Komitees gehen durch das letztere an den Finanzminister, welcher darüber gemeinsam mit dem Minister des Innern und denjenigen Ministern, deren Ressort etwa sonst noch dabei beteiligt ist, entscheidet.

Art. 45, 46. Die Aufsichtsbeamten überwachen die Aufrechterhaltung aller Beschlüsse, verfolgen Zuwiderhandlungen und können die Forsten jederzeit bereisen, dürfen jedoch kein Gewehr mit sich führen.

Art.47. Die etwa erforderlich werdende Expropriation erfolgt nach den allgemeinen gesetzlichen Bestimmungen."

533. DAS PETERSBURGER FORSTDEPARTEMENT

Durch Ukas vom 24. Mai/7. Juni 1798 war im Admiralitätskollegium eine besondere Forstabteilung gebildet und damit ein fester Grund zur Entwicklung der russischen Forstwirtschaft gelegt worden. Die Errichtung einer forstlichen Zentralbehörde war der Schlußstein der Verordnungen Peters des Großen.

Das zunächst nur mit geringem Personal ausgestattete Departement wechselte wiederholt seine Organisation. Besonders wichtig war der Forstschutz: nach dem Bericht für die Staats-

forsten von 1836 betrugen die Verluste durch Brand und Diebstahl jährlich 4 Mio Rubel, die Einnahmen kaum eine halbe Million. Der durch Leibeigene als Frondienst ausgeübte Forstschutz war nach wie vor schlecht.
1869 wurde ein besoldetes Forstschutzpersonal geschaffen und dadurch der Diebstahl wesentlich beschränkt. Von 1880 bis 1897 stiegen die Reinerträge von 10 über 16 auf 30 Mio R.S. "Kein anderer Zweig der russischen Staatsverwaltung mit Ausschluß der Eisenbahn hat seine Einnahmen in gleicher Weise gesteigert", heißt es in dem anläßlich der Hundertjahrfeier des Forstdepartements erstatteten Bericht. Die Zahl der Oberförster betrug 1894 774; die der Oberförstereien 1897 1019 (Guse, 1899).

Nach Aussage des Jahrbuchs des Forstdepartements des Russischen Landwirtschaftlichen Ministeriums für 1909 fanden bedeutende Revierteilungen statt: 1889 betrug die Zahl der staatlichen Oberförstereien im europäischen Rußland erst 645 gegenüber 1013 im Jahre 1909. Die durchschnittliche Reviergröße belief sich auf rd. 66 000 Deßjätinen (= 72 000 ha).

In 97 niederen Forstschulen wurden Forstschutzbeamte ausgebildet. Im europäischen Rußland waren von diesen, einschließlich Feuerwächtern, 25 274 eingesetzt. Das Gehalt der Forstschutzbeamten wurde erhöht.

Da die natürliche Verjüngung sehr im argen lag und zur künstlichen das Geld fehlte, kam man auf den Gedanken, den Holzkäufern die Kosten der Wiederkultur als Zuschlag zum Kaufgeld - 20 Rubel pro Deßjätine (= 1,09 ha) - aufzuerlegen. Das Verfahren bewährte sich aber nicht und so wurde angeordnet, daß der Staat die Gelder einzieht. Damit standen der Forstverwaltung 1909 1,6 Mio Rubel für Kulturen und Meliorationsmaßnahmen zur Verfügung. Auf Rechnung des Staates wurde nur eine verhältnismäßig geringe Holzmasse eingeschlagen; in der Regel wurde der Einschlag den Käufern überlassen.

Für die Besiedlung des Nordens und für die Landversorgung der Bauern wurden im Jahre 1909 besonders in den nördlichen Gouvernements 212 991 Deßjätinen (= 232 000 ha) als Eigentum abgetreten (Guse, 1912).

Im europäischen Rußland stockten 1901 nach Buchholz (1961) 186 Mio ha Wälder, die sich auf folgende Besitzungen prozentual verteilen:

Staatswälder	63 %
Privat-, Majorats- u. Kirchwälder	24 %
Bauernwälder	9 %
Kron- und Apanageforsten	3 %
Hüttenindustrie	1 %

Die Staatsforsten im europäischen Rußland wiesen am 1. Januar 1910 folgende Bodennutzungsgliederung auf:

Waldboden	84 638 193	Deßjätinen	=	92,25	Mio	ha
anderweitig nutzbarer Boden	733 110	"	=	0,8	"	ha
unnutzbar	40 400 231	"	=	44,0	"	ha

Seit 1839 wurden Vermessung und Forsteinrichtung energisch vorangetrieben. Mit Forsteinrichtungsarbeiten waren 1909 63 Kommissionen mit einem Personalbestand von 128 Taxatoren und 354 Geometern unter 30 Revisoren und einem Vizeinspektor tätig.

Die Einnahmen betrugen 1909 im europäischen Rußland 61,8 Mio Rubel gegenüber 4,9 Mio im gesamten übrigen Rußland.

534. FORSTLEHRANSTALT PETERSBURG

Die dringende Ausbildung junger russischer Forstleute wurde zunächst in England vorgenommen. Bei der Hundertjahrfeier des Petersburger Forstdepartement wurden die Anfänge der forstlichen Ausbildung geschildert:

"1799 schickte man 4 junge Leute vom Marinekorps nach England zur Erlernung des Forstdienstes, namentlich der Erziehung von Schiffsbauholz. 1800 sollte eine "Forstmeisterklasse" im Marinekorps für 35 bis 40 Kadetten eröffnet werden, allein es fehlte an Lehrern. Erst 1803 gelang die Errichtung der ersten russischen Forstschule in Zarskoje Selo, in der unter Zuziehung eines Dolmetschers deutsch unterrichtet wurde." (Guse, 1899)

Die Forstschule, die zunächst in dem etwa 25 km von Petersburg gelegenen heutigen Puschkin eingerichtet war, wurde 1911 nach Petersburg verlegt. 1829 wurde sie in eine sechsklassige Lehranstalt umgewandelt und ihr ein Lehrrevier - Lisino - mit einer Jägerschule zugeteilt. Um die Jahrhundertwende studierten rd. 400 Forstleute an dem Forstinstitut, am 1. Januar 1910 war die Zahl der Studierenden auf 619 gestiegen.

Daß zwischen dem Forstinstitut zu St. Petersburg und deutschen Forstwissenschaftlern viele Beziehungen bestanden, kommt auch darin zum Ausdruck, daß anläßlich des Hunderjährigen Jubiläums 1903 zehn deutsche Forstwissenschaftler zu Ehrenmitgliedern des Forstinstituts ernannt wurden (-, Zeitschrift für Forst- und Jagdwesen, 1903).

535. BERICHTE ÜBER DIE FORSTLICHEN VERHÄLTNISSE BIS 1915

535.1 BERICHT A. SCHWAPPACHS ÜBER ERSCHLIEßUNG UND NUTZUNG DES NÖRDLICHEN URWALDES

1901 führte der Eberswalder Professor Schwappach in Begleitung von Professor Morosow vom Forstinstitut zu Petersburg eine siebenwöchige Studienreise durch Staatsforsten des europäischen Rußlands durch. Er war zu dieser Reise von dem Direktor des kaiserlich russischen Forstdepartements eingeladen.

Schwappach (1851 - 1932) war nicht nur in Forschung und Lehre vielseitig führend tätig, sondern er war auch Dirigent des preußischen forstlichen Versuchswesens und daher mit ertragskundlichen Themen sehr vertraut. Über die Reise veröffentlichte er 1902 in der Zeitschrift für Forst- und Jagdwesen einen eingehenden Bericht "Forstliche Reisebilder aus Rußland", in dem das Kapitel "Der nördliche Urwald" den größten Raum einnimmt. Schwappach schrieb, daß er sich aus eigener Anschauung ein Bild von dem Zustand und der Ausdehnung der Waldungen des nordöstlichen Rußland verschaffen wollte.

Von dem Ausmaß der Wälder der Taiga war er sehr beeindruckt. Das zwischen Moskau und Archangelsk auf etwa 58° nördlicher Breite gelegene Gouvernement Wologda, in dem er sich genauer informieren wollte, hatte 27,3 Mio ha Staatswald, also doppelt soviel wie die gesamte Waldfläche des Deutschen Reiches. Die größte Oberförsterei des Gouvernements Wologda, Petschora, besaß eine Ausdehnung von 5,98 Mio ha.

Schwappachs Ausführungen behandeln eingehend die Forsteinrichtung, namentlich die Erfassung der Bestockungs- und Wuchsverhältnisse; er berichtete über Forstnuzung und Holztransport sowie über waldbauliche Probleme und ökonomische Ergebnisse. Die Forstverwaltungsorganisation wurde selbstverständlich ebenfalls dargestellt. Aus dem Bericht teile ich hier nur einen Bruchteil mit, diesen aber im Wortlaut.

Besonders hat Schwappach die Anlage von Schneisennetzen in großen Urwäldern interessiert, die Bestandesbeschreibungen unter diesen schwierigen Verhältnissen überhaupt erst ermöglichen. Mit der Schilderung einer Urwaldtaxation sollen daher die Auszüge aus seinem Bericht beginnen:

"Die nächsten Fragen lauten selbstverständlich: Wie sieht dieser Wald aus? Welche Holzmassen enthält er? Eine voll befriedigende Antwort hierauf vermag zur Zeit niemand zu geben.

Festzuhalten ist nur, daß bis vor wenigen Jahren eine nennenswerte Ausnutzung dieser Waldungen überhaupt nicht stattgefunden hat. Man beschränkte sich auf die Entnahme des besten Holzes in der Nähe der großen Flüsse.

Wenn also größere Flächen im Innern des Gebietes vorkommen, so sind sie in der Hauptsache entweder durch die allerdings sehr häufigen und ausgedehnten Waldbrände verursacht oder eine Folge von Hochmoorbildungen, welche sich in ziemlich großem Umfang, namentlich auf den Wasserscheiden finden.

Seit 1895 sind Untersuchungen über den Zustand dieser Waldungen im Gange. Es ist interessant zu erfahren, in welcher Weise diese primitive "Taxation" erfolgt:

Auf Grund der Generalstabskarten werden über den zu beschreibenden Waldkomplex zwei Achsen, "Magistrale" genannt, von denen die eine in der Richtung Nord-Süd, die andere in jener Ost-West verläuft, so gelegt, daß sie die größten Ausdehnungen der Waldungen treffen.
Diese Magistrale haben oft eine ganz gewaltige Länge und erstrecken sich bis zu 350 km.

Nachdem diese Magistrale im Gelände abgesteckt und auf 4 m Breite aufgehauen sind, werden parallel zu der von N. nach S. verlaufenden Magistrale alle 4 Werst (= 4,3 km), und parallel zu der von O. nach W. verlaufenden alle 16 Werst (= 17,1 km) spätere Gestelle, sog. "Visire", aufgehauen.

Die Grundlage der Bestandesbeschreibung wird demnach durch Figuren geliefert, welche 4 x 16 = 64 Quadratwerst oder rund 7300 ha umfassen. In dem Maß, als die Intensität der Wirtschaft fortschreitet, werden diese Wirtschaftsfiguren durch Teilung und Aufhauen weiterer "Visire" allmählich verkleinert.

Die Beschreibung der Bestände ist nun lediglich in der Weise möglich, daß die Taxatoren längs der Visire vorwärts gehen und sich die Beschaffenheit der Bestände sowie die Lage jener Punkte notieren, an welchen ein wesentlicher Wechsel hierin eintritt; letztere werden auf den Karten eingetragen. Durch Verbindung der gleichsinnigen Punkte ergibt sich sodann die Bestandeskarte.

Das Durchgehen der Urwaldbestände zum Zweck der Beschreibung ist unmöglich und bei der Schwierigkeit, den Ausgangspunkt wiederzufinden, sogar lebensgefährlich. Schon das Bewegen auf den Visiren über Lagerholz und Windbrüche erfordert, wie ich aus eigener Erfahrung bestätigen kann, die größten Anstrengungen.

Man gewinnt also nur soweit einen Einblick in die Beschaffenheit der Bestände, als man von den Visiren aus sehen kann. Bei der großen Entfernung der Visire von einander liefert diese Methode daher nur sehr ungenügende Anhaltspunkte zur Verurteilung der dazwischen liegenden Bestände. Ein anderes Verfahren ist aber unter den dortigen Verhältnissen gegenwärtig nicht anwendbar.

Die Hauptholzarten in diesem Waldgebiet sind Fichten und Kiefern, in untergeordnetem Maße beteiligen sich Birke, Erle und Aspe an der Zusammensetzung des eigentlichen Urwaldes. Die Fichte tritt hauptsächlich auf Lehm- und Tonboden auf, die Kiefer findet sich einerseits auf Sand-, andererseits auf Moorboden. Auf den Übergangsböden erscheinen gemischte Bestände.

Das Wachstum ist an diesen nördlichen Gebieten ein sehr langsames, was bei Beurteilung der künftigen Produktion nicht übersehen werden darf. Die nutzbaren Stämme haben ein Alter von mindestens 150 Jahren und erreichen selbst dann erst verhältnismäßig geringe Stärken. Die Fichte wird unter günstigen Verhältnissen 28 m, die Kiefer auf frischem Sandboden etwa 25 m hoch.

Die normale Handelsware wird gegenwärtig von Abschnitten gebildet, welche 9 Arschinen lang sind und mindestens 5 Werschock Zopfstärke besitzen, also 6,40 m lang und 22 cm am oberen Ende stark sind. Ein Stamm, welcher zwei solcher Abschnitte liefert, wird schon als ein guter betrachtet.

In den entlegenen Waldungen, wo z.Z. nur die beste Schnittware verkäuflich ist, wird eine Bruststärke von 12 bis 15 Werschock (50 bis 70 cm) gefordert.

Man schätzt nun, daß im günstigsten Fall von solchen vorzüglichen Stämmem 3 bis 4, von der normalen Handelsware aber 120 bis 150 Stämme pro Hektar stehen.
In der von mir besuchten Oberförsterei Wologda, Schutzbezirk Sucharewsky, lieferten die letztjährigen Schläge durchschnittlich 125 Stämme pro Hektar.

Die tatsächliche Ausbeute an Stammanschnitten, welche mindestens die normalen Dimensionen besitzen, ist indessen stets größer als die in den Versteigerungs-Protokollen angegebene

Anzahl. In diesen wird nämlich nur je ein Abschnitt pro Stamm garantiert, während etwa die Hälfte der Stämme deren zwei, einzelne wohl auch drei liefern. Die Bezahlung erfolgt jedoch nach dem wirklichen Anfall, welcher auf der Ablage am Wasser abgenommen wird.

Nach den angegebenen Maßen kann man berechnen, daß der Mittelstamm in jenen Beständen, bei welchen die volle Ausnutzung möglich ist, etwa 0,80 fm verkäufliche Masse enthält, was mit meiner Schätzung an Ort und Stelle übereinstimmt; das Hektar liefert also zwischen 70 und 80 fm.

Wenn man ganz vorsichtig nur einen Vorrat von 70 fm pro Hektar annimmt mit Rücksicht auf die doch bereits teilweise erfolgte Ausnutzung und die Möglichkeit des Vorhandenseins größerer unbestockter Flächen in diesem Waldgebiet, so ergibt sich immerhin ein jederzeit nutzbarer Holzvorrat von 560 Millionen Festmeter Exportware in den Staatswaldungen der beiden Gouvernements Wologda und Archangel.

Aus den Urwaldungen kann das Holz auf weite Entfernung nur auf dem Wasserwege verfrachtet werden, zu den größeren Flüssen bringt man jetzt das Holz aus einer Entfernung bis 25 km, zu den kleineren Wasserläufen bis zu einer solchen von 5 km auf dem Landwege mittels Schlitten.

Sehr wertvoll für die Holzausfuhr ist der Umstand, daß in dem schwachwelligen Gelände sehr zahlreiche, zwar schwache, aber doch tief eingeschnittene Wasserläufe vorkommen, deren Bett zur Zeit der Schneeschmelze mit Wasser voll gefüllt ist und das Flößen gestattet.

Wie sehr die Entwicklung des Holzhandels auf die Preise der Waldungen zurückwirkt, mögen folgende zwei Beispiele zeigen:

Im Bezirk Kadinkow (nordöstlich Wologda) wurde bis vor 10 Jahren das Hektar Wald einschließlich Bestand mit 25 Kopeken, also 60 Pfennig bezahlt, jetzt mit 150 Rubel!

In der Nähe von Wologda wurde ein Privatwald von 88 ha Größe vor 6 Jahren um 3960 Mk. verkauft, vor zwei Jahren wurden für den gleichen Wald bereits 15 400 Mk. bezahlt, heute werden 31 000 Mk. vergeblich geboten!

Die Tätigkeit des Oberförsters beschränkt sich in den nördlichen Waldungen auf den Holzverkauf, die Abnahme des gefällten Holzes an den Ablagen und auf die Kassengeschäfte.

In Rußland ist durchweg der Oberförster gleicher Zeit Forstkassenbeamter, was durch die großen Entfernungen seine Erklärung findet. Bei sehr extensivem Betrieb erscheint diese Vereinigung trotz der grundsätzlich entgegenstehenden Bedenken wenigstens ohne Schädigung der Wirtschaft zulässig, sobald der Betrieb aber intensiver werden soll, bildet sie ein schweres Hemmnis für die Weiterentwicklung.

Die Auszeichnung der zu fällenden Stämme und die Abgrenzung der Lose erfolgt in diesen Waldgebieten durch die Waldwärter unter der Leitung des Oberaufsehers.

Die Stämme werden in Rußland durchweg im stehenden Zustand verkauft, die Werbung geschieht seitens des Käufers, welchem für die Abfuhr ein Zeitraum von 1 1/2 bis 2 Jahren eingeräumt ist.

Bezüglich der beiden von mir besuchten Oberförstereien Wologda und Grjasowetz ist speziell noch folgendes zu bemerken:
Die Oberförsterei Wologda umfaßt etwa 50 000 ha, Grjasowetz 100 000 ha; erstere ist in Jagen von durchschnittlich 500 ha Größe geteilt, in Grjasowetz sind diese "Quartale" je nach

der Lage 110 bis 450 ha groß. Der Wohnsitz des Revierverwalters ist in beiden Fällen annähernd 50 km vom Beginn des Waldes entfernt.

Zunächst ist hervorzuheben, daß in diesen nördlichen Gebieten mit kühler Temperatur und großer Luftfeuchtigkeit auf dem mineralischen Boden durchweg eine starke Schicht von Rohhumus lagert, die obere meist sehr mächtige Bodendecke wird in den Fichtenbeständen von Moos, in den Kiefernbeständen hauptsächlich von Beerenkräutern und wenig Moos gebildet.

Nach dem Abtrieb der Bestände dauert es mindestens 6 bis 8 Jahre, ehe diese Decke soweit zersetzt ist, daß ein Anflug von Fichten oder Kiefern sich entwickeln kann; inzwischen drängt sich aber teils Birke und Aspe in ungeheuren Mengen ein, teils entwickelt sich eine außerordentlich üppige Vegetation von Schlagunkräutern und Gras, welche der Naturverjüngung äußerst hinderlich ist.

Die seit einigen Jahren gemachten Versuche, nach geringer Bodenverwundung Fichtensaaten auszuführen, haben bis jetzt keine günstigen Erfolge, weil diese Bodenlockerung den raschwüchsigen Konkurrenten der Fichte in weit höherem Maße zu gute kommt als dieser selbst. Mindestens würde eine äußerst energische, auf so großen Flächen gar nicht durchführbare Schlagpflege dazu gehören, um die Entwicklung der Fichte in wünschenswerter Weise sicher zu stellen.

Noch ungünstiger als in den Fichtenbeständen zeigen sich die Folgen der Kahlschlagwirtschaft in den auf feuchterem Boden stockenden Kiefernbeständen wegen der hier in ganz auffallender Weise hervortretenden Neigung zur Hochmoorbildung.

Während unter den geschlossenen Beständen der Bodenüberzug aus Beerkräutern und Hypnum besteht, tritt fast unmittelbar nach dem Abtrieb Polytrichum auf, sehr rasch folgt Sphagnum in mächtigen Polstern und die Moorbildung ist im vollen Gang; Anflug von Kiefern findet sich nur äußerst spärlich, Anflug von Fichten fehlt ganz. Beim Durchwandern der Standkulissen und der daranstoßenden Schlagflächen tritt dieser rasche Übergang in hochinteressanter Weise hervor.

Diese Neigung zur Hochmoorbildung stellt für die Waldungen Nordrußlands eine große, wohl zu beachtende Gefahr vor, wenn man bei steigendem Holzabsatz vom Plenterbetriebe zu einer stärkeren Ausnutzung der Bestände übergehen wird. Sie kann nur durch einen sehr energischen Kulturbetrieb unschädlich gemacht werden!

Bezüglich der Holzpreise und Walderträge dieser Waldungen mögen noch folgende Zahlen mitgeteilt werden:

Das Festmeter exportfähigen Nutzholzes wird bei Wologda an Ort und Stelle mit 3 bis 4 Mk. gezahlt, das Raummeter Brennholz kostet, soweit es abgesetzt werden kann, in dem parzellierten Wologda 30 Pfg.

Die Oberförsterei Grjasowetz liefert pro Hektar einen Reinertrag von 80 Pfg., während die gesamten Staatswaldungen des Gouvernements Wologda zur Zeit nur einen solchen von 15 Pfg. geben."

In einem Vorwort behandelt Schwappach unter anderem kurz zwei Themen:

- die Gefahr der Verwilderung mit Birken und Aspen nach Beseitigung der Primärbewaldung,
- Holzhandel, Wassertransport und Holzausfuhr.

Zur Gefahr der Verbirkung sagt Schwappach:

"Vom Überschreiten der russischen Grenze bei Wirballen bis Wologda und Moskau sieht man längs der Bahn fast nur Aspen- und Birkenbestand. Man hat es hier aber mit einem "second growth" zu tun! Nach dem Abtrieb der Nadelholzbestände, welche teils mit Rücksicht auf den Feuerungsbedarf der Lokomotiven, teils wegen des erleichterten Absatzes erfolgte, sind an ihre Stelle Aspen und Birken als herrschende Holzarten getreten. Beide Arten haben infolge ihres leichten Samens, die Aspe auch durch ihre Vermehrung mittels Wurzelbrut, das Bestreben, die übrigen, für uns im Allgemeinen wertvolleren Holzarten zu verdrängen. Bei der üblichen Kahlschlagwirtschaft führen Aspe und Birke im Norden einen nur leider zu erfolgreichen Kampf.

Ein richtiges Bild von der ursprünglichen Zusammensetzung des Waldes erhält man nur beim Besuch der noch unberührten Staatswaldungen."

Über den Holzhandel, den Wassertransport und die Holzausfuhr gibt er an:

"Die ungleiche Verteilung des Waldes innerhalb Rußlands und der ungeheure Holzreichtum der nördlichen Gouvernements veranlaßten seit langer Zeit einen äußerst lebhaften Holzhandel sowohl zur Versorgung der holzarmen Landesteile als auch zur Beteiligung am internationalen Geschäft, beide werden durch ein reiches System von natürlichen und künstlichen Wasserstraßen ungemein begünstigt. Rußland ist im Innern außerordentlich schwach gegliedert und entbehrt jedes größeren Gebirges. Es besteht teils aus völlig ebenen, teils aus wellenförmigen oder hügeligen Flächen, welche durchschnittlich nur 100 bis 200 m über dem Meere liegen. Übergänge von einem Stromsystem in das andere sind unschwer herzustellen und auch in großer Anzahl vorhanden.

Der Wert der Holzausfuhr wurde 1899 auf 130 Millionen Mark jährlich geschätzt und ist im raschen Aufschwung begriffen. Die Hauptabsatzgebiete für das russische Holz sind Großbritannien, Deutschland, Holland und Frankreich. In neuester Zeit ist namentlich die Ausfuhr nach Deutschland rasch gestiegen; sie hat 1895 25 %, 1897 bereits 35 % der Gesamtausfuhr betragen und nimmt noch fortwährend zu."

532.2 DIE RUSSISCHEN FORSTVERHÄLTNISSE 1876 - 1915 NACH REFERATEN UND AUFSÄTZEN VON C.A. GUSE

In den deutschen forstwissenschaftlichen Zeitschriften erschienen seit Mitte der 70er Jahre des vorigen Jahrhunderts bis zum Ersten Weltkrieg zahlreiche Veröffentlichungen, die sich mit den verschiedensten Themen der russischen Forstwirt- und Forstwissenschaft befaßten. Meist waren die Beiträge mit "Guse" gezeichnet, dem zuweilen der Titel "Forstmeister" oder später "Oberforstmeister" zugefügt war.

Wer war der Forstmann Guse, der so großes forstliches Wissen über Rußland besaß und es ansprechend formuliert seinen deutschen Fachgenossen zur Belehrung bot? Einige biographische Sätze mögen Auskunft geben:

Carl August Hermann Guse wurde am 17. September 1828 auf Gut Zietlow bei Kolberg geboren. Er besuchte das Gymnasium in Bromberg und bestand dann das Feldmesserexamen. 1847/48 absolvierte er den Militärdienst. An der Forstakademie in Eberswalde war sein Zeugnis "gut" mit "sehr gut" in Mathematik. Im Oktober 1856 bestand er das Oberförsterexamen.

Gleichzeitig mit der forstlichen Ausbildung absolvierte er das Feldjäger-Examen. Das Feldjäger-Korps, in das er 1849 aufgenommen wurde, wurde von Friedrich d.Gr. eingeführt. Es bestand aus Forstbeamten, die zeitweilig als Kuriere im diplomatischen Dienst eingesetzt wurden.

Als solcher wurde Guse im November 1857 an die Gesandtschaft in Petersburg kommandiert. 1860 schied er aus dem Reitenden Feldjäger-Korps aus, um in Rußland eine forstliche Anstellung im Fürstlich Wittgensteinschen Dienst im Gouvernements Minsk zu übernehmen. Diese Tätigkeit übte er bis 1864 aus. Dann wurde er wieder in das Feldjäger-Korps aufgenommen und damit auch unter die Oberförsteranwärter. Er erhielt sogleich die Verwaltung einer Oberförsterei im Reg.-Bez. Königsberg.

1868 wurde er beauftragt, die Betriebsregulierungsarbeiten sämtlicher Reviere der Johannisburger Heide zu leiten; eine enorme Aufgabe. Nach dem Abschluß dieser Arbeit wurde er 1873 an die Regierung in Trier versetzt. Von da an war er bis zu seiner 1902 erfolgten Pensionierung stets an Regierungen tätig: Oppeln, Kassel und Frankfurt a.O.; an der letzten Stelle war er von 1889 bis 1902 beschäftigt. Als Pensionär nahm er, ständig noch arbeitend, von 1902 bis zu seinem Tode am 23. Dezember 1914 in Potsdam seinen Wohnsitz (Möller, 1915).

Ein Verzeichnis der Veröffentlichungen, das Prof. Möller seinem Nachruf auf Guse beifügte, führt 240 Titel auf, von denen sich 164 mit Rußland befassen; 84 davon erschienen allein in der Zeitschrift für Forst- und Jagdwesen. Erst in den 70er Jahren des vorigen Jahrhunderts begann Guse, sich intensiv literarisch zu beschäftigen. Daß er so spät zu publizieren begann, mag darin begründet sein, daß er früher stark durch Außenarbeiten beansprucht war und dann nach der 1873 erfolgten Versetzung an Regierungsforstabteilungen über mehr Zeit verfügte. Professor Möller, Herausgeber der von Guse bevorzugten Zeitschrift, sagte im Nachruf:

"Er schrieb leicht, gern und gewandt, ließ sich aber durch diese Fähigkeiten niemals zu Oberflächlichkeiten verleiten. Es ist allgemein bekannt, daß die Kenntnis der russischen forstlichen Verhältnisse dem deutschen Forstmann in den letzten Jahrzehnten zumeist durch Guse vermittelt wurde. Rußland und seinem Walde, seiner Waldwirtschaft, seiner Forstverwaltung, Jagd und seinem forstlichen Unterricht ist weitaus die Mehrzahl der Mitteilungen gewidmet. Hiervon aber abgesehen, finden wir eine staunenswerte Vielseitigkeit."

Guse entnahm das Material für seine Veröffentlichungen über Forstwirtschaft und Forstwissenschaft in Rußland vor allem den russischen Publikationen. Eine laufende Quelle bildete das "Lesnoj journal", die monatlich erscheinende Zeitschrift des Petersburger Forstvereins. Dazu kamen Angaben in anderen Zeitschriften, in Büchern und Zeitungen; ferner Gesetze und amtliche Mitteilungen, Statistiken und Jahresberichte, Mitteilungen des Forstinstituts in Petersburg, Forstversammlungen u.a.

Als Beispiel für die Themen, die Guse behandelte, werden hier aus den 164 Rußland betreffenden Veröffentlichungen die 9 aufgeführt, die im 44. Jahrgang 1912 der Zeitschrift für Forst- und Jagdwesen unter Nr. 92. - 100. erschienen sind:

92. Aus dem Großherzogtum Oldenburg. 44. Jg. 1912, S. 10 - 15
93. Übersicht über das Forstwesen im Amurischen Generalgouvernement. 44. Jg. 1912, S. 51 - 53.
94. Mitteilungen des Kaiserlichen Forstinstituts in St. Petersburg. Band XXI St. Petersburg 1911. 44.Jg. 1912, S. 170 - 172.
95. Die nächste allgemeine Russische Forstversammlung 1912 (Programm). 44. Jg. 1912, S. 249 - 250.
96. Die neueste Russische Forststatistik. 44. Jg. 1912, S. 313 - 316.

97. Klassen- und Abfalltafeln für die Kiefer der Kron- (u.a.) Forsten der Nordhälfte des Europäischen Rußlands von Baron Krüdener. 44. Jg. 1912, S. 453 - 455.
98. Jahrbuch des Forstdepartements des Russischen Landwirtschaftlichen Ministeriums für 1909. St. Petersburg 1911. 44. Jg. 1912, S. 456 - 458.
99. Aus dem "Lesnoj journal" von 1911. 44. Jg. 1912, S. 641 - 645.
100. Massen und Abfalltafeln für die Linde des Europäischen Rußlands. Von Baron Krüdener. 44. Jg. 1912, S. 648 - 650.

Von den 9 Titeln sollen drei, deren Inhalt aus der Überschrift nicht zu erkennen ist, kurz erläutert werden.

92. Behandelt unter dem Titel "Aus dem Großherzogtum Oldenburg" zwei Lärchenbestände von höchster Qualität: den 1738 von dem deutschen Forstmeister Fokel bei dem Orte Raivola 30 - 40 km von Petersburg angelegten und den aus planmäßiger Züchtung hervorgegangenen Lärchenbestand in der Oberförsterei Varel in Oldenburg. Um beide Bestände vergleichen zu können, unternahm der 83jährige Oberforstmeister Guse eine Reise nach Varel, unter anderem um festzustellen, ob die Lärchen in Varel etwa sibirischer Herkunft seien, wie behauptet wurde; dem war aber nicht so. In seinem Beitrag, der keine Übersetzung, sondern ein Originalbeitrag war, brachte Guse viel forstgeschichtliches Material über beide Lärchenbestände.

96. Bringt für jedes der 100 Gouvernements, in die Rußland für Verwaltungszwecke eingeteilt war, tabellarisch die Gesamtfläche, Einwohnerzahl und Waldfläche.

98. Das Jahrbuch des Forstdepartements des Russischen Landwirtschaftlichen Ministeriums für 1909, St. Petersburg 1911, ist in einen Text- und einen Tabellenband gegliedert. Im ersteren werden in 9 Kapiteln alle Bereiche der Forstwirt-

schaft behandelt und mit vielen Zahlen belegt, von denen hier an anderern Stellen einige erscheinen.

Einige Jahrzehnte früher, als die russischen Wälder noch rücksichtsloser behandelt wurden, war die Frage, wie dies abgestellt oder doch gemindert werden könnte, ein Hauptthema in den Veröffentlichungen von Guse. Zwei Beispiele solcher Klagen mögen dies demonstrieren:

1892 veröffentlichte Guse unter der Überschrift "Aus Rußland. Die Wälder im hohen Norden - Waldbrände - Der Notstand und die Wälder" in der Zeitschrift für Forst- und Jagdwesen einen aus dem Lesnoj journal übersetzten Beitrag. In diesem ist ein Brief enthalten, in dem vor mehr als 50 Jahren Baron Dillingshausen, Direktor des III. Departements der kaiserlichen Güter, den damaligen Minister Kisselew uaf den traurigen Zustand der kaiserlichen Wälder aufmerksam machte. Als Ursache gibt der Verfasser an:

"1. Die Brandwirtschaft (Schwenderwirtschaft), bei welcher bekanntlich Ackerbau getrieben wird, indem man das aufstehende Holz einschlägt, verbrennt, und die Asche als Düngung ausbreitet. Durch sie sind die besten Böden der besiedelten Landesteile zu Dutzenden von Millionen Deßjät. in vorübergehende Ackerstücke mit Waldstreifen dazwischen verwandelt worden. Mit dem Wachsen der Bevölkerung hat sich diese mit aller Energie beibehaltene Wirtschaftsart fast aller dazu brauchbaren Flächen in den kaiserlichen Forsten bemächtigt. Alte Bestimmungen berechtigen die Bauern dazu, und es fehlt an Aufsichtspersonal, um die gesetzlichen Beschränkungen aufrecht zu erhalten. Erwägt man, daß mindestens die Hälfte des Landes aus Seen, Strömen, Schluchten, Fels und Sumpf besteht, so kann man sich eine Vorstellung von dem Schaden machen, welcher den nutzbaren Teilen zugefügt wird. Die lehmigen und sandigen, trockenen, nicht zu kupierten humusreichen Böden, die mit gemischten Kiefern, Fichten,

Birken und Espen, mit Unterholz von Ebereschen, Weiden, Linden usw. bedeckt waren, hat das scharfe Auge des Eingeborenen bei der Jagd auf Eichhorn und Haselhuhn längst entdeckt, und seiner Landwirtschaft geopfert, - oft hundert Werst vom Wohnsitz entfernt; so bald sich gelegene Zeit findet, wird gehauen, verbrannt, gesät. Um die Felder herum bleibt ein Streifen angebrannter Stämme; von 100 Waldbränden danken 90 ihr Entstehen dieser Wirtschaft.

2. Die Waldbrände, die Geißel aller russischen Forsten. Sie entstehen zumeist durch die Menschen, hören aber hier im Norden ohne seine Hilfe auf, wenn Seen, Ströme oder Regen ihnen ein Ziel setzen. Die Buschwächter finden sie meist erst nach Monaten, oft erst nach Jahren. Wer im Winter durch die Waldwüsten fährt, oder zu Fuß sich auf Jagdpfaden hinein vertieft, stößt überall auf größere und kleinere Flächen, auf ganze Wälder, die vor 10 Jahren und länger in Folge der Brände abgestorben sind.

3. Die auf großen Flächen gestattete Plenterwirtschaft, welche, da nur bestimmte Dimensionen verlangt werden, noch für lange Zeit die einzig mögliche Betriebsart bleibt. Freilich sollte die Auswahl der Stämme nicht den Agenten des Unternehmers, oder den Bauern, der sie für ihn zurichtet, überlassen werden. Durchschnittlich bleibt die Hälfte, aber häufig weit mehr, von allen gefällten Stämmen als fehlerhaft nutzlos im Walde zurück.

4. Die Wirtschaft ins Blaue hinein, d.h. ohne alle notwendigen Grundlagen. Es fehlt jeder Plan, auch die oberflächlichste Beschreibung, Nachricht über Flößgelegenheit, Beschaffenheit des Holzes usw."

Das letzte Beispiel von Forstschäden, das hier zitiert werden soll, ist das Verzehren von Kiefernkambium, über das Guse 1879 berichtet:

"Es ist dies die Entnahme des weichen Kambiums von der Kiefer, als Leckerei, die in den nördlichen Gouvernements sehr verbreitet, und von Kaiserlichen wie Privatbeamten schwer zu hindern ist, weil sie geräuschlos, in der Tiefe der Wälder vor sich geht. Die (Russische) Landwirtschaftliche Zeitung schreibt darüber:

"Die Operation findet ausschließlich im Frühjahr statt, wenn der Baum im vollen Safte steht und jede Verletzung ihm am schädlichsten ist. Man schält die Rinde ab, namentlich von der Kiefer, um die ziemlich schmackhafte, oft 1/2 Linie dicke Schicht, welche zwischen Rinde und Holz liegt (das sog. Kambium), zu entnehmen. Dieser sogenannte Kiefernsaft ist für die Zunge des gemeinen Mannes eine Delikatesse.

Kaum ist seine Zeit gekommen, so hält es jede Haushaltung für ihre Pflicht, sich einige Male daran gütlich zu tun. Der Mann oder die Frau, mit der Axt im Gürtel, mit einem dünnen Metallstück und einem Gefäße versehen, macht sich auf nach irgend einem im besten Wuchse begriffenen Kiefernorte, wählt die gesundesten, geraden, gut entwickelten Stämme aus, entrindet sie und kratzt das Kambium mit dem Metallplättchen ab. Um sich die Sache leichter zu machen, zum Teil auch um mehr zu gewinnen, fällt man auch wohl die Stämmchen. Ihr Schicksal ist in beiden Fällen vorauszusehen.

In der Nähe der Städte tragen die Frauen vom Lande, nachdem sie das Kambium in größeren Mengen gesammelt haben, dasselbe zum Verkauf in die Stadt. In den Kreisstädten des Gouvernements Nowgorod habe ich sie mehrfach dutzendweise auf den Straßen mit dem: Kiefernsaft! Kiefernsaft! sich herumtreiben sehen.""

535.3 BERICHT ÜBER EINEN WALDBRAND VON A.TH. V. MIDDENDORF 1867

Waldbrände, zum Teil riesigen Ausmaßes, waren und sind besonders in Sibirien nicht selten. Von Middendorf berichtete 1867 eingehend:

"Hunderte und Tausende von Quadratwersten bin ich durchwandert, welche das Feuer vernichtet hatte. Wo sich der einsame Nomade dazu hergibt, dieses Element aus den Fünkchen seines Feuerzeuges groß zu nähren, da beherrscht er die Natur des Urwaldes, da greift er gewaltiger in die Physiognomie der Gegend ein, als alle spätere Kultur."

"In derart verwüsteten Gegenden findet man während der ersten Jahre nicht eine Tierspur: nicht ein Vogel läßt sich hören, noch sehen. Die Gegend ist zu vollständiger Wüste geworden."

Von Middendorf hat selbst im Fernen Osten einen Waldbrand verursacht, über den er schreibt:

"Besonders imposant, ja, fürchterlich, wütete der Waldbrand an der Südküste des Ochotskischen Meeres in den terpentinerfüllten Straucharven, welche die Felsengestade mit undurchdringlichem Gestrüppe überziehen. Mehr als tausend Fuß über dem Meere sass ich dort zu Anfang August auf der Höhe des steil abfallenden Felsengestades, und wartete den Gang der Eismassen ab, die im Meere mit stürmischer Eile dahinfluteten. Ich spähte mit dem Fernrohr von meiner Warte, um ein sicheres Fahrwasser zu den Schantar-Inseln zu ermitteln.

Hell schien die Sonne und unerträglich lästig wurden die Mücken. Ein Schmauchfeuerchen war rasch angemacht, um mich vor ihnen zu schützen, und ich konnte nun ungestört meinen Betrachtungen nachhängen. Plötzlich hörte ich es knattern.

Bevor ich mich dessen versehen, wütete die Flamme in dem mich umgebenden Gestrüppe. Wie Strohfeuer prasselt es im Nadeldikkicht empor. Ein dicker Terpentinqualm gestaltet sich bald zu rußschwarzen Rauchwirbeln, bald zu hellglänzenden Gasfeuern, die vom Winde angefacht lustig verpuffen. Jählings bin ich von Qualm und Feuer umringt: wo ich auch hinlaufe, der Ausgang ist mir von allen Seiten versperrt, und das wütende Element drängt mich zum Abgrunde. Mit raschem Entschlusse breche ich durch den schmalsten Teil des feurigen Ringes und finde mein Heil in der Flucht.

Eine volle Woche brannten die Höhen am Cap Ninta lichterloh und erhellten unsere dunklen Nächte mit schreckenerregender Röte. In weiten Frontlinien rückte das Feuer durch das Arvengestrüpp der Felshöhen vor. Hinter sich ließ es eine nicht einmal rauchende Wüste zurück, über die sich alsbald Grabesstille lagerte. Dickichte von Ajan-Tannen geboten dem Feuer Halt, obgleich selbst mit starken Bartmoosen behangen; aber die Bäume standen im feuchten Talgrunde.

Der eben erzählte, von mir selbst erlebte Fall mag andeuten, wie leicht im kontinentalen Inneren Sibiriens aus jedem Feuerchen, das der Nomade sich zurecht legt, ein verwüstender Waldbrand heranwachsen kann, in welchen unermessliche Strecken hineingezogen werden. Für viele Gegenden dürfte der Ausspruch wohl Geltung haben, daß nur noch in den Sümpfen wahrhafter Urwald sich findet."

535.4 PELZTIERJAGD

Große Waldbrände fügten den Pelztierbeständen starke Schäden zu, die bis zur Vernichtung gingen. Mit Abstand am wertvollsten von den Pelztieren ist der zu den Raubmardern gehörende Zobel (Martes zibellina), der in Wälder lebt und dessen Hauptnahrung Eichhörnchen bilden, die sich wiederum vor allem von den großen Nüssen der Zirbelkiefer ernähren. Da diese Baumart in erster Linie in Sibirien vorkommt, konzentriert sich hier auch das Vorkommen der Zobel. Auf Flächen, die lange mit totem Brandholz bestanden sind, können weder Zobel noch Eichhörnchen leben. Von den Schäden, die Großfeuer verursachten, wurden die an den Pelztierbeständen oft höher veranschlagt als die durch Vernichtung der Baumbestände.

Zitate aus zwei von Guse vermittelten Veröffentlichungen sollen dies belegen und außerdem eine Vorstellung vom Zobelfang und Pelzhandel in Rußland vor hundert Jahren geben:

"Zobelfang und Pelztierhandel in Rußland.

Aus Jeniseisk in Sibirien schreibt man, daß die Waldverwüstung an der oberen Angara den Zobelfang vollständig ruiniert hat. Fast nur die Tungusen, die in den Wildnissen östlich an der Angara, an der Mura, Tschuna und Uda jagen, erbeuten noch Zobel. Sie bezahlen ihre Abgaben mit Häuten, wobei ein Zobel = 70 schwarze Eichhörnchen gerechnet wird. Die großen Händler, die auf den Märkten von Irbit (und bis vor kurzem auch Nischnej-Nowgorod) Pelzwaren kaufen, erhielten die letzteren erst aus dritter Hand, durch Vermittlung der Jenisei-Dampfschiffahrts-Gesellschaft, welche von den kleineren Händlern aufkauft. Der Umsatz des Jenisei-schen Pelzgeschäftes beträgt jährlich etwa 200 000 Rubel. Es werden Zobel, Fuchs, Hase, Hermelin, Eichhörnchen, Vielfraß, Bär und Rentier auf den Markt gebracht. Die russischen Ansiedler treiben im Sommer Ackerbau, im Herbst Fischfang; gegen den 10. Oktober ziehen sie mit Hund, Proviant, Axt und Büchse auf Schneeschuhen in den Wald. Erfahrene Jäger erkennen an der Spur des Eichhörnchens, ob es ein Männchen oder ein Weibchen ist; ja die Tungusen sprechen sogar nach der Spur die Färbung an und ob es gesättigt oder hungrig ist. Anfangs August und zu Neujahr versorgt sich der Tunguse in den russischen Ansiedlungen mit Brot, Tabak, Zucker, Tee usw. auf Borg und bezahlt später mit Pelzwerk. - Auf den Jakutsker Markt kamen 1879 4400 Zobel, 1000 graue, 5000 rote, 4500 weiße Füchse (früher bis 8000 Zobel und 10 000 weiße Füchse), 600 000 Eichhörnchen, 7000 Stück Moschusbeutel, 15 000 Hermeline, 328 Zentner Mammutsknochen (früher bis 1000 Zentner)." (Guse, 1880)

"Die Wälder Westsibiriens.

Als jedoch die Waldbrände eine Verminderung der Pelztiere herbeizuführen drohten, erließ die Kaiserin Anna 1744 ein Verbot gegen das Waldbrennen. 1754 wurde dies verschärft, blieb aber nach wie vor toter Buchstabe. Katharina II. bestätigte die Freiheit der sibirischen Bevölkerung in der Benutzung der Wälder aufs Neue." (Guse, 1892)

Pelze, an der Spitze Zobel, wurden schon früh stark in die Dienste der russischen Politik gestellt. Als der zum Zar aufgestiegene Boris Godunow 1595 seinen ersten Botschafter nach Wien schickte, gab er ihm folgende Pelze mit:

40 360	Zobel
20 040	Marder
337 235	Eichhörnchen (Feh)
3 000	Biber
120	Silberfüchse
1 000	Wolfsfelle
75	Elchdecken

Es war bei Großfürsten und Zaren Brauch, als Zeichen besonderer Gunst in- und ausländischen Würdenträgern "von eigener Schulter" Zobelpelze zu verleihen. "Diesem Brauch kam selbst noch Stalin nach, als er der persischen Kaiserin Soraya einen wertvollen Zobelpelz zur Hochzeit schenkte." (Buchholz, 1963)

54. WALDVERNICHTUNG NACH 1917

Schon der Erste Weltkrieg brachte in die Forst- und Holzwirtschaft großer Teile des europäischen Rußlands Unordnung, die sich in den anschließenden Revolutionswirren, zumal nach der Abschaffung des Privateigentums an Wald durch das Dekret vom 27. Mai 1918, noch erheblich vergrößerte. In der sogenannten "Wiederaufbauperiode" von 1921 bis 1916 wurden die Wälder durch Überhiebe, Feuer- und Insektenschäden weiter dezimiert.

Im Trockenjahr 1921 wurden in Sibirien 2 Mio ha Wald durch Feuer vernichtet. 1925 wütete ein riesiger Waldbrand, bei dem eine Fläche von fast der Größe Europas in Rauch gehüllt war. Zehn Jahre vorher waren die Brände in Sibirien noch größer: etwa 10 Mio ha wurden von ihnen erfaßt und etwa 1 Mrd m^3 Holz vernichtet.

Sehr groß sind in Sibirien auch die Schäden, die Insektenkalamitäten verursachen. An der Spitze der Schädlinge steht der sibirische Zirbelspinner (Dendrolimus sibiricus), dessen Raupe außer der Zirbe auch Fichte und Tanne zum Opfer fallen. Durch Lufterkundung wurde festgestellt, daß die zwischen Ob und Jenissej 1949 ausgebrochene Spinnerkalamität ein Jahrzehnt später bereits 8 Mio ha wertvoller Altholzbestände vernichtet hatte. Zahlreiche Forstbetrieb, die durch Schmalspurbahnen Waldungen erschlossen hatten, gingen ihrer Rohstoffbasis verlustig (Buchholz, 1961).

Lenin hat anerkannt, daß der Wald in der wilden Zeit nach der Revolution im hohen Maß an der Rettung der Revolution vor dem drohenden Zusammenbruch beteiligt war (Buchholz, 1961).

1928 wurde ein Fünfjahresplan in Kraft gesetzt, der vor allem erfüllt war von rivalisierenden Auseinandersetzungen zwischen Forstverwaltung und Organen der Holzwirtschaft, von denen die letztere auch im zweiten Fünfjahresplan von 1933 die Oberhand behielt. Erst das Gesetz vom 2. Juli 1936 über die Wald- und Wasserschutzzone brachte der Regierung und der Bevölkerung zu Bewußtsein, daß die Forstwirtschaft neben der Holzproduktion noch andere Aufgaben hat.

Der Zweite Weltkrieg erforderte ungeheure Holzmassen, u.a. die, welche ausfallende Kohle ersetzen mußtenn (Eisenbahnen, Industrien, Brennstoff für Moskau).

Der Nachkriegs-Fünfjahresplan 1946 bis 1950 war bestrebt, durch Einführung anderer Brennstoffe (z.B. Bau von Erdgasleitungen) die Brennstoffanforderungen an die Forstwirtschaft zu mindern. Entwicklung von Forstindustrien (Zellstoff- und Papierfabriken sowie Sägewerke) waren ebenso wie Eisenbahn- und Kanalbauten Aufgaben des Plans 1951 bis 1955. Der darauf folgende Plan hatte eine stärkere Mechanisierung zum Ziel.

541. SCHÄDEN DURCH WALDHUHNJAGD

Während die Jagd auf Pelztiere stark zurückgegangen ist, wird die Bejagung von Waldhühnern in Sibirien noch in großem Umfang betrieben. Bejagd werden Hasel-, Birk- und Auerwild sowie Schneehühner. Jährlich werden in der UdSSR schätzungsweise 5 - 50 Mio Waldhühner erbeutet, davon 20 - 40 % Haselhühner; im Baikalgebiet stellen Haselhühner sogar 80 % aller erlegten Waldhühner. Das sehr schmackhafte Haselhuhnwildbret wird zum großen Teil exportiert.

Über den Fang berichtet die 1978 in zweiter Auflage erschienene Monographie über das Haselhuhn von Hans-Heiner Bergmann u.a.:

"Eine rationelle wirtschaftliche Nutzung der Haselhuhnbestände z.B. in der Taiga kommt ohne den Fang nicht aus. Die gebräuchlichste Fangeinrichtung ist eine spezielle Form der Dohne, die mit Ebereschentrauben beködert wird. Auf einer Fangstrecke von 12 km Länge kann ein Jäger in der Saison (September/Oktober) 300 bis 400 Fallen betreuen, die bei hoher Siedlungsdichte (40 - 50 Vögel/100 ha) bis zu 400 Haselhühner einbringen. Um eine übermäßige Dezimierung der Bestände zu vermeiden, müssen solche Fanganlagen weiter als 2 km voneinander entfernt sein."

Bemerkenswert ist es, daß wiederum Haselhühner als Köder in Zobelfallen dienen.

Durch die Bejagung von Waldhühnern werden verschiedene Schäden verursacht:

- Waldbrände durch Fahrlässigkeit;

- absichtliche Brände oder Fällungen, um geschlossene Waldungen, die den Hühnern nicht zusagen, aufzulichten;

- durch Beschädigung von Bäumen mit Axtschlägen zur Markierung, um in der weglosen Taiga leichter zurechtzufinden; ein nicht geringer Teil der Bäume, besonders Fichten, wird durch das Anlaschen geschädigt und krank.

55. FORST- UND HOLZWIRTSCHAFT IM 20. JAHRHUNDERT

551. FORST- UND HOLZWIRTSCHAFT IN DER STATISTIK

Nachstehend werden einige Zahlen über die Forstverhältnisse in der Sowjetunion mitgeteilt, die Veröffentlichungen entnommen sind, die der Rußlandexperte von Maydell in den letzten Jahrzehnten herausgebracht hat.

Mehr als die Hälfte der Landesfläche, nämlich 1 223 Mio ha, ist der Forstwirtschaft zugeordnet; davon sind ein Viertel Nichtwaldflächen, die zwar der Forstbehörde unterstehen, aber nicht von Wald bedeckt und auch nicht zur Waldanlage bestimmt sind.

Die eigentliche Waldfläche umfaßt 921 Mio ha; dies entspricht 40 % des Landesfläche und fast 4 ha pro Einwohner. Von den 921 Mio ha waren nach den Ergebnissen der Waldinventur am 1.1.1973 769 Mio ha bestockte Fläche.

Alle Wälder sind entweder Staats- oder Kollektivwälder. Über Einzelheiten der Waldressourcen nach Gesamtfläche und des Holzvorrats der UdSSR sowie über die Gliederung des Waldfonds der zentralen staatlichen Forstverwaltung geben die Tabellen 13 und 14 Auskunft (Maydell, 1976).

	Gesamtfläche des Waldfonds der UdSSR in Mio ha			Holzvorrat in Mio cbm	
	gesamt	Waldfläche	bestockte Fläche	gesamt	hiebsreif bzw. überständig
Wälder der zentralen staatl. Forstverwaltung	1162,2	853,5	710,2	76,6	53,0
Wälder verschiedener staatl. Behörden	45,8	45,8	38,7	3,7	1,6
Kolchos-Wälder	21,6	21,6	20,0	1,5	0,4
Zusammen	1229,6	920,9	768,9	81,8	55,0

Tab. 13: Waldressourcen der UdSSR (Maydell, 1976)

		Gesamtfläche	bestockte Fläche
		Millionen ha	
I. Gruppe:	Schutz- und Erholungswälder	208,6	115,4
II. Gruppe:	Nachhaltig zu bewirtschaftende Wälder	79,7	59,1
III. Gruppe:	Industriell exploitierbare u. unerschlossene Wälder	873,9	535,7
Zusammen		1162,2	710,2

Tab. 14: Gliederung des Waldfonds der zentralen staatlichen Forstverwaltung (Maydell, 1976)

Eine genauere Erfassung der Leistungsfähigkeit der sowjetischen Wälder ist derzeit noch unmöglich. Allein die über 500 Mio ha Wald Sibiriens sind nur auf kleinen Teilen zugänglich. Fast drei Viertel des Holzvorrats der Sowjetunion sind hiebsreif, trotzdem herrscht aufgrund der Transportschwierigkeiten in weiten Gebieten Holzmangel (Maydell, 1972, Karte "Holztransport in der Sowjetunion").

Bei Vergleichen der sowjetischen Vorrats- und Zuwachsverhältnisse mit denen anderer Länder soll es zu vielen Mißverständnissen kommen, weil Fachbegriffe anders benutzt werden. Die verfügbaren Angaben für Holzvorrat, -zuwachs und -nutzung basieren vielfach auf Schätzungen.
Für alle Wälder der UdSSR werden die Vorräte auf 80 Milliarden m^3 veranschlagt, davon 66 Milliarden m^3 Nadelholz (Maydell, 1972).
Der Gesamteinschlag betrug 1970 385 Mio m^3, davon 299 Mio m^3 Nutzholz.

Wie wenig es gelungen ist, den Holzeinschlag stärker nach Sibirien zu verlagern, läßt sich daran erkennen, daß im europäischen Teil der Sowjetunion nur 18 % des hiebsreifen Holzes stocken, dort aber zwei Drittel des jährlichen Holzeinschlags erfolgen. Allerdings weisen die Wälder um Leningrad und Archangelsk infolge jahrhundertlangen Überhauungen Mangel an Starkholz auf. Dem Ausweichen in die weitere Umgebung sind wegen nicht ausreichender Erschließung und der ausgedehnten Moore Grenzen gesetzt.

In den letzten 10 Jahren sind in der Sowjetunion 17 Mio ha neu- bzw. wiederaufgeforstet worden, der größte Teil im europäischen Bereich (Maydell, 1976).

Am 23. Juni 1980 erschien auf der Titelseite des Holz-Zentralblatts Nr. 75 ein von H.-J. von Maydell verfaßter Beitrag "Rückläufige Holzproduktion in der Sowjetunion - Die Forst-

und Holzwirtschaft in der Sowjetunion in der Statistik". Der Mitteilung sind zwei größere Tabellen beigegeben (s. Tab. 15 und 16), die für das ganze Land und für jede der 15 Sowjetrepubliken die bestockte Waldfläche und den Holzeinschlag angeben.

Republik	Mio ha	Bewaldungsprozent	Holzvorrat Mio m^3
UdSSR gesamt	791,6	35,6	84,15
davon:			
Russische SFSR	749,5	43,9	80,65
Ukrainische SSR	8,3	13,8	1,04
Weißrussische SSR	7,2	34,5	0,74
Usbekische SSR	2,4	5,3	0,02
Kasachische SSR	9,0	3,3	0,32
Grusinische SSR	2,7	38,6	0,39
Aserbeidschanische SSR	0,9	10,5	0,11
Litauische SSR	1,8	27,6	0,23
Moldauische SSR	0,3	8,0	0,03
Lettische SSR	2,6	40,7	0,34
Kirgisische SSR	0,7	3,5	0,02
Tadshikische SSR	0,4	3,6	0,01
Armenische SSR	0,3	9,9	0,03
Turkmenische SSR	3,8	7,9	0,01
Estnische SSR	1,7	38,4	0,21

Tab. 15: Bestockte Waldfläche der Sowjetunion zum 1.1.1978 (Maydell, 1980)

Republik	Gesamt	davon Nutzholz
UdSSR gesamt	361 420	283 555
davon:		
Russische SFSR	333 799	262 338
Ukrainische SSR	9 956	8 210
Weißrussische SSR	6 176	5 286
Usbekische SSR	69	-
Kasachische SSR	2 204	1 657
Grusinische SSR	472	329
Aserbeidschanische SSR	84	35
Litauische SSR	2 544	1 836
Moldauische SSR	149	73
Lettische SSR	3 771	2 151
Kirgisische SSR	37	14
Tadshikische SSR	21	3
Armenische SSR	61	38
Turkmenische SSR	3	-
Estnische SSR	2 074	1 585

Tab. 16: Holzeinschlag der Sowjetunion 1978 in 1000 m^3 (nur die tatsächlich aus dem Walde abgefahrenen Mengen (Maydell, 1980)

Die Abkürzung SFSR steht für Sozialistische Föderative Sowjetrepublik; diese Republik ist vielfach größer als alle 14 anderen Republiken zusammen (749,5 Mio ha bestockte Waldfläche gegenüber 42,1 Mio ha und 333,799 Mio m^3 Holzeinschlag gegenüber 27,621 Mio m^3). Zu der Russischen Föderativen Sowjetrepublik zählen vier Fünftel des osteuropäischen Flachlandes und mit einer kleinen Ausnahme ganz Sibirien ein-

schließlich Sachalin. Fast die gesamte Taiga erstreckt sich auf dem Gebiet der Russischen SFSR.
Die Abkürzung SSR als Anhang an die übrigen Republiken steht für Sozialistische Sowjetrepublik.

Die den jüngsten Statistiken entnommenen Zahlen für die bestockte Waldfläche haben von 1973 bis 1. Januar 1978 um rund 20 Mio ha zugenommen, davon im letzten Berichtsjahr 2,4 Mio ha durch Saat oder Pflanzung. Zu beachten sind aber auch "statistische" Zugänge infolge einer verbesserten Methodik in der Erfassung der Bestände im Rahmen der nationalen Waldinventur u.a. Der Holzeinschlag lag mit 361,4 Mio m^3 um 34,1 Mio m^3 unter dem des letzten Jahres des vorigen Planjahrfünfts 1975 und zeigte seither stets eine rückläufige Tendenz.

Dem verringerten Nutzholzeinschlag entsprechend sank auch die Erzeugung von Schnittholz, Furnieren und Sperrholz in den Jahren 1975 - 1978; dagegen zeigten die Produktionszahlen von Spanplatten, Faserplatten, Zellstoff und Papier/Pappe leichten Mengenanstieg an (Tab. 17.).

Produktion von	1975	1976	1977	1978
Schnittholz (Mio m^3)	116,20	112,60	109,50	106,30
Sperrholz (Mio m^3)	2,20	2,17	2,18	2,12
Spanplatten (Mio m^3)	3,99	4,22	4,59	4,78
Faserplatten (Mio m^2)	409,00	434,00	459,00	462,00
Zellstoff (Mio t)	6,81	7,20	7,45	7,58
Papier u. Pappe (Mio t)	8,58	8,92	9,06	9,24

Tab. 17: Holzwirtschaftliche Produktion der UdSSR 1975 - 1978 (Maydell, 1980)

552. HOLZEXPORT

Die Zentren der sowjetischen Holzindustrie liegen im europäischen Teil (z.B. um Archangelsk und Leningrad); in Sibirien konzentrieren sie sich auf die Einzugsbereiche der Flüsse und Bahnen.

Die Erzeugung von Zellstoff, Papier und Pappe belief sich 1970 auf 5,11, 4,185 und 2,52 Mio Tonnen; der Exportbetrug 1970 insgesamt 1,17 Mio Tonnen, der Import 0,77 Mio Tonnen (Maydell, 1972). Trotz der seit 1975 erfolgten Minderung der gewonnenen Schnittholzmengen sind diese immer noch erheblich. Vom Handel werden Rotholz (Kiefer) und Weißholz (Fichte) unterschieden. Von den Nadelschnitthölzern werden beträchtliche Mengen nach Westeuropa exportiert; in den letzten Jahren waren es 7 bis 8 Mio m^3 jährlich. Der größte Importeur ist mit mehr als 1 Mio m^3 ist Großbritannien. Auch die Bundesrepublik ist regelmäßig Abnehmer.

Der Holzexport erfolgt ausschließlich durch die sowjetische Verkaufsgesellschaft Exportles, die den einzelnen Ländern Offerten unterbreitet. Den größeren Abnehmern werden oft mehrere Teilofferten hintereinander unterbreitet. Die Angebote sind nicht Gegenstand von Verhandlungen. So waren Anfang 1980 von Exportles geforderte Preiserhöhungen um mehr als ein Viertel gegenüber 1979 hinzunehmen, zumal auch die Mengenangebote um mehr als ein Drittel reduziert wurden und Ausweichmöglichkeiten nicht bestanden. Allein die Ankündigung der Offerten führte sogleich zu entsprechenden Preiserhöhungen bei Verkäufen in der Bundesrepublik.

Da die sowjetischen Häfen erst spät eisfrei werden - der Finnische Meerbusen Anfang April und das Weiße Meer mit Archangelsk Anfang Juni - ist Eisbrecherdienst oder Einsatz verstärkter Schiffe zur Beschleunigung des Schnittholztransports oft nötig.

56. FORSTLICHE FORSCHUNG UND LEHRE

561. FORSTLICHE LEHR- UND FORSCHUNGSSTÄTTEN

Die russischen Lehr- und Forschungsstätten sind auf wenige, dafür aber meist sehr große Institutionen konzentriert. Die frühere örtliche und institutionelle Trennung von Forschung und Lehre hat sich gelockert.

Über die Frühzeit der Forstlehranstalt in Petersburg wurde in Kap. 534. berichtet. Die Anstalt ist bis heute mit Abstand die wichtigste Institution für forstakademische Studien in der Sowjetunion; sie führt seit 1935 den Namen S.M. Kirov-Akademie für Forsttechnik. Die Forstliche Hochschule in Leningrad gliedert sich in 6 Forstliche Fakultäten, wobei jede über einen ordentlichen Studiengang, ein Abendstudium und ein Fernstudium verfügt; das Studium dauert 5 Jahre. Derzeit hat die Hochschule 14 000 bis 15 000 Studenten, von denen ungefähr die Hälfte das Abendstudium betreibt. Das Kollegium besteht aus über 500 Lehrkräften. Zwischen 1922 und 1972 haben 117 000 Studenten ihr forst- und holzwirtschaftliches Studium abgeschlossen.

Das Leningrader Wissenschaftliche Forschungsinstitut für Forstwirtschaft wurde 1929 gegründet. Es gehört zur Russischen Föderativen Sowjetrepublik, der größten der 15 Republiken. Das Institut befaßt sich mit Problemen der Taiga, insbesondere Waldbrandbekämpfung, Melioration, Arbeitswissenschaft und Forsteinrichtung. Zum Institut gehören zahlreiche Forstbetriebe der Taigazone. Es ist in 17 Abteilungen und Laboratorien sowie gemeinsame Einrichtungen gegliedert. In der laufenden Arbeit besteht eine enge Verbindung zur Kirov-Akademie (Maydell, 1979)

Die größte und zentral koordinierte forstliche Forschungs- und Versuchsanstalt der Sowjetunion ist das Unions -

Forschungsinstitut für Waldbau und Mechanisierung der Forstwirtschaft. Diese Anstalt, die im September 1944, also noch während des letzten Weltkrieges, auf Initiative des Forstbotanikers und Waldtypenforschers W.N. Sukatschew gegründet wurde, verfügt über 3000 ständige Mitarbeiter; allein in der Zentrale in Puschkino bei Moskau sind 800 Personen beschäftigt.

562. RUSSISCHE WALDTYPOLOGIE

562.1 G.F. MOROSOW

Als Professor Schwappach 1901 auf Einladung des Direktors des russischen Forstdepartements 7 Wochen Staatsforsten des europäischen Rußlands bereiste, wurde er von dem soeben zum Professor am Forstinstitut von Petersburg berufenen G.F. Morosow begleitet, der Schwappach von einer Deutschlandreise her kannte. Da Morosow sich bald zum Gründer der russischen Waldtypologie entwickeln sollte, mögen hier zunächst einige Auszüge aus seinem Lebenslauf mitgeteilt werden. Die Quelle für diese Angaben ist eine Kurzbiographie, die dem 1928 in deutscher Sprache erschienenen Buch Morosows "Die Lehre vom Wald" beigegeben ist. Als Verfasser des Lebenslaufes zeichnet A. Morosow, also nicht der Buchautor G.F. Morosow.

Georgij Fjodorowitsch Morosow wurde am 7. Januar 1867 in Petersburg geboren. Sein Vater stammte aus Reval und war später Kommissar der Stadtverordnetenversammlung in Petersburg; seine Mutter war Deutschpolin. Auf Wunsch des Vaters trat er in ein Kadettenkorps ein. Mit 19 Jahren absolvierte Morosow die Kriegsschule mit Auszeichnung und wurde zum Leutnant ernannt. Dem Wunsch der Familie, die militärische Laufbahn zu ergreifen, entsprach er nicht. Da ihm der Zutritt zur naturwissenschaftlichen Fakultät der Universität versperrt war, unterzog er sich der Eintrittsprüfung für das Forstinstitut.

Da ihm die Familie, die ein Forststudium ablehnte, keine Unterstützung gewährte, war er auf Nebenverdienste angewiesen; so gab er an einem Mädchengymnasium Stunden in Mathematik. Nach Absolvierung des Forstinstituts (1893) machte er eine Eingabe an die Forstbehörde. Darauf wurde er zum Forstgehilfen des Chrenowsker Forstamts (Gouvernement Woronesh) und zum Lehrer an der diesem Forstamt angegliederten Forstschule ernannt. Für seine Dissertation zur Erlangung des I. Grades eines Diplomforstwirts wählte er das Thema "Die Bekämpfung der Dürre bei Kiefernkulturen".

1896 wurde Morosow studienhalber ins Ausland geschickt. Er besichtigte im Laufe von zwei Jahren 60 Forstämter, arbeitete in München bei Professor Heinrich Mayr, in Eberswalde bei Professor Schwappach als dessen Assistent und in der Schweiz bei Dr. Flury. Er lernte auch den Waldbauprofessor Gayer und den Bodenkundler Ramann kennen. Nach seiner Rückkehr wurde er wieder in das Gouvernement Woronesh abkommandiert, um die Arbeiten der Aufforstung und Befestigung des Flugsandes zu leiten.

Nach 2 1/2jähriger Tätigkeit wurde Morosow 1901 der Lehrstuhl für Allgemeinen Waldbau am Forstinstitut in Petersburg angeboten, den er von 1902 bis 1917 innehatte.
Der Lehrstuhl für Allgemeinen Waldbau bestand schon, als er Morosow übertragen wurde, denn es ist von Vorgängern die Rede, allerdings nicht rühmlich:

"Als Morosow seine Lehrtätigkeit am Forstinstitut begann, übernahm er von seinen Vorgängern fast nur die kahlen Wände des Hörsaals. Im Laufe weniger Jahre schuf er dort ein für wissenschaftliche Arbeiten vortrefflich ausgestattetes umfangreiches Waldmuseum und eine einschlägige Bibliothek von außerordentlicher Vollständigkeit. Über Morosows Tätigkeit am Forstinstitut schreibt Prof. G.N. Botsch folgendes: "Hier gelangte das Talent Morosows als Professor und Pädagoge zur vollen Entfaltung, er verstand es, seine Zuhörer mit glühender Liebe zu dem Gegenstand, mit dem Glauben an das Wissen und mit dem leidenschaftlichen Bestreben zu erfüllen, ein dauerhaftes Fundament für die praktische Betätigung auf dem Gebiete des Waldbaus zu legen. Hier entfaltete sich auch das wissenschaftliche Denken Morosows, und er trat als Neuerer auf, indem er die Lehre von den Waldbestandstypen aufstellte, die unter den praktisch tätigen Forstwirten großen Anklang fand, zugleich aber auch scharfe Entgegnungen."" (Morosow, A., 1928)

Die Neuerung Morosows bestand darin, daß er die Lehre vom Walde, von den Waldbeständen, als selbständige Diziplin vom Waldbau absonderte.

Wie das Vorwort zur 1. russischen Auflage von 1923 belegt, ist das von ihm verfaßte Buch "Die Lehre vom Walde" keineswegs in einem Wurf entstanden. Es ist zunächst das Resultat von Morosows Vorlesungen. Während des ersten Jahrzehnts, in dem Morosow den Lehrgang ausarbeitete, wurde der von ihm vorgetragene Stoff in der Hauptsache durch die Notizen der Studenten festgelegt; von Jahr zu Jahr wurden sie mit entsprechenden Erweiterungen in lithographischer Form herausgegeben. In der gleichen Periode wurden verschiedene Teile gedruckt. Später wurden die Vorlesungsnotizen allmählich durch Artikel, Broschüren und Buchteile ersetzt.

Letzte Bearbeitung des Textes nahm Morosow von der Krim aus vor, wohin er sich 1917 zur Linderung seiner ständig schmerzenden neuralgischen Erkrankung begeben hatte. 1919 erhielt er dort einen Ruf auf den Lehrstuhl für Waldbau der agronomischen Fakultät an der Taurischen Universität in Simferopol. Aufgrund seiner Behinderung wurde er von seinem Krankenbett, das in einem Zimmer neben dem Hörsaal stand, zur Vorlesung geführt. Am 9. Mai 1920 starb Morosow, ohne sein Werk vollständig abgeschlossen zu haben.

Sein Buch lag zur Hauptsache schon 1912 vor (Vorwort S. IV). Die Herausgabe der deutschen Übersetzung durch Professor Konrad Rubner erfolgte 1928; das Buch wurde 1959 in 2. Auflage gedruckt. Einer der drei Übersetzer war der hier öfter genannte Diplom-Forstwirt Buchholz. Eine Vorstellung von den zahlreichen Fakten und Gedanken, die das 400 Seiten starke Buch enthält, dürfte auf dem knappen Raum am ehesten noch die Inhaltsangabe ermöglichen. Außerdem werden im Anschluß an das Verzeichnis einige Auszüge mit besonders aufklärenden Textstellen meist im Wortlaut wiedergegeben.

Inhaltsverzeichnis von Morosows Buch "Die Lehre vom Walde"

ERSTER TEIL

ZWEITER TEIL

Biologie der Waldbäume. Lehre von den waldbaulichen Eigenschaften der Holzarten

DRITTER TEIL

Biologie der Bestände. Lehre von den waldbaulichen Eigenschaften der Bestände

VIERTER TEIL

<u>Biologie der Bestandstypen. Vergleichende Bewertung der waldbildenden Faktoren. Dynamik und Systematik des Waldes</u>

Auszüge aus dem Buch von Morosow

Soweit die Textstellen wörtlich übernommen wurden, sind sie mit Gänsefüßchen eingefaßt.

Zu S. 34:
"Ich glaube annehmen zu dürfen, daß der Wald nicht nur eine einfache Gesamtheit, sondern eine Gemeinschaft oder eine Verbindung von Holzgewächsen ist, in der sie sich gegenseitig beeinflussen und dadurch eine ganze Reihe von neuen Erscheinungen erzeugen, die einzeln wachsenden Pflanzen nicht eigen sind."

Zu S. 44:
"Auf Grund des Gesagten müssen wir unsere frühere Definition des Waldes abändern und können als Wald eine Gesamtheit von Holzgewächsen bezeichnen, die sowohl in ihrer äußeren Form als auch in ihrer inneren Struktur durch ihre gegenseitige Wechselwirkung und durch ihre Einwirkung auf den Boden und die Atmosphäre bestimmt werden."

Die Ausführungen auf S. 34 und 44 zeigen die Auswirkungen der Waldgemeinschaften durch Einbeziehung weiterer Komponenten, darunter auch anorganischen.

Zu S. 257 - 302

Den Höhepunkt erreicht das Buch in seinem Vierten Teil und dort wiederum besonders in den Ausführungen über Holzartenwechsel, der sich oft viel komplizierter vollzieht, als bis dahin selbst den russischen Forstleuten bekannt war. Prof. Dengler, der das Buch 1929 eingehend in der Zeitschrift für Forst- und Jagdwesen besprochen hat, schrieb:

"In überall fesselnder Darstellung wird hier die natürliche Entwicklung der verschiedenen Bestandesformen des russischen Waldes auf Grund ihrer standörtlichen Bedingtheit geschildert und die Lehre von den Waldtypen, diese eigenste Schöpfung Morosows gegeben. Einzelne Abschnitte, wie z.B. über den natürlichen Holzartenwechsel, wird man von Anfang bis zu Ende mit der größten Spannung lesen. Hier eröffnen sich uns deutschen Forstleuten, die wir den Ur- und Naturwald leider nicht mehr kennen, ganz neuartige Ausblicke in das Wachsen und Werden des Waldes. Morosow nennt dies mit einem neuen pflanzensoziologischen Begriff "Dynamik" und die Gliederung des Waldes in seine verschiedenen Typen "Systematik des Waldes".

Zu S. 307 u. 30

<u>"Die Innenwelt des Waldes als Faktor der Waldbildung.</u>

Vom waldbaulichen Standpunkt aus ist die Erforschung des Waldes ein Studium der Wechselwirkungen, in die die Holzgewächse im Walde miteinander sowie mit der Umwelt treten. Bei allen Erscheinungen dieser Art war ich stets bestrebt, sowohl auf die Rolle der biologischen Eigenschaften hinzuweisen, die den verschiedenen Organismen eigen sind, als auch auf die Bedeutung der Innenwelt des Waldes, die sich stets mit dem

Gepräge dieser oder jener Bedingung der Umwelt zusammensetzt, sowie auf die Einwirkung des Menschen.
Jeder Wald vermindert den Zufluß der Niederschläge zum Boden, doch der Grad dieser Zurückhaltungsfähigkeit hängt von der Bestandesbeschaffenheit ab, d.h. von den inneren Eigenschaften der Holzarten, von der Dichte der Belaubung oder Benadelung, von der Stellung der Zweige und der Kronendichte, dann von anderen Momenten, durch die das Bestandesleben bedingt wird, wie z.B. Vollbestandsfaktor, Alter, Form, endlich vom Klima und von Niederschlägen verschiedener Stärke. Ein Kiefernschirm kann 25 % der Niederschlagsmenge zurückhalten, doch bei geringen Niederschlägen kann derselbe Schirm bis 60% aufhalten."

Ähnlich, aber noch ausführlicher, werden anschließend Waldstreu, lebende Bodendecke und vor allem Verjüngungserscheinungen behandelt.

Zu S. 326:
"Kurzer Abriß der Lehre von den Bestandestypen.
Einteilungsproblem in der Forstwirtschaft.
Seit Entstehung des wissenschaftlichen Waldbaus bilden die Waldbestände oder Waldgemeinschaften das Objekt sowohl der Waldwirtschaft als auch der Wissenschaft vom Walde. Infolgedessen, und da die Bestände, aus denen sich die Wälder zusammensetzen, sehr mannigfaltig sind, mußte es natürlicherweise zu Versuchen kommen, diese große Mannigfaltigkeit der Waldgemeinschaftsformen in ein System zu bringen."

Zu S. 329 u. 330:
"Das Suchen nach typischen Formen ist berechtigt, aber die typologische Erforschung des Waldes darf nicht auf einem einzigen Merkmal beruhen, sondern muß auf der Gesamtheit einer ganzen Reihe von ihnen aufgebaut sein, die tatsächlich wesentliche waldbauliche Eigenschaften der Bestände bedingen.

Die Verteilung der Bestände im Raume der Erde ist eine gesetzmäßige. Die typischen Züge müssen einem gewissen Klima, Relief, geologischen Bedingungen, dem Boden und dem Untergrund angepaßt sein; gerade in der Betonung des Örtlichen der waldbaulichen Objekte, der Bestände, müssen die Aufgaben der Geographie des Waldbaus liegen.

Viele Urteile in den vorhergehenden Kapiteln haben uns dem Verständnis der Rolle der Umwelt als eines Faktors der Waldbildung näher gebracht, jenes tiefen und innigen Zusammenhanges, der zwischen der Umwelt und der Struktur des sozialen Lebens der verschiedenen Pflanzenvereinigungen besteht, sie zeigten uns, daß man das Leben und die Formen des Waldes nicht verstehen kann, wenn man die Eigenart der Innenwelt des Waldes außer acht läßt. Der Wald und sein Gelände müssen für uns zu einem geschlossenen Ganzen verschmelzen, zu einem geographischen Wesen oder der Landschaft.

Zu S. 330:
"Notwendig ist eine Zusammenfassung. Man muß zugleich den Wald und die von ihm eingenommene Umgebung erfassen, diese Verallgemeinerung ist schon lange in der jahrhundertealten Weisheit des Volkes lebendig, das die vom Gelände und seiner Walddecke gebildete Gesamtheit und den Grad ihrer Übereinstimmung durch Ausdrücke wie 'ramenj' (Lehmwald), 'suramenj' (Wald auf lehmunterlagertem Sandboden), 'suborj' (Anheidewald), 'sogra' (Bruchwald) usw. gekennzeichnet hat.
Viele wissenschaftliche Ausdrücke sind der Volkssprache entlehnt. Von wo sollten sonst Fachausdrücke stammen wie Podsol, Ortstein, Tschernosem, Glei, bösartiger Salzboden, wenn nicht vom Volke?

Es ist die Aufgabe der Wissenschaft, die Gesamtheit von Bedingungen, die einen Lehmwald, Anheidewald usw. entstehen läßt, zu durchforschen und herauszuarbeiten.

Darum wandten unsere nordrussischen Forstwissenschaftler zum ersten Mal das typologische Merkmal auf die Einteilung und Charakteristik der Wälder an, d.h. sie legten ihr die Unterscheidung der Wälder nicht nur nach der Zusammensetzung zugrunde, wie dies gewöhnlich getan wird, sondern auch nach den Standortsbedingungen, insbesondere nach den Bodenmerkmalen und nach der örtlichen Lage."

Zu S. 340 u. 341
"Die Klassifikation der Waldgemeinschaften muß heute, wenn sie eine natürliche sein will, auf der Gesamtheit aller waldbildenden Faktoren beruhen. Wir sahen bereits, daß die Faktoren der Waldbildung folgende sind:

1. die inneren ökologischen Eigenschaften der Holzarten;
2. die geographische Umwelt: Klima, Untergrund, Relief, Boden;
3. die bisozialen Beziehungen: a) zwischen den Pflanzen, welche die Waldgemeinschaft bilden, und b) zwischen ihnen und der Fauna;
4. die historisch-geologischen Ursachen;
5. die Einwirkung des Menschen.

Wir lassen die Einwirkung des Menschen vorläufig beiseite; im übrigen erweisen sich die unter 3. und 4. angegebenen Faktoren als die schwächsten, da sie am wenigsten erforscht sind. Als Ideal muß uns aber doch die Gesamtheit der genannten vier Faktoren vorschweben.

Ferner müssen wir die Einheiten der verschiedenen Gruppen der Klassifikation unterscheiden und zugleich bestrebt sein, das Vorkommen ein und desselben Bestandstyps innerhalb der Grenzen eines größeren Gebiets zu beachten, ohne dabei ein so großes Gebiet (Osteuropa) ins Auge zu fassen, wie das A.A.v. Krüdener tut. Unsere dritte Forderung besteht darin, daß eine beliebige Einheit - von den Zonen beginnend bis zu den Bestandstypen herab - sowohl ein biosozialer als auch ein biogeographischer Organismus (eine biogeographische Einheit) oder nach dem Ausdruck von L.S. Berg ein Landschaftstypus sei. Die biologischen, biosozialen und geographischen Faktoren verschmelzen, indem sie sich gegenseitig bedingen, für uns zu einer geschlossenen, unzertrennlichen Harmonie, die sich nur künstlich in einzelne Teile zerreißen läßt, die in isolierter Form, außerhalb eines harmonischen Zusammenhanges mit anderen Elementen nicht existieren; für uns beeinflussen in beliebigen Landschaftstypen in gleicher Weise sowohl die Teile das Ganze als auch das Ganze die Teile.

Die größten Einheiten werden die Zonen und Unterzonen sein, ferner die Gebiete und Untergebiete, schließlich die Waldtypen und die Bestandstypen. Tundra, Wald, Steppe und Wüste - das sind Zonen. Sie zerfallen in folgende Unterzonen: die Waldtundra, den nördlichen Waldgürtel der Taiga und der Moore, die ehemalige Waldsteppen-Unterzone mit Relikten von Eichenwäldern, die ehemalige Steppenunterzone, die heutige Waldsteppen-Unterzone und die heutige Steppenunterzone mit Kulissenwäldern. Während die Zonen und Unterzonen sich mehr oder weniger parallel den Breitengraden erstrecken, haben die Gebiete und Untergebiete eine andere Richtung.

Als Beispiel sei angeführt: Der Eichenwald auf trockenen, alkalischen Salzböden ist ein Bestandstyp, der zum Bestand der größeren Einheiten des Waldtyps gehört und einen Teil der hochgelegenen Eichenwaldinseln des zentralen Gebietes unserer heutigen Waldsteppe bildet. Wenn wir unsere Klassifikation in Gestalt einer Tabelle mit entsprechenden Rubriken für die Einheiten verschiedener Gruppen darstellen würden, so fiele selbstverständlich die oben angeführte lange Bezeichnung fort und die Klassifikation würde ihre Schwerfälligkeit verlieren. Ich will noch einige Beispiele anführen: 1. Eichen- und Eschenbestände auf degradiertem Tschernosem der hochgelegenen Eichenwaldinseln des zentralen Teiles der heutigen Waldsteppe; 2. Steppen-Heidewälder; 3. Kiefern-Eichen-Bestände auf degradierten Tschernosem-Lehmsanden der Übergangszone von der Wiesenterrasse zur Steppe im zentralen Gebiet der heutigen Waldsteppe."

Zu S. 345 u. 346:
"Der Bestandstyp (Assoziation) oder eine Einheit höherer Ordnung, das ist einerlei, ist in Wirklichkeit stets eine biologische, eine geographische, eine soziale und eine historische Erscheinung, und darum ist meines Erachtens der allgemeine Begriff 'Landschaftstyp' gleichbedeutend mit einem anderen Ausdruck, nämlich dem der 'Biocoenose'[+)]. Ein Gemeinschaftstyp des Eichenwaldes ist stets ein Produkt eines Systems der Wechselwirkung des Organismus und jener Umwelt, in der er lebt.

Wenn jede beliebige Einheit in der Einteilung der Gemeinschaften gleichzeitig das Resultat der Zusammenwirkung der erwähnten vier Lebensfaktoren ist, so muß man doch auch auf verschiedene Unterschiede hinweisen, die den Umfang des Begriffes bestimmen. Die Zone ist unserer Ansicht nach die umfassendste Einheit, das Gebiet ist die nächste Stufe; der Typ des Waldes oder die Formation (nach der von der Kommission angenommenen Terminologie) und der Bestandstyp oder die Assoziation sind die Elemetareinheiten.

Wenn wir uns jetzt den geographischen Bedingungen zuwenden, so ist das Klima derjenige Faktor, der die größten Räume seiner Herrschaft unterwirft, und darum wurde es auch immer

---

+) Der Begriff Biocoenose = Lebensgemeinschaft wurde gegen Ende vorigen Jahrhunderts zunächst im Bereich der Flachmeere und Süßwasserseen verwendet. "Doch fehlte es später nicht an Forschern, die in Land-Ökosystemen ähnliche Zusammenhänge sahen." (Ellenberg, 1973)

bei der Gliederung der Vegetation des Erdballs in Typen als Hauptgrundlage betrachtet. Das Klima beherrscht Untergrund, Relief und Boden, und obwohl das Relief sein eigenes Klima schaffen kann, so wird das doch nur ein Mikroklima im Unterschied zum Gesamtklima sein, von dem jetzt hier die Rede ist.

Das bedeutet nicht, daß die Zonen oder Vegetationstypen gewissermaßen Einteilungen seien, die rein klimatologisch gewertet werden; nein, sie sind geographischer Natur und noch genauer ausgedrückt biosozial-geographischer, da ein bestimmtes Klima bestimmte Erscheinungen in der Geologie des Landes, dem Untergrund, der Bodenbildung nach sich zieht, was zusammen die Zusammensetzung und den Typ der Vegetation bestimmt.

Das nächstfolgende selbständige Prinzip innerhalb der Zone ist der Untergrund; bei gleichem Klima, aber verschiedenem Untergrund entstehen verschiedene Gebiete, wie z.B. das Lößgebiet, das Moränengebiet, das Sandgebiet usw.; was aber die Unterzonen anbelangt, so hat der Unterschied teils Übergangscharakter, teils ist er ein Produkt der historischen Entwicklung, dank der der Untergrund, der anfangs gleichartig ist, verschiedenartig werden konnte, wie z.B. das heutige Steppengebiet und das Altsteppengebiet.

In Gebieten, die auf den ersten Blick dem Charakter des Untergrundes nach ziemlich gleichartig erscheinen, lassen sich unter Umständen doch große Unterschiede in der Geologie, in der Entwicklungsgeschichte oder im Relief beobachten, so können z.B. in dem Gebiet der Moränenzungen der Waldsteppe sandige fluvioglaziale Ablagerungen einerseits und rezente Überschwemmungsablagerungen anderseits vorgefunden werden.

Eine solche Zergliederung eines ursprünglich gleichartigen Untergrundgebietes zieht auch die Notwendigkeit nach sich, eine untergeordnete neue Einheit aufzustellen, die wir, wie ich zugeben muß, nicht gerade glücklich als Typ des Waldes bezeichneten; z.B. 1. die Kiefernheidewälder innerhalb der Grenzen der über den Wiesen gelegenen Terrassen an den Flüssen der heutigen Waldsteppe, 2. die Überschwemmungs- oder Auwälder, 3. die Eichenwälder der rechten hohen Flußufer usw.

Diese Klassifikation ist selbstverständlich unvollkommen und konventionell. Innerhalb des Waldtyps bedingen die Boden- und Untergrund- sowie die Reliefverhältnisse bereits eine weitere Einteilung, nämlich die der Bestandstypen."

Morosow rückte als Grundlage für die Klassifikation der Bestände die Bodenverhältnisse in den Vordergrund. Er schrieb:

"Der Bestandestyp ist eine Gesamtheit von Beständen, die durch Gemeinsamkeit der Standortsbedingungen oder der Bodenverhältnisse zu einer umfangreichen Gruppe zusammengeschlossen sind."

Er betonte die besondere Bedeutung, die den Bodenverhältnissen bei der Aufstellung von Typen bei dem damaligen Stand des Wissens unter den angeführten waldbildenden Faktoren beizumessen sei. Daß es sich aber nicht um sie allein handelt, wie dies aus den ersten Arbeiten Morosows zu folgern war, ist aus einem Zitat von Sukatschew (1932) ersichtlich. In seiner ausführlichen Untersuchung der Waldtypen des osteuropäischen Flachlandes befaßte sich Sukatschew mit der waldbaulichen Klassifikation der Bestände, die Morosows Gliederungen zugrunde liegen. Er zitierte:

"Die Klassifikation, die ich benutze, beruht durchaus nicht nur auf den Merkmalen des Standortes. Ich verlange bei Verweisung auf die Standorte auch Verweisung auf die dominierenden Arten."

Bei der beispielsweisen Beschreibung einiger Bestandestypen des Trockengebiets (der Waldsteppe), mit der Morosow sein Buch beendet, stellt er sowohl die Ausformung des Geländes und die Schichtung der Böden als auch die Baumbestockung und die dominierende Bodenflora heraus (S. 348 - 364).

562.2 W.N. SUKATSCHEW

Wladimir Nikolajewitsch Sukatschew wurde am 7. Juni 1880 in Alexandrowka bei Charkow geboren und besuchte in Charkow die Schulen+). Anschließend studierte er von 1898 bis 1902 am Petersburger Forstinstitut, wo er 1902 Assistent bei Professor Morosow wurde. Nach einem Studienaufenthalt in Deutschland hielt er ab 1905 Vorlesungen über Dendrologie. Nach Morosows Übersiedlung auf die Krim (1917) übernahm Sukatschew seine Nachfolge.

In Petersburg bzw. Leningrad war Sukatschew Mitglied verschiedener wissenschaftlicher Gesellschaften. Als Mitglied der Petersburger Geographischen Gesellschaft, des Botanischen Museums und der 1915 unter seiner Mitwirkung gegründeten und von ihm viele Jahre präsidierten Botanischen Gesellschaft hat er an vielen Expeditionen in fast alle Teile Rußlands teilge-

+) Die biographischen Angaben sind dem Nachruf entnommen, den der österreichische und schweizerische Geobotaniker Professor H. Gams auf den am 9. Februar 1967 im 87. Lebensjahr in Moskau verschiedenen Akademieprofessor W.N. Sukatschew geschrieben hat; Gams und Sukatschew waren seit 40 Jahren befreundet. Den Hinweis auf den Abdruck in der Schweizerischen Zeitschrift für Forstwesen 1967 verdanke ich Professor Heinrich Walter.

nommen; er bereiste zweimal China bis zur Insel Hainan. Er nahm aktiv Teil an vielen nationalen wie internationalen Kongressen in Europa und Übersee und war anfangs korrespondierendes, dann wirkliches Mitglied der Wissenschaftsakademie. Von 1916 bis zu seinem Tod 1967 redigierte er mit zweimaliger Unterbrechung (während des letzten Krieges und 1959 - 1964 zufolge Lyssenkos (russ. Botaniker) Diktatur) das Botanische Journal. Während des Krieges 1941 - 1945 wurde er erst nach Kasachstan, dann nach Swerdlowsk evakuiert, wo er Vorlesungen hielt.

Er kehrte 1945 nicht nach Leningrad zurück, sondern richtete im Auftrag der Wissenschaftsakademie in Moskau ein Institut für Waldkunde ein und leitete das Institut bis 1962. In diesem Jahr wurde das Hauptinstitut nach Krasnojarsk verlegt und Sukatschew übernahm nur noch die Leitung der Filiale bei Moskau (s. Kap. 561.).

Die größte Leistung Sukatschews ist sein Publikationswerk. In den Jahren 1898 bis 1966 veröffentlichte er rund 350 wissenschaftliche Arbeiten, die vielen Rezensionen nicht mitgezählt. Unter seinen Arbeiten befinden sich viele Lehrbücher, z.T. in mehreren Auflagen sowie Bücher in anderen Sprachen (z.B. 12 deutsch, 4 englisch u.a.).

Von den Veröffentlichungen befassen sich etwa 120 mit Vegetationskunde im weitesten Sinn. Für den Ausdruck "Vegetationskunde" benutzte er die erstmals 1891 von Paczoski und 1898 von Krylow in das russische, erst 1907 auch in das westeuropäische Schrifttum eingeführte Bezeichnung "Phytosoziologie" bis 1929, ersetzte sie dann durch die inhaltlich und sprachlich bessere Bezeichnung "Phytozönologie" bzw. "Biozönologie" und schließlich 1944 durch "Biogeozönologie". Sukatschews auch das unbelebte Milieu umfassende "Biogeozönose" entspricht im wesentlichen dem "Ökosystem" von Tansley.

1951 wurde unter Sukatschews Oberleitung eine große Expedition der Akademie der Wissenschaften unter Teilnahme von Physiologen, Bodenkundlern, Forstleuten u.a. zum Studium des feldschützenden Waldanbaus in die Dürregebiete unternommen, deren Ergebnisse und Empfehlungen mit dazu dienten, eine neue Instruktion zur Aufzucht von feldschützenden und Schutzwaldbeständen in den Steppen und Waldsteppengebieten der UdSSR aufzustellen. Bei der Diskussion kam es zu Auseinandersetzungen zwischen Lyssenko und Sukatschew. Der Vorwurf Lyssenkos, daß Sukatschews Theorie der Biogeozönologie "metaphysisch" sei, wies dieser als unbegründet zurück und gab eine Definition dieses Begriffes, wie er sie bereits mehrfach in früheren seiner Veröffentlichungen gegeben hatte:

"Biogeozönose ist eine Pflanzengesellschaft (Phytozönose) mit der mit ihr lebenden Tierwelt (Zoozönose) und dem entsprechenden Teil der Erdoberfläche und ihren besonderen Eigenschaften (Mikroklima), Boden und Wasserhaushalt. Jede Biogeozönose ist ein dynamisches System und verändert sich ständig unter dem Einfluß ihrer Komponenten. Man kann das Wesen eines Bestandes in einem Waldstreifen nicht erkennen, wenn man seine Biogeozönose, ihre Komponenten und Wechselwirkungen nicht untersucht. Deshalb ist der Einwand Lyssenkos, als ob die Anhänger der Biogeozönose die Veränderlichkeit der Umweltsbedingungen nicht anerkennen, verfehlt. Er beweist, daß der Verfasser des Aufsatzes (d.h. des Lyssenko - Gesprächs) keine klare Vorstellung davon hat, was Biogeozönologie bzw. Biogeozönose und Phytozönose ist." (Buchholz, 1952)

Es war bekannt, daß die Biogeozönosebewegung viele Gegner hatte. Aber so offen, wie sich zum Schluß des Meinungsaustausches der Professor des Moskauer Forsttechnischen Instituts N.P. Anutschin einschaltete, dürfte dies kaum oft erfolgt sein. Anutschin schrieb:

"Sukatschew schreibt seiner Lehre einen universalen Charakter zu und betrachtet sie gewissermaßen als den Nabel der Welt. Nach seiner Meinung kann man die im Walde vorgehenden Prozesse nur lenken, wenn man sich in den Biogeozönosen zurechtfindet. Dabei zeigt er weder Wege noch Methoden einer praktischen Realisierung seiner biogeozönosen Erkenntnisse, wo er doch die beste Gelegenheit dazu gehabt hätte, da er durch das Institut des Waldes der Akademie der Wissenschaften über zwei bekannte Lehrreviere bei Moskau und Woronesh verfügt. Nach Sukatschews Waldtypenlehre müßte sich der Forsttaxator an Stelle der Waldabschätzung mit Problemen nahezu 'kosmischen' Charakters beschäftigen, indem er Unterschiede in der Atmosphäre, Litosphäre, Pedosphäre, Hydrosphäre, Biosphäre usw. festzustellen bestrebt sein soll. Wenn auch über das Bestehen von Zusammenhängen in den Naturerscheinungen kein Zweifel besteht, kann doch eine solche komplizierte Arbeit nicht von praktischen Forsttaxatoren vorgenommen werden, welche die Klassifizierung der Wälder nach Waldtypen auf Grund wissenschaftlicher Merkmale durchzuführen haben. An Stelle der nebelhaften 'sphärischen Kreise' sollte Sukatschew lieber praktische Richtlinien hierfür ausarbeiten." (Buchholz, 1952)

Von den in deutscher Sprache verfaßten Veröffentlichungen Sukatschews vermitteln die 1932 im Handbuch der biologischen Arbeitsmethoden von ABDERHALDEN auf S. 191 - 250 erschienenen Ausführungen ein umfassendes Bild der Waldtypen des osteuropäischen Flachlandes. Die 1954 erschienenen, nicht einmal 10 Seiten beanspruchenden "Grundlagen der Waldtypen" geben eine konzentrierte Darstellung der russischen Waldtypologie und zugleich von Ökosystemen in anderen europäischen Ländern.

Sein letztes großes Lehrbuch "Grundlagen der Wald-Biogeozönologie", das er mit Dylis und anderen Mitarbeitern verfaßte (Moskau, 1964, 674 S.), ist nach Ansicht von Professor Gams die wohl vielseitigste allgemeine Waldkunde überhaupt. Bei Oliver & Boyd, Edinburgh und London, ist eine englische

Übersetzung erschienen. Die hier beigegebene deutsche Übersetzung des Inhaltsverzeichnisses soll eine Vorstellung des Buches vermitteln:

Inhaltsverzeichnis des Buches von W. Sukatschew und N. Dylis "Die Grundlagen der Wald-Biogeozönologie"

BIBLIOGRAPHIE:

Eine kurze klare Darstellung der Waldtypologie von Sukatschew gab H.-J. v.Maydell im Forstarchiv 1978:

"W.N. Sukatschew baute seine Waldtypologie jedoch auf der Grundlage der Ökologie auf. Er definierte wie folgt: "Der Typ des Waldes ist die Gesamtheit aller Waldbestände, die gleichartige Merkmale im Hinblick auf die Zusammensetzung der Baumarten, die Vegetationsschichten innerhalb des Waldes, die Fauna, die mikrobiologischen Bedingungen, die klimatischen und hydrologischen Verhältnisse, die Art der Böden, die Wechselbeziehungen zwischen den Pflanzen und ihrer Umwelt, die inneren biogeozönotischen und interbiogeozönotischen Prozesse des Stoff- und Energiewechsels, die biologischen Aufbauprozesse und die Veränderungen dieser Prozesse aufweisen. Diese Gleichartigkeit der Eigenschaften der biogeozönotischen Komponenten sowie der eigentlichen Eigenschaften der innerhalb eines Typs vertretenen Biogeozönosen im ganzen, erfordert bei einheitlichen ökonomischen Bedingungen auch gleichartige forstwirtschaftliche Maßnahmen."

Sukatschews um 1920 entwickeltes System hat im wesentlichen bis heute seine Gültigkeit behalten und dient in weiten Teilen der Sowjetunion als Richtlinie für die Waldeinteilung."

562.3 ARTHUR FREIHERR V. KRUEDENER

Der in Livland 1869 geborene Arthur Freiherr von Kruedener schilderte 1926 seinen "typologischen Werdegang" wie folgt:

"Schon als Knabe in Livland auf meines Vaters Besitzungen mit dem Lande vertraut, mit dem Walde verwachsen - brachte mich auf der Landesuniversität Dorpat das Studium der Landwirtschaft und hernach in St. Petersburg das der Forstwirtschaft, mit den Naturwissenschaften in nähere Berührung. Fast ein ganzes Jahrzehnt hernach hatte ich als Forstmann in den verschiedensten Teilen des Reiches zu tun. In die Residenz versetzt, wurde ich mit Prof. Morosow, der in dieser Eigenschaft ein begeisterter Anhänger der Idee von den Waldtypen und als wissenschaftlicher Begründer der Typen anzusehen ist, bekannt und befreundet.

1904 wurde mir die Aufgabe zuteil, die über ganz Rußland zerstreuten Waldungen des Kaiserl. Russischen Hauses, dessen Waldareal 1914 über 7 Millionen Hektar betrug, zu erforschen zwecks Aufstellung von Massen- und Abholzigkeitstafeln. Diese Aufgabe benutzte ich zur Verbindung mit einer anderen und zwar der des Studiums von Klima, Boden und Pflanzenwelt überhaupt. Es wurden unter meiner Leitung über 100 000 Stämme von Kiefer, Fichte, Tanne, Lärche, Eiche, Esche, Erle, Ahorn, Hainbuche vermessen, gefällt, z.T. analysiert; über 6000 Bodenproben genommen (Hunderte in großen Kästen mit Glasdeckel); ein Waldherbarium zusammengestellt, viele Hunderte von photographischen Aufnahmen gemacht, Lichtbilder hergestellt, z.T. in Farben. Alles fand seine Aufstellung in einem Waldmuseum. Die Massen- und Abholzigkeitstafeln erschienen in einer Reihe von Büchern im Druck. Hernach gab ich ein Buch über die Grundlagen der Klassifikation der Waldtypen heraus (I. Band "Allgemeines"; II. "Heide und Anheide"). Diese Arbeiten wurden durch die politischen Ereignisse unterbrochen, das Museum ein Raub der Flammen."

1917 begannen für Kruedener Wanderjahre. Zunächst wandte er sich nach Finnland und Ostpreußen, wo er sich als Waldarbeiter und Sprengmeister durchschlug sowie bei einer Holzfirma arbeitete. Von 1923 bis 1926 war er vor allem schriftstellerisch tätig; er schrieb damals das zweibändige Buch "Unendliche Weiten. Erinnerungen aus dem Zarenreich". Einem Ruf an die Universität Riga folgte er nur kurze Zeit, weil er 1927 nach München geholt wurde, um im Deutschen Museum die Aufstellung der Abteilung "Das Holz als Baustoff" zu übernehmen; der Plan ging aber aufgrund von Geldmangel zunichte.

Beachtung fand ein umfangreicher Beitrag Kruedeners, der 1926 unter dem Titel "Über Waldtypen im allgemeinen und in bezug auf Deutschland im besonderen" in der Zeitschrift für Forst- und Jagdwesen erschien. In diesem war wiederum von besonderem Interesse der Abschnitt II: "Die Waldtypologie des Naturmenschen und ihre Bedeutung". Kruedener, der sich ausgiebig mit der Einstellung des Naturmenschen zum Walde befaßt hat, schrieb:

"Der Naturmensch kennt keine Klimatologie, keine Bodenkunde, keine Botanik und Zoologie im gelehrten und gelernten Sinne des Wortes. Und dennoch kennt er sie auf seine Art und hat für alles Bezeichnungen."

Auf wenigen Seiten führt Kruedener Dutzende von Beispielen solcher übernommener alter Benennungen für die Bezeichnung von Waldtypen und ihrer Teile auf; manche von ihnen waren treffend und aufschlußreich, andere aber schwer verständlich. Seine weitgespannte Darstellung der russischen Waldtypen hatte zur Folge, daß der Deutsche Forstverein schon auf seiner Jahrestagung 1927 in Frankfurt am Main "Waldtypen und Forstwirtschaft" (Kruedener, 1927) zum Verhandlungsgegenstand erhob.

Erster Berichterstatter dort war der Forstmeister und spätere Professor Dr. K. Rubner, der sich damals mit der deutschen Übersetzung von Morosows Buch "Die Lehre vom Walde" befaßte. Rubner kannte die forstlichen Verhältnisse in Skandinavien und Finnland vor allem von einer siebenwöchigen Bereisung. In seinen Leitsätzen unterschied er klar die finnischen und die russischen Waldtypen:

"Die finnische Waldtypenlehre ist auf dem Gedanken aufgebaut, daß bestimmte Pflanzenvereine der Bodenvegetation eines Bestandes bestimmte Rückschlüsse auf den Standort und somit auf waldbauliche Maßnahmen sowie auf Massengehalt und Zuwachs zulassen. Die praktische Brauchbarkeit der finnischen Waldtypenlehre ist im Lande ihrer Entstehung durch zahlreiche, meist statistische Arbeiten erhärtet und findet in der Praxis weitgehende Anwendung, besonders auch bei der das ganze Land umfassenden Linientaxierung der Wälder.

Die russische Waldtypenlehre geht vom Boden selbst aus und klassifiziert die Wälder bei gegebenen Klima, besonders unter Berücksichtigung der Feuchtigkeitsverhältnisse in zahlreiche Typen, die sich auf das Gebiet der russischen Ebene beziehen." (Rubner, 1927)

Der mit Spannung erwartete Vortrag Kruedeners fand zwar lebhaften Beifall, löste aber keine über die Veranstaltung hinausreichende Bewegung aus. Professor Dengler, der den Vorsitz in der Versammlung führte, sprach in seinem Schlußwort die Befürchtung aus, daß die vielfach schwerverständliche Nomenklatur der Verbreitung des Waldtypengedankens hinderlich sein könnte.

"Eine gewisse Schwierigkeit bietet die neuartige und etwas sehr reichliche Sammelnatur in den Schriften des Herrn v. Kruedener. Es finden sich bei ihm viele Worte und Ausdrücke, die wir bisher nicht kennen, oder die bei uns einen ganz anderen Sinn haben wie z.B. die Begriffe Heide, Anheide u.a.." (Dengler, 1927)

Von Kruedener wurde gleich bewußt, daß seine Absicht, in Deutschland Waldtypenversuche in größerem Maßstab durchzuführen, fehlgeschlagen war. Er hatte aber in Frankfurt viele Beziehungen angeknüpft, die er jetzt nutzen konnte. Schon im März 1928 gelang es ihm, die Stelle eines Spezialisten für Waldbodenuntersuchungen von der Bayerischen Landesbauernkammer und vom Waldbesitzerverband zu erhalten. Der Bau der Autobahnen ermöglichte es ihm 1935, eine Forschungsstelle für biologisches Ingenieurwesen zu gründen.

25 Jahre hat Kruedener so in Bayern gewirkt. In 59 Untersuchungsberichten, die vor allem Staatsforsten betrafen, schuf er die standörtlichen Grundlagen für eine Hebung der Produktionskraft der bayerischen Waldungen. Seine besondere Liebe für die Standortsanzeiger unter den Pflanzen veranlaßte ihn zu selbst bebilderten Veröffentlichungen, an der Spitze den "Atlas standortskennzeichnender Pflanzen" von 1935.

1943 wurde v. Kruedener der Ehrendoktortitel der Forstlichen Hochschule Eberswalde verliehen. Als er am 5. November 1951 hochbetagt starb, verloren Forstwirtschaft und Forstwissenschaft einen besonders aktiven und ideenreichen Fachgenossen, dessen Vielseitigkeit auch das Verzeichnis seiner Veröffentlichungen bezeugt (Rubner, 1952).

57. FORSTLICHES SCHRIFTTUM ÜBER DIE SOWJETUNION VON E. BUCHHOLZ 1925 - 1964

Vier Jahrzehnte lang hatte der preußische Oberforstmeister Guse vor dem Ersten Weltkrieg die deutschen Forstleute durch Hunderte von Referaten und Aufsätzen über die Forstverhältnisse in Rußland unterrichtet. Der deutsche Oberforstmeister Dr. Buchholz übernahm diese Aufgabe während einer ähnlich langen Zeitspanne (1925 - 1964).

Über Werdegang und Leistungen von E. Buchholz hat Professor H.H. Hilf 1964 anläßlich dessen 70. Geburtstages im Forstarchiv eingehend berichtet. Hilf war zu dieser Würdigung besonders berufen, da er zu den wenigen deutschen Forstexperten gehörte, die zwischen beiden Weltkriegen die Sowjetunion bereist haben: Im Herbst 1930 besuchte er 10 Wochen lang das Gebiet zwischen Moskau, Archangelsk und Swerdlowsk (Ural). Die persönlichen Reiseberichte von Hilf und Strehlke erschienen 1931 und 1932 im Forstarchiv.

Erwin Buchholz wurde am 31. Dezember 1893 im damals russischen Bialystok geboren. Seine Vorfahren waren aus Schlesien eingewandert und hatten sich in einer Weberkolonie am Nordrand des Bialowieser Urwalds niedergelassen. Der Vater Buchholz kehrte für 10 Jahre nach Deutschland zurück, um das Textil- und Färberhandwerk zu erlernen; außerdem leistete er seine Militärdienstpflicht ab. Er gründete dann eine kleine Fabrik in Bialystok und ermöglichte seinen 6 Kindern eine gute Schulausbildung. Erwin Buchholz trat in eine Oberschule ein, in der er mit Polen, Russen, Litauern, Letten, Deutschen und Juden zusammenkam; hier lernte er perfekt russisch und polnisch und erlangte auch zu anderen slawischen Sprachen etwas Zugang.

In einer von der Kultur nur wenig berührten Landschaft aufgewachsen, der Wald, Moor, Wiesen und Wasser das Gepräge gaben, entwickelte sich in dem jungen Buchholz Freude an der Natur und in ihm reifte der Entschluß, Forstmann zu werden.

1911 legte Buchholz die Reifeprüfung ab und trat als Student in das Institut für Land- und Forstwirtschaft in Nowoalexandria bei Warschau (heute Pulawy) ein, wo er die meisten Prüfungen ablegte.

Nach Kriegsausbruch wurde er als Reichsdeutscher nach Sibirien deportiert, wo er mit geringen Unterbrechungen mehrere Jahre teils als Tagelöhner, teils als Privatlehrer verbrachte. Während der Revolutionszeit (1918) konnte er seine russische Staatsprüfung ablegen, worauf er zum "Gelehrten Forstmann" ernannt wurde. Zunächst wurde er als Assistent in einem Kosakenregiment mit Steppenaufforstung beschäftigt und später bei der Regierung in Uralsk als stellvertretender Leiter der Forstverwaltung.

Im Zuge des Gefangenenaustausches, zu dem er sich meldete, kam Buchholz 1920 nach Deutschland. Als Reiseziel hatte er Tharandt angegeben, da er von der Forstlehranstalt dort gehört hatte. Nach einem halben Jahr Arbeitslosigkeit wurde er beim Forsteinrichtungsamt Magdeburg eingestellt, in dessen Auftrag er eine Anzahl von Forstämtern taxierte. 1927 wurde er an die Preußische Forstliche Versuchsanstalt in Eberswalde versetzt und zunächst mit ertragskundlichen Aufgaben, später mit forstgeschichtlichen Arbeiten in der Schorfheide beauftragt. 1932 promovierte er an der Forstlichen Hochschule Eberswalde mit seiner Arbeit über die Entwicklungstendenzen der sowjetrussischen Forstwirtschaft. 1938 wurde Buchholz vom Reichsforstmeister an das Reichsinstitut für ausländische und koloniale Forstwirtschaft in Tharandt berufen, das 1940 nach Reinbek (Hamburg) verlegt wurde. Hier blieb Buchholz als wissenschaftlicher Mitarbeiter der Bundesforschungsanstalt für Forst- und Holzwirtschaft bis zu seiner am 1.1.1959 erfolgten Pensionierung. Seinen Lebensabend verbrachte er im Bergischen Land. Er starb nur wenige Wochen vor Vollendung seines 80. Lebensjahres am 4. November 1973.

Buchholz sah seine Aufgabe zunächst darin, die deutschen Forst- und Holzwirte - Wissenschaftler und Praktiker - über Vorgänge in der Sowjetunion zu informieren. Weit mehr noch war er aber darauf bedacht, die zu behandelnden Themen in all ihren Beziehungsgefügen auszuleuchten, vor allem auch in ihrer historischen Bedingtheit zu erfassen. Sehr oft enthalten seine fast hundert Veröffentlichungen Geschichtliches und gewinnen dadurch an Tiefe.

Nach seiner Pensionierung entwickelte Buchholz noch einige Jahre eine besondere Aktivität. 1961 gab er ein Buch "Die Waldwirtschaft und Holzindustrie der Sowjetunion" heraus. Das mit vielen Abbildungen, vor allem Kartogrammen und Photographien, illustrierte Buch enthält außerdem ein reiches Zahlenmaterial. Es ist bis heute das Buch in deutscher Sprache, das am einfachsten in die russische Forst- und Holzwirtschaft einführt. Es enthält 233 Seiten+).

1963 veröffentlichte Buchholz im Forstarchiv einen Beitrag "Die deutsch-russischen Beziehungen im Licht der forstlichen Literatur". Der Aufsatz begann:

"Schon bei flüchtigen geschichtlichen Untersuchungen über die Weltforstliteratur gelangt man ohne Einschränkung zu der

---

+) Dem 1966 in Stockholm in englischer Sprache erschienenen Buch "Forest Economy in the U.S.S.R." von K.V. Algvere stehen 449 Seiten zur Verfügung und dem in Jerusalem 1965 von V.P. Tseplyaev verfaßten "The Forests of the U.S.S.R." 521 Seiten.

Feststellung, daß die Beziehungen zwischen zwei Ländern - Deutschland und Rußland - von keinen anderen Ländergruppen an Intensität übertroffen wurden. Man kann ferner behaupten, daß, beginnend vom 18. Jahrhundert bis etwa zum Jahre 1939, die russische Forstwirtschaft und die Forstwissenschaft außergewöhnlich stark und einseitig von der Entwicklung in Deutschland beeinflußt wurden, denn Deutschland galt bei den russischen Forstleuten stets als die Wiege und der Hort der Forstwirtschaft.

Das erste forstliche Buch in Rußland war das von Forstmeister Fokel verfaßte (s. Kap. 531.). Buchholz schrieb 1963 ergänzend:

"Neuere Forschungen von W. Tschenakal haben übrigens ergeben, daß Fokel sein deutsch geschriebenes Manuskript dem damaligen Präsidenten der Russischen Akademie der Wissenschaften und Universalgelehrten M. Lomonosow zur Begutachtung übergeben hatte, welches von diesem zur Drucklegung empfohlen wurde. Lomonosow selbst hatte bekanntlich 1736 bis 1741 in Marburg Naturwissenschaften studiert und dürfte Fokel gekannt haben. Das Manuskript Fokels konnte bisher noch nicht aufgefunden werden.
Nach dem Erscheinen des Werkes von Fokel gab es in Rußland jahrzehntelang keine größeren eigenen forstlichen Veröffentlichungen."

Wohl aber wurden im 19. Jahrhundert viele deutsche forstliche Klassiker ins Russische übersetzt und gedruckt:

V. BURGSDORF, G.: Anleitung zur Erziehung der einheimischen und fremden Holzarten. 2 Teile. St. Petersb. 1801/1803.
HARTIG, G.L.: Anleitung für Förster und Waldliebhaber. St. Petersb. 1813.
COTTA, H.: Grundriß der Forstwissenschaft. St. Petersb. 1835.

COTTA, H.: Anleitung zur Führung der richtigen Forstwirtschaft und der Waldabschätzung. 1840.
KOENIG, G.: Die Forstmathematik. St. Petersb. 1840.
PRESSLER, M.: Der Meßknecht. St. Petersb. 1855.
BODE, A.: Handbuch für die Bewirtschaftung der Wälder. 1843.
HEYER, G.: Handbuch der Waldabschätzung. 1878.
HEYER, G.: Forststatik. 1878.
BAUER, F.: Forsttaxation. 1878.
KUNZE, M.: Holzmeßkunde. 1878.
STÖTZER: Anleitung zum Waldwegebau. 1878.
Bayerische Massentafeln, umgerechnet in russische Maße 1869.
(Diese Tafeln wurden mehrmals aufgelegt und verbessert.)
NÖRDLINGER: Die technischen Eigenschaften des Holzes. 1868.
ROSSMÄSSLER, E.: Der Wald. 1863.
BURCKHARDT, H.: Säen und Pflanzen nach forstlicher Praxis. 1876.
GANGHOFER, A.: Das forstliche Versuchswesen. 1882.
SCHWAPPACH, A.: Handbuch der Forstverwaltung. 1886.
BERINGER, M.: Über den Einfluß der Wirtschaftsmaßnahmen auf den Zuwachs und die Rentabilität. 1892.
HARTIG, R.: Baumkrankheiten. 1894.

Diese Liste ließe sich noch fortsetzen.
Gegenüber den Übersetzungen aus dem Deutschen waren die russischen Übersetzungen aus dem Französischen und Englischen verschwindend gering; es waren nur zwei Bücher von Bedeutung. Der großen Zahl übersetzter deutscher Fachbücher gegenüber konnte man die russischen selbständigen forstlichen Fachbücher bis 1850 an den Fingern einer Hand abzählen.
Zu Beginn der 80er Jahre zeigte sich jedoch bei Durchsicht der russischen Fachliteratur eine ausgesprochen selbständige Prägung. Trotzdem wurden noch bis zur Jahrhundertwende zahlreiche deutsche Fachbücher ins Russische übersetzt.

Buchholz fuhr fort:

"So außergewöhnlich rege das russische Interesse an der Entwicklung der Forstwirtschaft in Deutschland war, so träge war umgekehrt das deutsche Interesse an den Vorgängen in der russischen Forstwirtschaft. Deutschland war der gebende und Rußland der nehmende Teil. Bezeichnend hierfür ist z.B. die Tatsache, daß das 1893 in deutscher Übersetzung im Verlag P.Parey vom Berliner Holz-Comptoir herausgegebene und für deutsche forstliche Kreise bestimmte 526 starke Buch von Friedrich von Arnold "Rußlands Wald" in keiner einzigen deutschen Fachzeitschrift weder besprochen noch überhaupt erwähnt wurde.
Das Interesse an der russischen Forstwirtschaft und Fachliteratur wurde deutscherseits erstmalig geweckt, als Professor A. Schwappach im Herbst 1901 auf Einladung der russischen Regierung eine forstliche Studienreise durch Rußland unternahm. Schwappachs Reisebericht (Zeitschr.f.Forst- und Jagdw. 1902) wurde unverzüglich ins Russische übersetzt und fand großen Anklang in Rußland."

Wenn Buchholz 1963 im Forstarchiv schrieb, daß nach Schwappachs 1902 veröffentlichten Reisebericht ab und zu kurze Berichte von Oberforstmeister Guse in der Zeitschrift für Forst- und Jagdwesen erschienen seien, so ist dazu zu sagen, daß Guse mit seinen Berichten bereits in den 70er Jahren vorigen Jahrhunderts begonnen hat und daß die Zahl seiner in der Zeitschrift für Forst- und Jagdwesen erschienenen Veröffentlichungen über Rußland in vier Jahrzehnten 164 betrug (s. Kap. 532.2).

Gelegentlich der Würdigung zu Buchholzs 70. Geburtstag schreib H.H. Hilf (1964), daß Buchholz eine Bibliothek für Ostblockzeitschriften aufgebaut hat:

"Mit einem seltenen Sammeleifer hat Buchholz eine einzigartige Fachbücherei über die osteuropäische Forst- und Holzwirtschaft zusammengebracht, die - gerade, was ihre älteren Bestände betrifft - in der westlichen Welt einmalig sein dürfte. Diese Bücherei bildet heute einen Grundstock der Bibliothek der Bundesforschungsanstalt für Forst- und Holzwirtschaft in Reinbek, die - insbesondere durch die Fachzeitschriften - laufend ausgebaut wird. Zur Zeit werden dort 91 periodische Veröffentlichungen aus den Ländern des Ostblocks gehalten, darunter 29 russische, 21 polnische, 17 jugoslawische, 14 tschechische, 7 ungarische, 3 rumänische und 2 bulgarische Zeitschriften."

571. RUßLANDS TIERWELT UND JAGD VON E. UND G. BUCHHOLZ

In einigen der vorhergehenden Kapitel wird mehr oder weniger ausführlich über Tierwelt und Jagd in der Sowjetunion gesprochen. Da aber Erwin Buchholz und sein Sohn Gert 1963 ein Buch herausgegeben haben, das sich ausschließlich mit Rußlands Tierwelt und Jagd befaßt, mögen noch einzelne Befunde mitgeteilt werden. Die folgenden Zahlen stammen zumeist aus diesem Buch.

Dem Zobel wurde hier von den Jagd- und Nutztieren der größte Raum vorbehalten. Es mag aber trotzdem noch einmal wiederholt werden, daß die Absicht, möglichst große Mengen von den wertvollen Zobelfellen zu erbeuten, den Hauptantrieb für die schwierige Eroberung Sibiriens bildete. Ein Vergleich der Zobelfellbeute in Sibirien entspricht dem Goldsuchen in Amerika.

Von dem großen Schalenwild spielte und spielt der Elch eine besondere Rolle. Er ist ein typischer Bewohner der Taiga, der im Sommer morastige Wälder, Erlen- und Birkenbrüche sowie

Weidengehölze bevorzugt. Er zieht soweit nach Norden, wie der Baumbewuchs reicht. Elche waren früher so verbreitet, daß Iwan der Schreckliche in seinem Feldzug gegen die Tartaren 1552 sein ganzes Heer von 150 000 Mann mit Elchwildbret verpflegen konnte. Die Zahl der Elche in Rußland wurde 1914 auf 70 000 geschätzt; 1960 betrug sie allein in der RSFSR 480 000.

Im Gegensatz zum Elch kommt das Rotwild in der Taiga nicht so häufig vor; bemerkenswert ist, daß Hirsche auch früher nur sehr selten erwähnt werden.

Das Vorkommen der Rentiere reicht von Archangelsk im Südwesten bis Kamtschatka im Osten. Ihre Zahl wird wiederholt auf 2,5 Millionen geschätzt. 75 % der Rentierbestände sollen im Besitz der Sowjetunion sein. Im hohen Norden Eurasiens fallen 28,5 % der Einnahmen auf Einkünfte aus der Rentierzucht. Durch Bekämpfung der Wölfe hoffte man 1963, den Rentierbestand wesentlich erhöhen zu können.

Das Halten von Beizvögeln ist in Rußland bis gegen Ende des 18. Jahrhunderts weithin bekannt gewesen. Von den Bräuchen und dem Prunk bei der Falknerei geben die folgenden Sätze des Buches eine Vorstellung:

"Mitte des 17. Jahrhunderts herrschte am Zarenhof ein prunkvolles Zeremoniell der Falkenjagd, das unter persönlicher Leitung des Zaren festgelegt wurde. Ritter und Edelfrauen trugen ihre mit Perlen und Edelsteinen verzierten Lieblingsfalken selbst auf der Faust. Bezeichnend ist, daß die Jagdleidenschaft besonders stark bei den weiblichen Herrscherinnen Rußlands des 18. Jahrhunderts zum Ausdruck kam."

Ein als Schutzumschlag des Buches verwendetes farbiges Bild des Malers K. Lebedev von 1898 zeigt den Ausritt des Zaren Aleksej Michajlowitsch mit Gefolge und Falken auf der Faust durch das Spasskij-Tor des Kreml (etwa um 1650) an der Stelle, wo heute die Kremlparaden abgehalten werden.

Vom Ausmaß der Falknerei zeugt die Angabe, daß in den Krondörfern um Moskau die Falkner rund 3000 Jagdfalken und Habichte betreuten. Die Falken fanden nicht nur für die Jagd des Hofes Verwendung, sondern waren auch ein wichtiger Faktor in der russischen Politik. E. und G. Buchholz schreiben:

"Die Pflege der Jagd mit Falken und anderen Jagdvögeln trug viel zur Herstellung guter Beziehungen Rußlands zu den Nachbarstaaten bei, denn die Vögel standen in sehr hohem Wert und wurden von den jeweiligen russischen Zaren, ebenso wie Ehrenpelze von Zobeln, als besondere Auszeichnungen an ausländische Fürsten und Würdenträger verschenkt, mit denen man gute Beziehungen zu unterhalten wünschte. Sogar Peter der Große, der kein Jagdfreund war, erkannte in der Falknerei eine politische Bedeutung und förderte sie."

LITERATUR

Folgende Abkürzungen werden verwendet:

AFZ	= Allgemeine Forstzeitschrift
AFJZ	= Allgemeine Forst- und Jagdzeitung
FA	= Forstarchiv
HZB	= Holz-Zentralblatt
Z.f.F.u.Jw.	= Zeitschrift für Forst- und Jagdwesen

-, AFZ (1971a): Kiefernpflanzung zu halben Kosten. AFZ 26 (1971)10, 190 - 191.

-, AFZ (1971b): Das Paperpot - Anzucht und - Pflanzverfahren. AFZ 26(1971)40, 882.

-, AFZ (1978): Zur Forstdüngung in Skandinavien. AFZ 33(1978) 48, 1413.

-, AFZ (1979a): Stand und Weiterentwicklung der Forst- und Holzwirtschaft in Schweden. Inwieweit ist das neue Forstgesetz beispielhaft? AFZ 34(1979)46, 1233 - 1240.

-, AFZ (1979b): Kockums-Gruppe wird vom Staat übernommen. AFZ 34(1979)5, vor S. 85.

-, AFZ (1979c): Svenska Cellulosa fordert Zollschutz. AFZ 34 (1979)26, vor S. 693.

-, AFZ (1979d): Situation der Wirtschaft und der Holzindustrie Finnlands. AFZ 34(1979)12, 286.

ALGVERE, K.V.: Forest Economy in the U.S.S.R. An Analysis of Soviet Competitive Potentialities. Studia Forestalia Suecica Nr. 39, Stockholm 1966.

-, ANNUAL RING: Forestry and Forest Industries in Finland (Hrsg.): annual ring (Jahresbericht) 1970, 1976, 1977 u. 1984.

ARNOLD, F. v.: Rußlands Wald. Berlin 1893.

BERG, Freiherr v.: Breättelse om Finlands Skogar. Memorial des königlich sächsischen Oberforstrats Freiherrn von Berg, die Forste im Großfürstentum Finnland betreffend. Finska Litteratur-sällskapets tryckeri, Helsingfors 1859.

BERGMANN, H.-H. et al.: Das Haselhuhn. 2. Aufl., Wittenberg Lutherstadt 1978.

BERGSTEIN, K.E.: Schweden. in: SÖMME, A. (1974), S. 283 - 333.

BFAI - MARKTINFORMATION 1985: Island. Hrsg. Bundesstelle für Außenhandelsinformation.

BFAI- MARKTINFORMATION 1985: Schweden. Hrsg. Bundesstelle für Außenhandelsinformation.

BJARNASON, H.: Lög um skógraekt 50 ára (Icelandic Forestry Legislation - 50 Years Anniversary -). Reykjavik 1957.

BJARNASON, H.: Skogsaken i Island og dens utviklink. The Development of the Afforestation in Iceland. Saertrykk av Medd. Norske Sgokforsøksv. 22(1967)84, 73 - 101. Norwegian Forest Research Institute, Vollebek, Norway.

BJARNASON, H.: Um gródureydingu og jardvegsskemmdir. Tvaer Ritgerdir. Prentsmidjan Oddi H.F. - 1972. Summary von Th. Benedikz: Land, Protection and Soil Fertility.

BJARNASON, H.: Athugasemdir vid sögu islandinga. I sambandi vid eydingu skóglendis. Engl. Summary. Prentsmidjan Oddi H.F. - 1974.

BØRSET, O.: Forstliche Ausbildung in Norwegen. AFZ 27(1972a) 35, 685 - 686.

BØRSET, O.: Aktuelle norwegische Waldbaufragen. AFZ 27 (1972b) 35, 692 - 693.

BRAATHE, P.: Forstliche Forschung in Norwegen. AFZ 27(1972) 35, 683 - 684.

BROCKHAUS ENZYKLOPÄDIE, 17. Aufl., F.A. Brockhaus, Wiesbaden 1970.

DER GROßE BROCKHAUS, 18. Aufl., F.A. Brockhaus, Wiesbaden 1979.

BROCKHAUS KOMPAKTWISSEN, F.A. Brockhaus, Wiesbaden 1983.

BUCHHOLZ, E.: Meinungsverschiedenheiten über einige theoretische Grundlagen des feldschützenden Waldanbaus zwischen T.D. Lyssenko und W.N. Sukatschew. Zeitschr. f. Weltforstwirtschaft Bd. 15, 1952, S. 225 - 229.

BUCHHOLZ, E.: Die Waldwirtschaft und Holzindustrie der Sowjetunion. Bayer. Landwirtschaftsverlag, München 1961.

BUCHHOLZ, E.: Die deutsch-russischen Beziehungen im Licht der forstlichen Literatur. FA 34(1963), 188 - 191.

BUCHHOLZ, E. u. G.: Rußlands Tierwelt und Jagd im Wandel der Zeit. Wilh. Schmitz (in Komm.), Gießen 1963.

BUNDESSTELLE FÜR AUßENHANDELSINFORMATION: Rundschreiben II/1 - S 33.0 vom 10.8.1979: enthält inoffizielle deutsche Rohübersetzung des schwedischen Forstgesetzes vom 7.6. 1979, SFS 1979:429.

CAGNER, E. (als Entwerfer) u.a.: Die Wikinger. Tre Tryckare, Cagner & Co. Deutschsprachige Ausgabe beim Burkhard-Verlag Ernst Heyer, Essen (o.J.).

CAJANDER, A.K.: Wesen und Bedeutung der Waldtypen. Intersylva 3(1943)2, 169 - 209.

DENGLER, A.: Waldtypen und Forstwirtschaft. in: Jahresbericht des Deutschen Forstvereins 1927, S. 197.

DENGLER, A.: Besprechung des Buches von G.F. Morosow "Die Lehre vom Walde". Z.f.F.u.Jw. 61(1929), 306 - 307.

DOMÄNVERKETS INFORMATIONSSEKTION (Hrsg.): Staatsforsten. Stockholm 1970.

EINARSSON, T.: Pollenanalytische Untersuchungen zur spät- und postglazialen Klimageschichte Islands. Sonderveröffentlichungen des Geologischen Instituts der Univ. Köln, 6, Köln 1961.

ELLENBERG, H. (Hrsg.): Ökosystemforschung. Springer Verlag, Berlin - Heidelberg - New York 1973.

ENDRES, M.: Handbuch der Forstpolitik. Springer Verlag, 2. Aufl., Berlin 1922. Hier: Finnland S. 686 - 694.

ERIKSSON, A. u. JANZ, K.: Results from the National Forest Survey in 1968 - 1972. Departement of Forest Survey Nr. 21, Stockholm 1975.

EVERS, W.: Entwicklung und Stand der Kartographie Norwegens. Petermanns Geographische Mitteilung (1943)89, 355 - 362.

EVERS, W. u. NIELSEN, P.C.: J.G.v. Langen im Spiegel seiner Briefe. Forst- und Holzwirt 32(1977), 227 - 228.

FAO: Le Monde Forestier. Vol. I. L'Europe et l'U.R.S.S. Rome 1957.

FAO: Yearbook of Forest Products 1976. Rom, period.

FERNOW, B.E.: A Brief History of Forestry in Europe, the United States and Other Countries. Third Revised Edition. Toronto and Washington, D.C. 1913.

FINNISCHER FORSTVEREIN (Hrsg.): Ein Blick an die finnische Forstwirtschaft. Helsinki 1966.

FIRBAS, F.: Spät- und nacheiszeitliche Waldgeschichte Mitteleuropas nördlich der Alpen. I. Bd.: Allgemeine Waldgeschichte. Fischer Verlag, Jena 1949. II. Bd.: Waldgeschichte der einzelnen Landschaften. Fischer Verlag, Jena 1952.

FJULSRUD, K.E.: Norway. in: World Wood Review 1978. World Wood 19(1978)6, 15.

FOKEL: Beschreibung des natürlichen Zustands der in den nordrussischen Ländern wachsenden Wälder mit verschiedenen Anmerkungen und Anleitungen, wie diese anzubauen sind. St. Petersburg 1766.

FORSTPFLANZEN - FORSTSAMEN (1979): Zentralblatt für Forstpflanzen und Forstkulturen. Euting Verl., Vol. 19, 1979, S. 134.

FRIBERG, R.: Forest Fertilization in Sweden. Institute for Forest Improvement, Fertilization Section, Stockholm 1974.

FRYJORDET, T.: Generalforstamtet 1739 - 1746. Norsk Skogbruksmuseums Saerpublikasjon Nr. 1. Elverum 1968.

GAMS, H.: Der Geobotaniker Wladimir Nikolajewitsch Sukatschew +. Schweiz. Zeitschr. f. Forstw. 118(1967), 253 - 254.

GLÄSSER, E.: Norwegen. Wissenschaftl. Länderkunden Bd. 14, Darmstadt 1978.

GUSE, C.: Der Waldreichtum Rußlands. Z.f.F.u.Jw. 10(1879), 348 - 376.

GUSE, C.: Zobelfang und Pelzhandel in Rußland. Centralbl. f. d. ges. Forstwesen 6(1880), 125.

GUSE, C.: Das russische Waldschutzgesetz vom 4. April 1888 nebst Ausführungs-Instruktionen. Z.f.F.u.Jw. 23(1891), 544 - 552.

GUSE, C.: Aus Rußland. Z.f.F.u.Jw. 24(1892), 663 - 676.

GUSE, C.: Die Hundertjahrfeier des St. Petersburger Forstdepartements. Z.f.F.u.Jw. 31(1899), 234 - 236.

GUSE, C.: Jahrbuch des Forstdepartements des Russischen Landwirtschaftlichen Ministeriums für 1909. St. Petersburg 1911. Z.f.F.u.Jw. 44(1912), 456 - 458.

HAGNER, S.: Cultivation of Pinus contorta in Northern Sweden. SCA 232, S. 219 - 246 o.J. (wohl 1970).

HAGNER, S.: Wald und Technik aus nordischer Sicht. HZB 105 (1979)114, 1635 - 1637.

HAMILTON, H.: Intensive Entwicklungsarbeit mit Forstmaschinen. Skogen - Der Wald, Hrsg. Skogsmateriel AB, Stockholm (1978)6, 24.

HARMS ERDKUNDE: Bd. III, Sowjetunion. Paul List Verlag KG, Frankfurt, Berlin, Hamburg, Essen 1966.

HASSENKAMP, W.: Das Scheitern der Plenterwaldwirtschaft in Skandinavien. FA 26(1955)11, 241 - 251.

HEIKINHEIMO, O.: Der Einfluß der Brandwirtschaft auf die Wälder Finnlands. Helsingissä 1915. Acta Forestalia Fennica 4., Helsingforsiae 1919, S. 1 - 59.

HESMER, H.: Die heutige Bewaldung Deutschlands. 2. Aufl., Berlin 1938, s. S. 16.

HESMER, H. und FELDMANN, A.: Die natürliche Verbreitung und der frühe Anbau der Kiefer im Ostmünsterland. FA 25(1954)10, 225 - 237

HESMER, H.: Wald- und Forstwirtschaft in Nordrhein-Westfalen. Schaper-Verl., Hannover 1958. Hier: Versagen der Plenterdurchforstung von oben, S. 484 - 487.

HESMER, H.: Waldvernichtung und Waldschaffung auf Island. FA 32(1961)6, 109 - 119.

HESMER, H.: Leben und Werk von Dietrich Brandis. Westdeutscher Verlag, Opladen 1975.

HESS, R.: Lebensbilder hervorragender Forstmänner und um das Forstwesen verdienter Mathematiker, Naturforscher und Nationalökonomen. Verlag Paul Parey, Berlin 1885. Hier: J.G.v. Langen, S. 202 - 205.

HESSELMANN, H.: Über die Abhängigkeit der Humusdecke von Alter und Zusammensetzung der Bestände im nordischen Fichtenwald von blaubeerreichen Vaccinium-Typ und über die Einwirkung der Humusdecke auf die Verjüngung und Wachstum des Waldes. Meddelanden fran Statens Skogsförsöksanstalt Häfte 30, Stockholm 1937, S. 529 - 716.

HILF, H.H.: Erwin Buchholz - ein Siebziger. FA 35(1964)8, 167 - 170.

HILF, H.H. u. STREHLKE, E.G.: Im Land des grünen Goldes. Einblicke und Ausblicke, gewonnen gelegentlich einer Reise durch Rußland. September bis November 1930.
I. Rußland, seine Forstwirtschaft und wir. FA 7(1931), 41 - 52.
II: Die Forstwirtschaft des Ural. FA 7(1931), 181 - 194.
III: Forstliches Forschungs- und Bildungswesen. FA 8(1932) 205 - 215.

HOLMEN, H.: Forest fertilization in Sweden 1977. Kungl. Skogsoch Lantbruksakademiens Tidskrift 1978 : 3. Besprochen im Forst- und Holzwirt 33(1978) S. 272 - 273 von H. BAULE.

HUSE, S.: Norwegische Nationalparke. AFZ 27(1972)35, 695.

HUSS, J.: Containerpflanzen: Eine wichtige Neuentwicklung für die Forstwirtschaft? FA 47(1976)3, 62 - 64.

HUSTICH, I.: Die pflanzengeographischen Regionen. In: SÖMME, A. (1974).

-, HZB (1977a): Holzmangel in Schweden? HZB 103(1977)71/72, Titelseite.

-, HZB (1977b): Schwedens Bauern gehören 50 % des Waldes. HZB 103(1977)111, 1659.

-, HZB (1979a): Schweden erwartet steigenden Zellstoff- und Papierabsatz. HZB 105(1979)114, 1685.

-, HZB (1979b): Ein neuartiges Rindentrocknungsverfahren. Hochwertiger pulverisierter Brennstoff durch gleichzeitiges Zermahlen und Trocknen. HZB 105(1979)10, 153.

-, HZB (1979c): Japaner an schwedischen Holzkonzernen interessiert. HZB 105(1979)29, 425.

-, HZB (1979d): Teilverstaatlichung in der schwedischen Holzindustrie. HZB 105(1979)48, 715.

-, HZB (1979e): Wachsender US-Export von Holzwaren nach Europa erwartet. HZB 105(1979)140/141, 2119.

-, HZB (1979f): Gute Aussichten für Finnlands Holzveredelungsindustrie. HZB 105(1979)142, 2145.

ILVESSALO, L.: Der Lärchenwald bei Raivola. Mitt. der Dtsch. Dendrolog. Gesell. XXXVI (Finnland-Buch) 1926, I, S. 91 - 95.

-, INTERSYLVA (1943): Cajander, Aimo Kaarlo, Generaldirektor Professor +. Intersylva 3(1943)2, 322 - 323.

IWAN, W.: Island. Studien zu einer Landeskunde. Berliner Geograph. Arbeiten. Heft 7, Stuttgart 1935.

JENTSCH, J.: Pinus Murrayana (Balf.) P. contorta var. Murrayana (Engelm.); P. latifolia (Engelm.). I. Teil: Ein Anbauversuch im mitteldeutschen Raum. Archiv für Forstwesen 3(1954)3/4, 288 - 352.

JYRKINEN, N.: Finnland. World Wood 20(1979)7, 17.

KANTOLA, M.: Die Holzernte in Finnland. in: FINNISCHER FORSTVEREIN (1966), S. 28 - 32.

KILANDER, K.: Swedish Forestry 1625. in: SWEDISH FORESTRY 1975, S. 44 - 48.

KILANDER, K.: Wirtschaftlichkeit, Kapazitätsauslastung und Optimierung. Skogen - Der Wald, Hrsg. Skogsmateriell AB, Stockholm (1978)6, 34 - 35.

KLÖTZLI, F. (1975a): Zum Standort von Edellaubwäldern im Bereich des südlichen borealen Nadelwaldes. Mitt. Eidgen. Anstalt f. d. forstl. Versuchswesen. Bd. 51, 1975, S. 49 - 64.

KLÖTZLI, F. (1975b): Edellaubwälder im Bereich der südlichen Nadelwälder Schwedens. Ber. Geob. Inst. Eidgen. Techn. Hochsch., Stiftung Rübel, H. 43, 1975, S. 23 - 53.

KNIGGE, W. u. SCHULZ, H.: Grundriß der Forstbenutzung. Verlag Paul Parey, Hamburg und Berlin 1966.

KOORDINATIONSAUSSCHUß DEUTSCHER OSTEUROPA-INSTITUTE (Hrsg.): Länderbericht Osteuropa I: Sowjetunion. Carl Hanser Verlag, München 1974.

KRUEDENER, Frhr.A.v.: Unendliche Weiten. Erinnerungen aus dem Zarenreich. Bd. I u. II. Neudamm 1923 - 1926.

KRUEDENER, Frhr.A.v.: Über Waldtypen im allgemeinen und in Bezug auf Deutschland im besonderen. Z.f.F.u.Jw. 58(1926) 10, 589 - 618 u. 653 - 678.

KRUEDENER, Frhr.A.v.: Waldtypen und Forstwirtschaft. in: Jahresbericht des Deutschen Forstvereins 1927, S. 188 - 197.

KRUEDENER, Frhr.A.v.: Waldtypen, Klassifikationen und ihre volkswirtschaftliche Bedeutung. Bd. I u. II. Neudamm 1927.

KRUEDENER, Frhr. A.v.: Atlas standortkennzeichnender Pflanzen (unter teilweiser Beteiligung von Dr. Becker). Berlin 1935.

KUUSELA, K.: Der Holzvorat Finnlands. in: FINNISCHER FORSTVEREIN (1966), S. 2 - 5.

LANGLET, O.: Mitteldeutsche Fichte in Schweden, nach den Ergebnissen des internationalen Provenienzversuches von 1938. Mellaneuropeiska Granprovenienser i Svenskt Skogsbruk 1960. Dt. Zusammenfassung S. 321 - 329.

LANGSAETER, A.: Forest Surveys of Norway. Unasylva Vol. III (1949)3, 106 - 112.

LINDQUIST, B.: The main varities of Picea Abies (L.) Karst. in Europe, with a contribution to the theory of a forest vegetation in Scandinavia during the last Pleistocene glaciation. Acta Horti Bergiani, Bd. 14, No. 7, Uppsala 1948, S. 249 - 342.

LINDQUIST, B.: Forstgenetik in der schwedischen Waldbaupraxis. Neumann Verlag, Radebeul u. Berlin 1951. 2. Aufl. 1954.

LINDQUIST, B.: Forest Vegetation Belts in Southern Scandinavia. Acta Horti Gotoburgensis Vol XXI(1959)5, 111 - 144.

LINNÉ, C. v.: Lappländische Reise. Aus dem Schwedischen übersetzt von H.C. Artmann. Insel Taschenbuch 102, Frankfurt a.M. 1977.

LÖNNROTH, E.: Die Entwicklung der Forstwissenschaft in Finnland. AFZ 24(1969)30, 597.

MANTEL, K.: Johann Georg von Langen 1699 - 1776. AFJZ 147 (1976)12, 225 - 226.

MANTEL, K. u. PACHER, J.: Forstliche Biographie vom 14. Jahrhundert bis zur Gegenwart. Bd. I: Forstliche Persönlichkeiten und ihre Schriften vom Mittelalter bis zum 19. Jahrhundert. Hier: J.G.v. Langen S. 54 - 61, Schaper-Verl., Hannover 1976.

MANTAU, U.: Die nordische Forst- und Holzwirtschaft schaut in die Zukunft. HZB 105(1979)114, 1680.

MARKREN, G.: Älgstammens explosionsartade tillväxt. In: Fauna och flora 1-1978, S. 1 - 8. Summary: Factors behind the recent strong growth of certain swedish populations of moose (Alces alces) S. 8.

MARSDEN, W.: Lappland. Die Wildnisse der Welt / Time-Life-Bücher. Amsterdam 1976.

MAYDELL, H.-J.v.: Der Wälder der Sowjetunion als Rohstoffquelle für die Holzindustrie. FA 43(1972)12, 245 - 250.

MAYDELL, H.-J.v.: Tendenzen und Ziele der forst- und holzwirtschaftlichen Entwicklung in der Sowjetunion. Teil I: Forstwirtschaft. HZB 102(1976)131/132, 1858. Teil II: Holzwirtschaft. HZB 102(1976)146, 2092 u. 2094.

MAYDELL, H.-J.v.: Besprechung des Buches Melehov, I.S. "Lesnaja tipologija. Ucebnoe posobie (Waldtypologie. Ein Lehrbuch)". FA 49(1978)3, S.56.

MAYDELL, H.-J.v.: Fachstudienreise des Deutschen Forstvereins in die UdSSR. FA 50(1979)7/8, 172 - 174.

MAYDELL, H.-J.v.: Rückläufige Holzproduktion in der Sowjetunion. HZB 106(1980)75, 1109.

METZGER, C.: Die Murraykiefer als Papierholzbaumart. Deutscher Forstwirt, 1928, Nr. 10 u. Nr. 19.

MIDDENDORF, A.Th.v.: Reise in den äußersten Norden und Osten Sibiriens. Bd. IV: Übersicht der Natur Nord- und Ostsibiriens. St. Petersburg 1867.

MÖLLER: Carl August Hermann Guse. Z.f.F.u.Jw. 47(1915), 324 - 337.

MOROSOW, A.: Georgij Fjodorowitsch Morosow (1867 - 1920). in: MOROSOW, G.F. (1928).

MOROSOW, G.F.: Die Lehre vom Walde. Deutsche Übersetzung herausgegeben von K. Rubner, Neudamm 1928, 2. Aufl. 1958.

NIELSEN, P.C..: 200jähriges Jubiläum der Gram-Langenschen Forstordnung. Danske Skovforen.Tidsskr.50(1965)1, 45 - 68.

NORDANSJÖ, I.: Mechanisierte Aufforstung. Neuentwicklungen in Schweden. Skogen - Der Wald. Hrsg. Sogsmateriell AB, Stockholm (1978)6, 23.

NORWEGIAN FORESTRY SOCIETY: An Outline of Norwegian Forestry. Oslo 1957.

NORWEGIAN FORESTRY SOCIETY: Forestry in Norway. Oslo 1976.

OHLSSON, S.: Riksskogstaxeringen. The National forest survey. Objectives, design and applications. Departement of Forest Survey Nr. 20, Stockholm 1975.

OPSAHL, W.: Holz- und Forstwirtschaft in Norwegen. Intersylva 2(1942)1, 58 - 71.

OSWALD, D.: Forsttechnische Gelände-Klassifizierung am Beispiel von Norwegen. AFZ 27(1972)22/23, 456 - 460.

PARDÉ, J.: Au Finnmark (Norvège): Les Forêts du bout du monde. Revue forestière française XXIX(1977)1, 74 - 80.
-, PRENTSMIDJAN ODDI H. F.: Skógraektarfélag Islands 30 ára. Prentsmidjan Oddi H. F., 1960.

RAITASUO, K.: Die Grundverbesserungsprojekte der Forstwirtschaft - Errungenschaften und Zielsetzungen. in: FINNISCHER FORSTVEREIN (1966), S. 18 - 25.

REBEL, K.: Finnland und seine Wälder verglichen mit unseren Verhältnissen. Tharandter Forstl. Jahrbuch 77. Bd., Verlag Paul Parey, Berlin 1926.

REINEKE, H.: Elmia Logging 1977: Skandinaviens Forsttechnik perfekt demonstriert. AFZ 33(1978)1/2, 21 - 24.

ROZSNYAY, Z.: Johann Georg von Langen (1699 - 1776) und seine Bedeutung für die Forstwirtschaft. Zu seinem 200. Todestag. FA 47(1976)7, 140 - 145 u. 8, 170 - 174.

ROZSNYAY, Z.: J.G.v. Langen und seine Bedeutung für die deutsche Forstwirtschaft. Forst- und Holzwirt 32(1977), S. 222 - 225.

RUBNER, H.: Forstgeschichte im Zeitalter der industriellen Revolution. Schriften zur Wirtschafts- und Sozialgeschichte Bd. 8, Berlin 1967.

RUBNER, K.: Waldtypen und Forstwirtschaft. in: Jahresbericht des Deutschen Forstvereins 1927, S. 163 - 181.

RUBNER, K.: Der gegenwärtige Stand der Waldtypenfrage. Zeitschr. f. Weltforstwirtschaft Bd. I, 1933/34, S. 343 - 357.

RUBNER, K.: Arthur Freiherr von Kruedener +. FA 23(1952)1, 14 - 16.

RYDIN, J.: Walddüngung in Skandinavien am Beispiel der Schwedischen Staatsforstverwaltung. AFZ 33(1978)15, 420 - 422.

SAARI, E.: Die Nachhaltigkeit der finnischen Forstwirtschaft. Intersylva 3(1943)4, 518 - 527.

SAMMLUNG THULE: Altnordische Dichtung und Prosa. Einleitungsbd. u. Bd. I - XXIV, hrsg. von F. NIEDER, Verlag Eugen Diederich, Jena (o.J).

SAMSET, I.: Stand und weitere Entwicklung der Forsttechnik in Norwegen. AFZ 27(1972)35, 686 - 689.

SCHENCK, C.A.: Fremdländische Wald- und Parkbäume. Bd. II, Berlin 1939. Hier: Pinus contorta S. 352.

SCHMIDT-VOGT, H.: Das natürliche Verbreitungsgebiet der Fichte (Picea abies (L.) Karst) in Eurasien. AFJZ 145 (1974)10/11, 185 - 197.

SCHMIDT-VOGT, H.: Die Fichte. Bd. I: Taxonomie - Verbreitung - Morphologie - Ökologie - Waldgesellschaften. Verlag Paul Parey, Hamburg u. Berlin 1977.

SCHREIBER, A.: Skandinavien - Holzgigant im Norden Europas. HZB 103(1977)111, 1621 - 1624.

SCHWAPPACH, A.: Forstliche Reisebilder aus Rußland. Z.f.F.u. Jw. 34(1902), 84 - 108 u. 146 - 171.

SCHWEDISCHES INSTITUT (Hrsg.): Tatsachen über Schweden. 1976. Schwedisches Institut, Hamngatan 27, Postfach 7072, S - 103 82 Stockholm, Schweden.

SEMJONOW, J.: Die Eroberung Sibiriens. Berlin 1937.

SEMJONOW, J.: Sibirien. Eroberung und Erschließung der wirtschaftlichen Schatzkammer des Ostens. Berlin 1954.

SEMJONOW, J.: Sibirien. Schatzkammer des Ostens. Econ- Verlag, Wien u. Düsseldorf 1975.

SIMAK, M.: A historical look at Swedish forestry seed research. Departement of Reforestation, Research Notes No. 82, Stockhom 1976.

SIRÉN, G.: Konzepte und Praxis der Waldverjüngung in Skandinavien. Forschungsberichte Forstliche Forschungsanstalt München, Nr. 42, 1978, S. 281 - 299.

SJÖRS, H.: Nordisk Växtgeografi. 2. Aufl. Scandinavian Univ. Books, Stockholm 1967. zit. in KLÖTZLI (1975b).

-, SKOGEN (1978): Mechanisierungstrend in der Aufforstungsarbeit. Skogen - Der Wald (1978)6, 41 - 43.

SMEDS, H.: Finnland. in: SÖMME, A. (1974), S. 150 - 198.

SÖMME, A. (Hrsg.): Die nordischen Länder Dänemark, Finnland, Island, Norwegen, Schweden. 2. Aufl., Braunschweig 1974.

-, DER SPIEGEL (1980): Seemacht Sowjetunion. Der Spiegel 34 (1980)22, 124.

SPLETT, P.: Produktionswald oder Rekreationswald. In: Skogen - Der Wald. Hrsg. Skogsmateriel AB (1978)6, 10 - 14.

STEINBERGER, N. u. GÖSCHEL, H. (Hrsg.): Die Union der Sozialistischen Sowjetrepubliken. Handbuch. VEB Bibliographisches Institut, Leipzig, 2. Aufl. 1979.

STIFTUNG FÜR FORSTPFLANZENZÜCHTUNG IN FINNLAND: Jahresberichte 1965, 1975 u. 1978. Hrsg. von der Hauptgeschäftsstelle Helsinki.

STREYFFERT, T.: Die Nutzung der Wälder Schwedens. Intersylva 1(1940)1, 58 - 70.

STREYFFERT, T.: Forst- und Holzwirtschaft in Schweden. Zeitschrift für Weltforstwirtschaft 16(1953)5, 157 - 161.

SUKATSCHEW, W.N.: Die Untersuchung der Waldtypen des osteuropäischen Flachlandes. in: Handbuch der biologischen Arbeitsmethoden, herausgegeben von E. ABDERHALDEN,2. Hälfte: Pflanzengeographische Ökologie, Berlin u. Wien 1932, S. 191 - 250.

SUKATSCHEW, W.N.: Die Grundlagen der Waldtypen. in: Festschrift für Erwin Aichinger Bd. II, 1954, S. 956 - 964.

SUKATSCHEW, W.N. u. DYLIS, N.: Fundamentals of Forest Biogeocoenology. Oliver & Boyd, Edinburgh u. London 1968.

SUND, T.: Norwegen. in: SÖMME, A. (1974), S. 228 - 278.

SWEDISH FORESTRY 1974 , 1975, 1976, 1978, Hrsg. The National Federation of Swedish Forest Owners Associations, Stockholm.

TAMMINEN, Z.: Sweden. in: World Wood Review 1979. World Wood 20(1979)7, 22.

TIRÉN, L.: Forestry Historical Studies in the Degerfors District of the Provinz of Västerbotten. Meddelanden fran Statens Skogsförsöksanstalt Häfte 30, Nr. 2, S. 67 - 322, Stockholm 1937.

THORANISSON, S.: Island. in: SÖMME, A. (1974), S. 199 - 227.

THORANISSON, S.: The thousand years struggle against ice and fire. Museum of National History, Dep. of Geology and Geography, Miscel. Pap. No. 14, Reykjavik 1956.

TSEPLYAEV, V.P.: The Forests of the U.S.S.R. Jerusalem 1965. (Vertrieb: Oldbourne Press, London).

WALTER, H.: Die Vegetation Osteuropas, Nord- und Zentralasiens. Vegetationsmonographien der einzelnen Großräume. Bd. VII. Stuttgart 1974.

WALTER, H.: Vegetation und Klimazonen. 4. Aufl., Verlag Eugen Ulmer, Stuttgart 1979.

WARGENAU, H.: Das norwegische Ältere Generalforstamt und Johann Georg von Langen. AFZ 27(1972)35, 696 - 703.

WEISGERBER, H. et al.: Ergebnisse des internationalen Fichtenprovenienzversuches 1962. AFJZ 147(1976)12, 227 - 235 u. 148(1977)12, 217 - 226.

WELTFORSTATLAS: Hrsg. Bundesforschungsanstalt für Forst- und Holzwirtschaft, Reinbek bei Hamburg. Verlag Paul Parey, 1971.

WIBECK, E.: Über das Verhalten der Kiefern und Fichten von ausländischen, besonders deutschen Saatgut in Schweden. Meddelanden fran Statens Skogsförsöksanstalt Häfte 9, Stockholm 1912.

WINDHORST, H.-W.: Die Nutzung und Bewirtschaftung der Wälder der Erde. Fragenkreise. Verlag Ferdinand Schöningh, Paderborn 1972.

WINDHORST, H.-W.: Geographie der Wald- und Forstwirtschaft. Teubner Studienbücher Geographie. Stuttgart 1978.

WINDHORST, H.-W.: Der Südosten der USA: Wirklich eine Exportregion für Holzverarbeitungsprodukte mit wachsender Bedeutung? FA 45(1979)11, 240 - 245.

-, WORLD WOOD (1979): Low prices keep industry strapped. World Wood Review 20(1979)7, 15 - 26.

ZENTRALVERBAND DER FINNISCHEN HOLZVEREDLUNGSINDUSTRIE: Jahrbuch 1979: Entwicklung der finnischen Holzveredelungsindustrie 1978. - BfA-Dokument Nr. 320/79.

-, ZEITSCHRIFT FÜR FORST- UND JAGDWESEN (1903): Hundertjähriges Jubiläum des Forstinstituts zu St. Petersburg. Z.f.F.u.Jw. 35(1903), 519.

ZIER, L.: Report einer forstlichen Schwedenreise. AFZ 27(1972)12, 208 - 210.

ZMP-BERICHT: Forst- und holzwirtschaftliche Probleme in Schweden. AFZ 34(1979)12, 279.

ZON, R. u. SPARHAWK: Forest resources of the world. Vol. 1, New York 1923.

FORSCHUNGSBERICHTE
des Landes Nordrhein-Westfalen

Herausgegeben
vom Minister für Wissenschaft und Forschung

Die „Forschungsberichte des Landes Nordrhein-Westfalen“ sind in zwölf Fachgruppen gegliedert:

Geisteswissenschaften
Wirtschafts- und Sozialwissenschaften
Mathematik / Informatik
Physik / Chemie / Biologie
Medizin
Umwelt / Verkehr
Bau / Steine / Erden
Bergbau / Energie
Elektrotechnik / Optik
Maschinenbau / Verfahrenstechnik
Hüttenwesen / Werkstoffkunde
Textilforschung

WESTDEUTSCHER VERLAG
5090 Leverkusen 3 · Postfach 300620

GPSR Compliance

The European Union's (EU) General Product Safety Regulation (GPSR) is a set of rules that requires consumer products to be safe and our obligations to ensure this.

If you have any concerns about our products, you can contact us on ProductSafety@springernature.com

In case Publisher is established outside the EU, the EU authorized representative is:

Springer Nature Customer Service Center GmbH
Europaplatz 3
69115 Heidelberg, Germany

Batch number: 10584556

Printed by Printforce, the Netherlands